# 基础设施工程建设
# 安全智能管控
## 理论与实践

樊启祥　汪志林　林　鹏　　著
何　炜　向云飞　安瑞楠

清华大学出版社
北京

## 内 容 简 介

本书是作者多年来从事基础设施工程建设安全管理实践和研究的总结与提炼，主要论述了基础设施工程建设安全管理发展历程及安全智能化管控的必要性，以金沙江大型梯级水电基础设施工程安全管理为依托，提出了闭环控制安全管理理论，揭示了安全事故产生机制，形成了安全智能化管控体系，研发了工程安全隐患排查系统；基于白鹤滩、乌东德、溪洛渡等巨型水电工程建设过程的安全管理实践，系统论述了"人、物、环、管"等安全智能化管控的成功经验，形成了内涵式"重源头、强过程、全覆盖、正激励"的智能安全文化和安全隐患数据学习方法。

本书可供水利水电、土木、交通等基础设施建设工程及相近领域的工程安全管理人员和学者参考，适合相关专业的本科生、研究生在对工程建设安全智能化管控的基本理论方法、技术与案例进行学习和研究时参考。

**图书在版编目（CIP）数据**

基础设施工程建设安全智能管控理论与实践 / 樊启祥等著. -- 北京 ： 清华大学出版社，2024. 8.
ISBN 978-7-302-67123-7

Ⅰ. TV73

中国国家版本馆CIP数据核字第20240QE051号

责任编辑：张占奎
封面设计：常雪影
责任校对：欧 洋
责任印制：杨 艳

出版发行：清华大学出版社
   网 址：https://www.tup.com.cn，https://www.wqxuetang.com
   地 址：北京清华大学学研大厦A座    邮 编：100084
   社 总 机：010-83470000    邮 购：010-62786544
   投稿与读者服务：010-62776969，c-service@tup.tsinghua.edu.cn
   质量反馈：010-62772015，zhiliang@tup.tsinghua.edu.cn
印 装 者：北京博海升彩色印刷有限公司
经 销：全国新华书店
开 本：185mm×260mm   印 张：14.5   字 数：314千字
版 次：2024年8月第1版     印 次：2024年8月第1次印刷
定 价：158.00元

产品编号：105036-01

# 作 者 简 介

**樊启祥**　工学博士，教授级高级工程师，水利水电工程专家，从事能源电力技术开发和工程建设管理。入选国家新世纪"百千万人才"工程、有突出贡献的中青年专家，享受国务院政府特殊津贴。曾任中国华能集团副总经理，2018年1月前在中国三峡集团公司工作。在水电工程领域，参加了长江三峡水利枢纽双线五级船闸、金沙江下游河段溪洛渡、向家坝、乌东德和白鹤滩四座梯级电站、雅江中游河段、澜沧江上游河段、大渡河河段的数十个重大水电项目

的建设管理工作和相关项目的前期工作，在大型复杂水电工程安全优质高效绿色智能建造关键技术和工程管理、水电开发流域与项目环境保护、梯级水库群多目标协同运行安全调控等方面取得多项创新科技成果，获国家发明专利授权20余项，发表论文80余篇，荣获国家科技进步奖二等奖4项、省部级与行业级科技奖励20余项，荣获2019年中国管理年度价值人物、2018年第十二届光华工程科技奖、2018年中华国际科学交流基金会第三届杰出工程师奖、2017年中国电力科学技术杰出贡献奖、2016年首届中国大坝杰出工程师奖。

**汪志林**　教授级高级工程师，一直从事大型水电站工程建设管理工作，先后担任三峡工程建设部厂坝项目部副主任、主任，溪洛渡工程建设部的副主任兼大坝项目部主任，白鹤滩工程建设部主任。开展了大坝温控防裂、坝基处理和结构工作真实性态安全控制、巨型电站建设安全管控等难题的创新研究与应用，发表论文20余篇，获发明专利授权10余件，获得省部级奖励10余项。获全国"五一劳动奖章"，荣获国际水电协会2023年"莫索尼水电杰出成就奖"。

**林鹏**　博士，清华大学水利水电工程系长聘教授、青海大学特聘教授，兼任清华四川能源互联网研究院数字工程与流域安全中心主任、智能建造学报（英）主编、中国岩石力学与工程学会常务理事，水利部标准化工作领导小组专家委员会委员等职务。长期从事基础设施工程智能建造理论与关键技术，高坝、隧洞开裂稳定控制理论方法研究与应用教学科研工作。发表SCI和EI收录论文120余篇，授权发明专利40余项，获省部级一等以上奖励15项，获金沙江流域水电工程优秀建设者称号。

**何炜** 教授级高级工程师，现任中国三峡集团白鹤滩建设部副主任。一直从事大型水电站工程建设管理工作，主持建设三峡工程电站厂房、白鹤滩电站地下工程等项目，开展了水工建筑建基面大规模保护性爆破、巨型地下洞室群控制爆破、岩锚梁精细爆破、700~1000MW 水轮机组埋件及厂房混凝土浇筑、水电工程建设安全智能化管控等系列创新技术研究与应用，发表论文 10 余篇，获得行业学会科技进步奖一等奖 5 项。

**向云飞** 博士研究生，主要开展基础设施工程智能建造、智能安全管理等相关研究。参与乌东德、白鹤滩等水电工程智能建造与管理科研项目，发表学术论文 6 篇，参编学术专著 2 部，授权国家发明专利 3 项，获省部级科技奖励 2 项。

**安瑞楠** 博士研究生，主要开展基础设施工程智能建造及火灾安全方面的理论及技术研究，包括大体积混凝土通水温控防裂、施工通风控制、空气环境保障及应急通风等。参与乌东德、白鹤滩等水电工程智能建造与管理，西拉沐伦特大桥、龙门大桥等大体积混凝土智能通水温控，旭龙电站大型洞室群通风及火灾控制等科研项目，发表学术论文 20 余篇，授权国家发明专利 4 项，获省部级科技奖励 2 项。

# 序

    长期以来，我国高度重视安全生产与管理体制改革和安全发展理念建设。特别是近 20 年以来，强化树立安全发展理念，弘扬以人为本、生命至上、安全第一的思想，"人命关天，发展决不能以牺牲人的生命为代价，这必须作为一条不可逾越的红线"。强调要深化安全生产管理体制改革，提出建立隐患排查治理体系和安全预防控制体系，明确要求"把安全风险管控挺在隐患前面，把隐患排查治理挺在事故前面，构建点、线、面有机结合无缝对接安全风险分级管控和隐患排查治理双重预防性工作体系"。

    水电、交通等重要基础设施，在我国能源、物流发展史中占有极其重要的地位，支撑着经济社会的可持续发展。尤其是我国的水利水电工程绝大多数处于西南地区，约占我国水能资源总蕴藏量的 70%。西南水电工程通常具有投资规模巨大、实施周期长、施工环境恶劣、地质灾害频发、参建单位多、作业情况交叉复杂以及流动性强等特点，因此其建设过程面临自然灾害、生产安全、平安坝区等风险，具有复杂多样性、动态变化性、累积叠加性、突发群体性、重大危害性等特性。而建筑市场正朝向施工组织社会化、市场化、专业化的分工发展，施工专业分包，队伍不稳定、流动性大，管理难度大，劳务用工比重逐步增大，民技工成为水电工程建设主要力量，高峰期有上万人。在项目实施过程中，由于风险控制不当、管理漏洞以及不可预见性因素等，极易发生人员伤亡事故，安全管理面临新问题和新挑战。

　　近几年，在我国重要基础设施的开发和建设过程中，典型安全事故时有发生，随着安全理论和信息技术的发展，安全管理已从传统的方法模式、凭经验、制度型向系统型、本质型的高级阶段发展，以信息化支撑的智能安全管理和内涵式智能安全管理文化构建，在现代基础设施工程开发与项目管理中尤为重要。其重要意义包括：①它是新时代国家高质量发展的需要；②从本质上提升重大工程安全标准和项目管理能力；③信息化系统建设提升现场"人、物、环、管"各要素安全保障能力，提高资源配置和管理效率，实现大型水电工程安全、优质、高效、绿色建设；④促进精品工程的建造，为社会提供具有可持续产生价值的工程。

　　本书基于金沙江下游梯级水电站基础设施工程建设安全智能管控实践，系统梳理了工程建设安全管理的变革与启示，提出智能闭环安全管理理论，以"人、物、环、管"四要素为基础，"事前源头管理、事中过程管理、事后结果管理"三阶段为主线，"全面感知、真实分析、实时控制、持续优化"闭环控制为核心，研究工程建设各类安全风险"感知、识别、判断、推送、整改、闭合、改进"的智能化管控体系。围绕"危险源辨识、风险评价和分级管控，准入与轨迹、隐患排查治理，安全效果评价"等重点环节，研发安全隐患排查治理系统 Wesafety，做好"事前、事中、事后"三阶段安全隐患风险管控，在人员、车辆、缆机、环境等安全管理中进行了成功的验证。

　　针对采集到的人员安全数据，对人员安全行为进行分析，基于隐患管理协作网络的演化过程，包括个体协作网络、单位协作网络等，对人员实践绩效和安全管理成效进行研究。通过机器学习模型进行典型安全隐患的挖掘分析，为现场隐患排查提供及时的判据。

引入"GPS＋北斗＋物联网＋云计算等信息技术"，研发车辆安全管理系统（运输车辆管理智能化系统），为车辆安全运输提供有效监管手段。研发了砂石运输车辆智能管控系统、混凝土运输车辆智能管控系统和建设项目智能交通调度指挥系统等。

研发了缆机定位监控系统、缆机防碰撞系统、缆机操作人员防疲劳监视系统、缆机目标位置保护系统和缆机运行系统，形成了一套缆机安全综合预警体系，做到了人、缆机、工作环境的匹配。

结合传感器、视频监控等智能技术，提出了不同环境要素的智能管理系统，如泥石流监测预警系统、地下洞室群通风散烟系统、围岩支护控制预警系统等。最后，基于白鹤滩水电站智能安全文化内涵式建立实践，创建了智能化技术助推的"重源头、强过程、全覆盖、正激励"的智能安全文化。

本书缘起于作者的工程管理实践总结，工作中得到三峡集团、华能集团同事和朋友的支持与帮助，书中部分观点是作者与他们共同工作的经验总结和智慧结晶，在此致以诚挚的感谢！在本书撰写过程中，三峡集团白鹤滩工程建设部陈文夫、杨建业、谭尧升、蔡振峰、龚远平、张旭、周桂平、李云、王舒辉等同事，乌东德工程建设部刘科、高阳阳、潘洪月、陈盼、李玉峰等同事，清华大学水利水电工程系 Wedam 课题组杜伟生、邓志云、魏鹏程、宁泽宇、彭浩洋、李明、王鑫、陈道想、罗一鸣等博士提供了帮助，在此一并致谢！

当前，我国正在加快西南地区金沙江上游流域、澜沧江上游流域、雅鲁藏布江流域"水风光储"基地型能源基础设施工程建设，安全生产管理面临更大风险管控挑战。结合国家"十四五"规划和 2035 年远景目标中涉及的推进新型基础设施、新型城镇化、交通水利等重大工程建设，实施川藏铁路、西部陆海新通道、国家水网、雅鲁藏布江下游水电开发等重大工程建设，深化推动智能安全管理的理论方法、关键技术的可持续研发和发展尤其重要，本书的出版也希望能对推动这项工作贡献一点力量。

作者

2023 年 12 月于北京

# 目录

第 1 章　安全管理概述 ·········································· 1

1.1　工程安全管理发展历程 ···································· 1

　　1.1.1　工程安全管理发展 ······························· 1

　　1.1.2　水电工程安全管理发展 ·························· 4

1.2　水电工程安全管理特点与挑战 ······················ 5

　　1.2.1　特点 ················································· 5

　　1.2.2　挑战 ················································· 7

1.3　安全智能化管理发展必要性与趋势 ················· 9

　　1.3.1　必要性 ·············································· 9

　　1.3.2　趋势 ················································ 11

第 2 章　安全管理变革与启示 ····························· 14

2.1　安全管理理论 ············································· 14

　　2.1.1　事故致因理论 ····································· 14

　　2.1.2　现代管理理论 ····································· 17

　　2.1.3　系统管理理论 ····································· 18

　　2.1.4　数据分析理论 ····································· 18

2.2　安全管理方法 ············································· 19

　　2.2.1　基于知识驱动的安全管理方法 ··············· 19

　　2.2.2　基于模型驱动的安全管理方法 ··············· 20

　　2.2.3　基于数据驱动的安全管理方法 ··············· 21

　　2.2.4　基于混合驱动的安全管理方法 ··············· 22

2.3 安全管理变革 …………………………………………………… 22

　　2.3.1 经验式的安全管理 …………………………………… 22

　　2.3.2 制度化的安全管理 …………………………………… 23

　　2.3.3 风险预控的安全管理 ………………………………… 23

　　2.3.4 大数据化的安全管理 ………………………………… 24

2.4 安全管理变革的启示 …………………………………………… 24

　　2.4.1 理论创新是安全智能化的前提 ……………………… 24

　　2.4.2 提高安全意识是管理的核心 ………………………… 25

　　2.4.3 风险评价与隐患排查是安全的支柱 ………………… 26

　　2.4.4 创新性技术的发展是变革的支撑 …………………… 26

　　2.4.5 内涵式安全文化是发展的结果 ……………………… 27

第3章　智能安全闭环管理理论 ……………………………………… 28

3.1 工程安全事故发生机制 ………………………………………… 28

　　3.1.1 安全事故发生特征 …………………………………… 28

　　3.1.2 安全隐患发生特征 …………………………………… 29

　　3.1.3 安全事故原因分析 …………………………………… 31

　　3.1.4 安全事故发生机制 …………………………………… 34

3.2 工程安全管控人本模型 ………………………………………… 35

　　3.2.1 意识与理念——安全管理之大脑 …………………… 35

　　3.2.2 过程管理——安全管理之躯干 ……………………… 36

　　3.2.3 风险管控与隐患排查——安全管理之左膀右臂 …… 36

　　3.2.4 科技兴安与安全文化——安全管理之支柱 ………… 37

3.3 智能安全闭环控制管理理论 …………………………………… 38

3.3.1 闭环控制基本概念 ……………………………………… 38

3.3.2 智能安全闭环控制 ……………………………………… 38

3.3.3 安全闭环控制算法 ……………………………………… 40

3.3.4 安全闭环控制实践 ……………………………………… 43

第 4 章 智能安全管控体系 …………………………………………… 48

4.1 管控体系内涵与特征 …………………………………………… 48

4.1.1 内涵 …………………………………………………… 48

4.1.2 特征 …………………………………………………… 52

4.2 管控框架与体系 ………………………………………………… 53

4.2.1 框架 …………………………………………………… 53

4.2.2 体系 …………………………………………………… 53

4.3 管控编码 ………………………………………………………… 56

4.3.1 事故隐患分类编码 ……………………………………… 56

4.3.2 事故隐患描述编码 ……………………………………… 58

4.4 管控关键支撑技术 ……………………………………………… 62

4.4.1 智能识别 ……………………………………………… 62

4.4.2 BIM 模型 ……………………………………………… 63

4.4.3 定位技术 ……………………………………………… 63

4.4.4 拓展现实 ……………………………………………… 64

4.4.5 物联网与人工智能 ……………………………………… 65

4.4.6 区块链与云计算 ………………………………………… 66

4.4.7 生物识别与社交媒体 …………………………………… 66

4.4.8 知识获取与表达 ………………………………………… 67

第 5 章　人员安全智能管理 ················································· 69

5.1　管理难点及要素 ····················································· 69

5.1.1　管理难点 ···················································· 69

5.1.2　闭环管理参数 ············································· 70

5.2　管理方法 ································································ 72

5.2.1　多场景施工人员安全定位 ······················· 72

5.2.2　人员定位技术及模式 ······························· 73

5.2.3　人员安全行为分析算法 ··························· 74

5.2.4　人员安全数据学习 ·································· 78

5.3　人员定位智能管理系统 ········································ 82

5.3.1　背景目标 ···················································· 82

5.3.2　系统组成 ···················································· 82

5.3.3　系统架构 ···················································· 83

5.3.4　主要功能 ···················································· 84

5.4　应用效果 ································································ 86

第 6 章　车辆安全智能管理 ················································· 87

6.1　管理难点及要素 ····················································· 87

6.1.1　管理难点 ···················································· 87

6.1.2　闭环管理参数 ············································· 88

6.2　管理技术与方法 ····················································· 90

6.2.1　车辆定位技术 ············································· 90

6.2.2　智能终端联网技术 ····································· 92

6.2.3　土石方平衡调用技术 ································· 93

　　　　6.2.4　智能交通调度技术 ·············· 96

　6.3　车辆安全智能管理系统 ·············· 98

　　　　6.3.1　背景目标 ·············· 98

　　　　6.3.2　系统组成 ·············· 98

　　　　6.3.3　系统架构 ·············· 100

　　　　6.3.4　主要功能 ·············· 100

　6.4　应用效果 ·············· 105

第7章　缆机安全智能管理·············· **107**

　7.1　管理难点及要素 ·············· 107

　　　　7.1.1　管理难点 ·············· 107

　　　　7.1.2　闭环管理参数 ·············· 109

　7.2　管理技术与方法 ·············· 110

　　　　7.2.1　缆机防碰撞技术 ·············· 110

　　　　7.2.2　司机防疲劳技术 ·············· 114

　　　　7.2.3　极端天气缆机预警控制方法 ·············· 115

　　　　7.2.4　缆机混凝土吊运方法 ·············· 117

　7.3　管理系统 ·············· 119

　　　　7.3.1　背景目标 ·············· 119

　　　　7.3.2　系统组成 ·············· 119

　　　　7.3.3　系统架构 ·············· 120

　　　　7.3.4　主要功能 ·············· 121

　7.4　应用效果 ·············· 123

第 8 章　环境安全智能管理 ················································· 126

8.1　管理难点及要素 ····················································· 126

　　8.1.1　管理难点 ····················································· 126

　　8.1.2　闭环管理参数 ················································· 129

8.2　泥石流安全风险管控 ················································· 129

　　8.2.1　管理技术与方法 ··············································· 129

　　8.2.2　管理系统 ····················································· 129

　　8.2.3　应用效果 ····················································· 132

8.3　围岩变形支护预警及管理 ············································· 133

　　8.3.1　管理技术与方法 ··············································· 133

　　8.3.2　管理系统 ····················································· 134

　　8.3.3　应用效果 ····················································· 138

8.4　地下洞室通风管控 ··················································· 139

　　8.4.1　管理技术与方法 ··············································· 139

　　8.4.2　通风效果 ····················································· 145

8.5　液氨监控预警 ······················································· 147

　　8.5.1　管理技术与方法 ··············································· 147

　　8.5.2　管理系统 ····················································· 148

　　8.5.3　应用效果 ····················································· 150

第 9 章　安全隐患排查系统与数据学习 ······························· 151

9.1　微安全管理理论与系统 ··············································· 151

　　9.1.1　微安全管理理论 ··············································· 151

　　9.1.2　Wesafety 系统研发及架构 ······································ 152

　　　9.1.3　Wesafety 系统功能 ································· 154

9.2　水电施工安全动态评价体系 ······················· 158

　　　9.2.1　工程安全管理层次分析法 ·················· 158

　　　9.2.2　水电工程隐患分层模型 ····················· 159

　　　9.2.3　层次分析法构造对比矩阵 ·················· 162

　　　9.2.4　权重确定 ······································· 163

9.3　基于隐患数据协作关系分析 ······················· 164

　　　9.3.1　个体协作网络 ································· 164

　　　9.3.2　单位协作网络 ································· 165

9.4　基于 CNN 的典型安全隐患数据学习 ·············· 170

　　　9.4.1　CNN 学习与挖掘方法 ····················· 170

　　　9.4.2　白鹤滩典型隐患学习分析 ·················· 174

9.5　应用效果 ············································· 177

　　　9.5.1　安全隐患上报—整改情况 ·················· 177

　　　9.5.2　参建单位行为及行为人分析 ··············· 178

　　　9.5.3　现场安全管理效果 ·························· 181

第 10 章　智能安全管理文化 ································· **182**

10.1　智能安全文化背景与特点 ························· 182

10.2　内涵式文化新理念 ································· 183

　　　10.2.1　构建原则 ······························· 184

　　　10.2.2　文化特性 ······························· 185

　　　10.2.3　文化指标 ······························· 186

　　　10.2.4　文化内容 ······························· 187

10.3　文化创建途径 ·················· 187

　　10.3.1　环境分析 ·················· 188

　　10.3.2　冲突识别 ·················· 190

　　10.3.3　矛盾解决 ·················· 192

10.4　智能安全管理文化内容 ·················· 192

　　10.4.1　理念文化层 ·················· 193

　　10.4.2　行为文化层 ·················· 194

　　10.4.3　视觉文化层 ·················· 197

第 11 章　思考与展望 ·················· 199

11.1　思考 ·················· 199

　　11.1.1　敬安——主动安全意识与内涵式安全文化 ········ 200

　　11.1.2　智安——智能安全闭环控制管理理论 ·········· 201

　　11.1.3　本安——本质安全管理模式 ·············· 201

　　11.1.4　数智——数据支撑智慧决策 ·············· 202

　　11.1.5　数能——数据赋能业务流程 ·············· 203

　　11.1.6　数值——数据创造管理价值 ·············· 204

11.2　展望 ·················· 204

　　11.2.1　基于数据的安全智能大模型管理是大趋势 ········ 204

　　11.2.2　知识驱动与虚实结合是新方向 ············· 206

　　11.2.3　智能机器设备和人机协同安全管控是加速器 ······ 207

　　11.2.4　工程全生命周期的智能安全管控是常态 ········ 207

　　11.2.5　规范的安全管理数据隐私保护与治理是基石 ······ 208

参考文献 ·················· 209

# 第1章 安全管理概述

安全管理贯穿工程设计、建设、运维的全生命周期，是工程管理的重要内容，是工程质量、进度保障的基础。本章首先概述国内外不同历史时期工程安全管理的发展历程，论述信息化、数字化、智能化背景下的水电工程安全管理的快速发展；其次分析水电工程安全管理在"人、物、环、管"等方面的特点，安全事故的主要特征，及当前安全管理面临的挑战；最后，从国家、行业的相关安全管理要求，论述工程安全实现智能化管理的必要性和趋势。

## 1.1 工程安全管理发展历程

### 1.1.1 工程安全管理发展

安全管理是对安全生产过程进行计划、组织、监督、协调、执行和控制等一系列活动行为的总称。其目的是保护职工在生产过程中的安全与健康，保护国家、集体和个人的财产不受损失，促进企业健康发展，提高效益，保障生产。安全管理按照主体和范围大小的不同，可分为宏观安全管理和微观安全管理，按照对象的不同又可分为狭义和广义的安全管理。宏观安全管理泛指国家从政治、经济、法律、体制、组织等各方面所采取的措施和进行的活动。微观安全管理将企业作为安全管理的主体，一般指经济和生产管理部门以及企事业单位所进行的具体安全管理活动，简单而言就是企业安全管理。狭义的安全管理是指直接以生产过程为对象的安全管理，即指在生产过程中或与生产有直接关系的活动中防止意外伤害和财产损失的管理活动，也称安全生产管理。广义的安全管理泛指一切保护劳动者安全健康、防止国家财产受到损失，不仅以生产经营活动为对象，而且包括服务、消费活动等的安全管理活动。

生产劳动中的安全问题及防护经验是伴随着人类劳动产生的，自古有之。如图 1.1-1 所示，在古希腊和古罗马时期，设立了以维持社会治安和救火为主要任务的近卫军与值班团；明朝科学家宋应星所著《天工开物》中记述了采煤时防止瓦斯中毒的方法："深至丈许，方始得煤，初见煤端时，毒气灼人，有将巨竹凿去中节，尖锐其末，插入炭中，其毒烟从竹中透上。"12 世纪，英国颁布了《防火法令》，17 世纪颁布了《人身保护法》。随后，有组织的安全管理伴随着社会化大生产发展的需要而产生。18 世纪中叶的工业革命时期，机器的大规模使用极大地提高了生产率，也大大增加了伤害的可能。为改善劳动条件，人们采取了一系列的安全管理措施，例如在机器上安装防护装置，研究防止事故和职业危害的方法等，促进了安全科学和技术的发展。

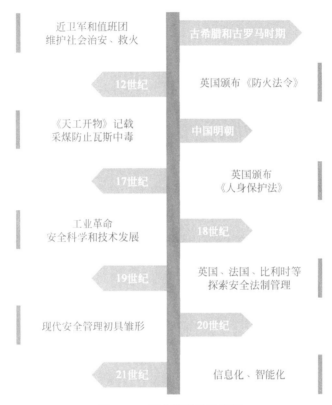

图 1.1-1　安全管理发展历程

以美国为例，其在工业发展的早期，主要依靠大量外国移民作为劳动力的来源，工人的安全健康得不到关怀，劳动条件恶劣，安全事故恶性膨胀。19 世纪末到 20 世纪初，由于工人的斗争和社会公众的支持，安全立法、组织建设以及科学研究等逐渐得到了发展。例如，1867 年，美国马萨诸塞州建立了美国第一个工厂检查部门。1850 年之后的几年间，陆续出现了 200 多种有关职业病的刊物。1908 年，建立了匹兹堡采矿与安全研究所。1910 年，为减少煤矿事故，成立了煤矿管理局。到 20 世纪初，随着现代工业的兴起及发展，重大生产事故和环境污染相继发生，造成了大量的人员伤亡和巨大的财产损失，给社会带来了极大危害，人们不得不在一些企业设置专职安全人员，对工人进行安全教育。

到了 20 世纪 30 年代，很多国家设立了安全生产管理的政府机构，发布了劳动安全卫生的法律法规，逐步建立了较完善的安全教育、管理、技术体系，现代安全生产管理初具雏形。进入 20 世纪 50 年代，经济的快速增长使人们生活水平迅速提高，还可以创造就业机会、改进工作条件等，引起了越来越多经济学家、管理学家、安全工程专家和政治家的注意。工人强烈要求不仅要有工作机会，还要有安全健康的工作环境。在该时期，美国很多企业采用了以工程技术教育为基础的安全管理，标志着美国现代安全管理的起步。1971年，美国劳工部职业安全卫生管理局成立，其工作目标是通过与雇主和工人的共同努力，营造更好的工作环境，以确保美国工人的安全和健康。

与此同时，一些工业化国家，进一步加强了生产安全法律法规体系建设，在生产安全方面投入大量的资金进行科学研究，加强企业安全生产管理的制度化建设，产生了安全生产管理理论、事故致因理论和事故预防理论等风险管理理论，以系统安全理论为核心的现代安全管理方法、模式、思想、理论基本形成。

回顾安全管理发展历程，从理论探索到制度完善，再到技术执行，最后到文化形成，安全管理主要经过了起步、发展、初级、中级和高级五个阶段（图 1.1-2）。安全管理已经越来越注重利用现代信息、智能技术提升本质安全水平，形成内涵式的安全文化。

图 1.1-2　发达国家安全管理发展历程

20 世纪 80 年代，施工安全问题开始在我国受到国家和相关企业的高度重视。从规范标准方面来看，针对施工安全问题，1981 年国家劳动人事部首次组织科研人员开展了安全评估的研究。21 世纪以来，进一步加强了生产安全法律法规体系建设，在生产安全方面投入大量的资金进行科学研究，加强企业安全生产管理的制度化建设。2003 年，国家安监局编制并发布了《安全评价通则》，对安全评价进行了规范，用于保证安全评价的科学性。2016 年 1 月 6 日，国务院召开全国安全生产电视电话会议，强调坚持人民利益至上，牢固树立安全生产红线意识；同年 4 月，国务院印发了《标本兼治遏制重特大事故工作指南》，明确要求"把安全风险管控挺在隐患前面，把隐患排查治理挺在事故前面，构建点、线、面有机结合无缝对接安全风险分级管控和隐患排查治理双重预防性工作体系"。2017 年国务院办公厅印发《安全生产"十三五"规划》，重点强调了推动水库大坝安全管理条例的修订工作，强调要加强水电站大坝的安全风险预控。2022 年国务院安委会印发《"十四五"国家安全生产规划》，强调深化风险智能感知和监测预警理论与方法研究，优先发展信息化、智能化、无人化的安全生产风险监测预警装备，着力破解重大安全风险的超前预测、动态监测、主动预警等关键技术瓶颈。

## 1.1.2　水电工程安全管理发展

国外尤其是西方发达国家对于水电工程施工安全的重要性认识较早，在安全管理过程中非常重视施工安全管理的标准化及工程质量监督管理体系的建立。从 20 世纪 70 年代开始，众多研究者就意识到水利水电工程施工安全管理的成败往往取决于隐藏在管理制度下的某种潜在因素（黄常坚，2008）。从安全管理的角度看，参与项目建设的所有管理部门、行业部门、建设单位、施工企业和安全专家等都对安全负有责任（Blair H E，1996）。建设全面安全管理制度要求水利水电工程施工行业的所有人员，不管职务大小，全部参与到安全管理中来，让所有人认识到安全的真正意义，同时还应该发展安全培训制度（樊启祥等，2019）。

安全管理成功的要素可以分为三个方面：①个人行为要素，包括针对工人的安全培训，工人的个人习惯、宗教信仰、受教育情况、文化背景、对社会的态度及个人身体健康情况；②工作环境因素，如管理人员对待工人的态度、企业针对工人的政策、工友之间的相处等；③物质要素，包括工作环境、施工安全通道和安全防护用品等。从安全制度和评价角度来看，美国、英国等国家和地区在施工安全标准化管理方面做了大量研究工作：美国颁布了《职业安全卫生法》，英国颁布了《职业卫生安全管理体系指南》，澳洲也发布了施工安全体系，南非则在自己多年的实践基础上设立了自己的安全评价系统。

除了开展安全管理方面的研究，不同国家也先后成立了一系列施工安全管理机构。例如，1977 年，美国成立联邦能源管理委员会（Federal Energy Regulatory Commission，FERC），其下设的水利水电分委会负责工程建设、施工、设计等，并制定相应的法案；英国政府设立安全与健康执行局（Health and Safe Executive），该机构有安全检查权，同时有责令停产、行为处罚等权利。1985 年，美国科学院、工程院编写的 "Safety Dams-Flood and Earthquake Criteria" 中明确提出了水利安全评价的内容。安全评价技术在水利水电工程施工中受到了广泛的关注，此后诸多专家学者也对安全评价进行了深入研究。Kangari和 Riggs 通过深入探讨，提出安全评价模型分为古典模型和概念模型两种，并指出古典模型中的安全评价模型存在无法对现场施工信息进行定量分析、相关决策主观性强的特点。

随着信息化技术和相关理论的深入，很多发达国家和相关企业都开发了用于工程安全管理的信息化产品。例如，建立一个管理信息系统，对危险源和发生的事故进行管理，并且进行统计分析以及安全管理评价，用于指导安全措施；利用信息化技术手段，对病险水库进行诊断，尤其是在施工地质探测期间，利用信息化技术提高对地形的分辨率，集中处理各类安全隐患问题（高静，2022）；利用信息系统将施工现场的作业流程标准化，提高管理效率和质量，最大程度保障工程项目的安全。

大型水利水电工程施工建设期间，各个阶段的工序烦琐、工种众多、立体交叉作业，且专业技术被融合应用，会生成多源多维数据信息。按照工程安全管理目标，对各类数据信息进行综合性的分析判断，优化应用各类信息资源，找到有价值的信息内容，是提高管理效率、优化资源配置、促进工程建设全过程本质安全的基础。随着数字化、智能化技术发展，水电工程施工现场采集了海量的安全数据，但多为原始、非实时、未确认数据，具有关系模糊、数据冗余、质量不高等特点。为改变多源大数据信息挖掘和分析难题，探索工程施工不安全行为多源信息挖掘理论与控制技术，国内外学者围绕安全生产的数据采集、数据耦合、监测预警、数据挖掘等方面展开了系统深入的研究，如表 1.1-1 所示。这些研究成果促进了基础工程建设、运行的安全数字化和智能化管理。

表 1.1-1　水电工程安全管理研究

| 研 究 领 域 | 研 究 内 容 |
| --- | --- |
| 数据采集 | 施工现场安全访谈、问卷调研（孙开畅 等，2013）<br>基于移动互联网的安全管理平台（樊启祥 等，2019）<br>文本、图片、视频监测（彭杨，2021） |
| 数据耦合 | 结构方程模型和因素分析方法（Johnson S E et al.，2005）<br>不安全行为识别、分类、分级评价（朱渊岳 等，2009）<br>不安全行为影响因素模型（Cooper M D，2000）<br>隐患 - 事故链分析模型（韦刚，2015） |
| 监测预警 | 人员不安全行为分析（崔庆宏 等，2022）<br>施工现场电子围栏监测（Jiang H et al.，2015）<br>设备不安全状态预警（贾金有，2013）<br>环境不安全因素识别（康业渊 等，2017）<br>管理漏洞分析（吴依楚 等，2020） |
| 数据挖掘 | 基于统计的数据挖掘（冯勤，2005）<br>基于机器学习算法的数据挖掘（高晶 等，2022）<br>基于知识图谱的隐患 - 事故关系分析（赵丽丽，2022） |

最近几年重大水利水电工程安全管理的快速发展，得益于安全管理与 5G、物联网、人工智能、云计算等智能技术的深度融合（樊启祥 等，2015；2021）。安全管理理念从传统的"要人安全"的管理方式向"人、物、环、管"本身就安全的本质性安全转变，强调事前析源、事中过程控制和事后结果反馈。将安全事故的发生过程分解为：事故萌芽期、快速发展期、缓慢发展期以及事故险情期 4 个阶段，强调对安全隐患和事故的全流程闭环控制（樊启祥 等，2019）。

## 1.2　水电工程安全管理特点与挑战

### 1.2.1　特点

中国是当前世界上在建大型水电工程最多的国家，大型水电工程深处高山峡谷，地质条件复杂,总体布置复杂,水电工程在资源开发、工程建设、风险管控等方面具有独特性。工程建设风险主要来自环境复杂、条件变化、关键技术、资源流动、结构转换、性态调整等方面,蕴含在工程建设的全过程各阶段。工程建设风险特性包括:复杂多样性、动态变化性、累积叠加性、突发群体性和重大危害性。工程建设的主要风险有自然灾害风险、工程技术风险、生产安全风险、坝区安定风险、长期运行风险、生态环保风险、移民安置风险等七大类。风险评估的基本要素包括"人、物、环、管"等,对风险可能性和危害性进行量化,综合确定风险程度或级别。如图 1.2-1 所示,实际工程中通过对风险辨识、分析和评估的闭环控制,并根据反馈持续优化闭环中的问题,最后落实到安全控制措施的整改中。

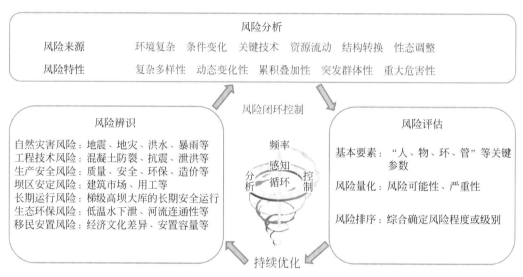

图 1.2-1  水电工程安全管理特点

水利水电工程安全管理主要涉及"人、物、环、管",如图 1.2-2 所示。①人:工种多、单位多、人员复杂、流动性强、民技工占比高、安全意识不够强;②物:大型设备种类数量多、运行集中、强度高、立体交叉作业;③环:高山峡谷、偏远地区,面临泥石流、滑坡、塌方及洪水等自然灾害和地质灾害威胁;④管:施工周期长、分包及社会化用工易管理缺位,智能化水平不高,安全监管难度大等。如何实现安全信息提前预警、现场实时移动管理,更有效地减少违章作业的发生,保证工程施工安全是水利水电工程安全管理的重点与难点。

水利水电工程安全事故特征主要有六类:事故总量依然很大、较大以上事故未得到有效遏制、事故类别相对集中、事故发生事件特征明显、事故后果容易被放大及事故发生呈重尾特征,如图 1.2-3 所示。近年来,水利水电工程安全事故发生频度有较大幅度下降,但总量仍然很大,重特大事故时有发生。较大及以上安全事故极易造成群死群伤,危险性较大且发生频率较高。

图 1.2-2　水电工程施工现场多元安全管理因素

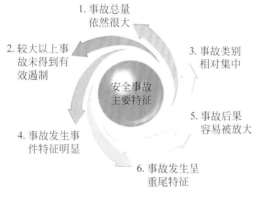

图 1.2-3　水电工程安全事故主要特征

在工程建设过程中，由于风险控制不当、管理漏洞以及不可预见性等因素，容易发生人员伤亡事故，特别是建筑市场正向施工组织社会化、市场化、专业化的分工发展，施工专业分包，队伍不稳定、流动性大，管理难度大，劳务用工比重逐步增大，民技工成为水电工程建设主要力量，高峰期有上万人；水电工程生活区、工程区、料场、火药库、交通等布置空间狭窄，地下洞室、大坝混凝土浇筑仓面等施工区人员和机械设备密度高；施工强度大，车辆交通、采掘、铺料、起重和缆机作业等大型施工设备交叉作业频繁，相互干扰大，安全隐患影响因素多。

## 1.2.2　挑战

当前，我国大型水电工程绝大多数处于西南地区，该地域地质条件十分复杂，如柱状节理岩体、断层、层间错动带以及溶洞等（Lin et al., 2015；2019）。此外，水电工程投资规模巨大，实施周期长，施工环境恶劣，地质灾害频发，参建单位多，作业情况交叉复杂，流动性强，导致其风险因素种类繁多，面临多样性和多层次性等挑战。以我国西南地区为例，在库区、大坝、泄洪、机组、生态、航运和库群方面均面临安全管控挑战，如表 1.2-1 所示。

表 1.2-1　西南大型水电工程面临的主要安全管理挑战

| 类　　型 | 面对的关键技术挑战和存在的典型问题 |
|---|---|
| 库区安全 | 库区干流长，滑坡灾害体多 |
| 大坝安全 | 大坝蓄水后水垫塘、边坡、坝基长期安全稳定 |
| 泄洪安全 | 大坝泄洪引发周边振动、泄洪雾化 |
| 机组安全 | 泄洪状态机组尾水强迫扰动影响机组安全、泄洪与发电振动耦合安全 |
| 生态安全 | 水生生物、陆生植物、生态流量、低温水、气体过饱和、雾化 |
| 航运安全 | 非恒定流航运安全，机组切机航运安全，高塔柱大吨位升船机运行安全 |
| 库群安全 | 泄洪、通航、发电分别调度，缺乏统一调控平台 |

在金沙江下游河段的水电工程开发建设中，对于技术性和专业性的要求极高，具有"高坝、高陡边坡、高地震烈度、高速水流"和"大泄洪流量、大单机容量、大洞室群"的"四高、三大"等特性，如表 1.2-2 所示。大量使用深埋长大隧洞、超大地下洞室群、高陡边坡等高难技术方案。这些高难技术的使用解决了狭窄场地上布置众多建（构）筑物的难题，但是在缩短工期、节省投资成本、提高工程建设经济效益的同时，也暴露了传统安全管理方法的局限性，安全管理面临着新的问题和严峻挑战。

表 1.2-2　金沙江下游河段水电工程关键技术与管理挑战

| 典型特点 | | 关键技术与管理挑战 |
|---|---|---|
| 四高 | 300m 级高拱坝 | 混凝土温控防裂、拱坝结构全过程性态安全、岩体精细开挖等 |
| | 高陡边坡 | 地震动力响应、高陡边坡稳定、高排架全天候施工安全等 |
| | 高地震烈度 | 高地震烈度下特高拱坝抗震安全等 |
| | 高速水流 | 大断面高速水流防空化空蚀等 |
| 三大 | 大泄洪流量 | 高水头大泄量高流速泄洪洞群集中布置 |
| | 大单机容量 | 800MPa 高强钢、高性能铸锻件，大电流、高电压电气设备等 |
| | 大型洞室群 | 大跨度高边墙洞室群围岩稳定、洞室群通风散烟等 |
| 两岸 | 川滇两省界河 | 资源开发成果共享体制，移民发展及地方经济协调发展等 |
| 一严 | 环保要求严 | 流域梯级水电开发环境问题，枢纽工程建设区环境问题等 |

此外，金沙江下游白鹤滩、乌东德、溪洛渡和向家坝四座水电站，位于长江干流，单站规模巨大，位居世界前列，地质条件复杂，自然条件严峻、建设难度高、建筑市场环境复杂，安全问题是这些大型电站建设、运行管理过程中的重中之重。例如，白鹤滩水电站面临首次运用柱状节理玄武岩作为特高拱坝基础、百万千瓦机组地下洞室群围岩开挖稳定、

特高拱坝抗震设防烈度最高等一系列世界级技术难题，主要技术指标位居世界水电工程前列，综合技术难度为同类工程之首。在施工期，建筑市场不规范，民技工受教育水平低、队伍流动性大、安全意识差，高强度大体积混凝土浇筑，金结、机电安装与土建项目交叉施工，大跨度洞室开挖、深大竖井施工、高边坡开挖支护等高风险项目分布众多，安全技术及措施不到位，缆机、门塔机等大型设备数量多且运行集中，及大风天气频繁、地质灾害高风险等问题是大型水电工程安全管理中面临的难题和挑战。

## 1.3  安全智能化管理发展必要性与趋势

### 1.3.1  必要性

#### 1. 国家行政法规的要求

近年来，国家对安全生产越来越重视，相继出台了一系列相关文件，完善了我国安全生产法律法规体系，同时也对安全管理提出了更高的要求。包括：①深化安全生产管理体制改革，把安全风险管控挺在隐患前面，把隐患排查治理挺在事故前面，构建点、线、面无缝对接的安全风险分级管控和隐患排查治理双重预防性工作体系；②坚决遏制特重大事故频发势头，强调推动安全生产关口前移，加强应急救援工作；③强化重点行业领域安全治理，加快健全隐患排查治理体系、风险预防控制体系和社会共治体系，依法严惩安全生产领域失职渎职行为；④充分应用现代信息技术，实施"互联网＋安全监管"战略，实现监管手段创新，完善监督检查、数据分析、人员行为"三位一体"管理网络，实现流程和模式创新；⑤建立电力行业安全生产信息大数据平台，深度挖掘大数据应用价值，以信息技术手段提升电力安全生产管理水平等。

随着国家行政法规的不断完善，明确了各部门的安全监管职能，压实了生产经营单位的安全生产主体责任，要求坚持安全第一、预防为主、综合治理，从源头上防范化解重大安全风险。要求建立健全全员安全生产责任制和安全生产规章制度，加大对安全生产资金、物资、技术、人员的投入保障力度，改善安全生产条件。加强安全生产标准化、信息化建设，凸显安全生产信息化建设的重要性，要求安全管理活动与5G、物联网、人工智能等信息化、智能化技术相融合，提升安全管理效率和质量。此外，强调构建安全风险分级管控和隐患排查治理双重预防机制，健全风险防范化解机制，加强从业人员安全生产教育和培训。

#### 2. 国家高质量发展的要求

党中央、国务院始终高度重视安全生产工作，把安全发展摆在治国理政的高度进行整体谋划推进。例如，发挥企业创新主体作用，坚持经济效益和社会效益相统一，引导规模以上企业，特别是中央企业和地方国有重点企业加大安全科技资金投入，建设技术中心、工程中心、实验室和试验站；鼓励中小企业与优势科研院所、高等院校开展互利合作，共建科技创新平台，搭建"产学研用"一体化平台，促进高校科研成果落地转化，提升企业安全生产科技保障水平；提升现代信息技术与安全生产融合度，统一标准规范，加快安全生产信息化建设，运用大数据技术开展安全生产规律性、关联性特征分析，提高安全生产决策科学化水平。

安全是发展的前提，发展是安全的基础。牢固树立安全发展观念，坚持人民至上、生命至上，统筹好发展和安全两件大事，把新发展理念贯穿国家发展全过程和各领域，构建新发展格局，实现更高质量、更有效率、更加公平、更可持续、更为安全的发展。

### 3. 行业科技发展的要求

目前，我国各类事故隐患和安全风险交织叠加、易发多发，安全生产正处于爬坡过坎、攻坚克难的关键时期。

一是全国安全生产整体水平还不够高，安全发展基础依然薄弱。一些地方和企业安全发展理念树得不牢，安全生产法规标准执行得不够严格；高危行业产业布局和结构调整优化还不到位，小、散、乱的问题尚未得到根本解决，信息化和智能化程度不够高，企业本质安全水平仍比较低。

二是安全生产风险结构发生变化，新矛盾新问题相继涌现。各类生产要素流动加快、安全风险更加集聚，事故的隐蔽性、突发性和耦合性明显增加，传统高危行业领域存量风险尚未得到有效化解，新工艺、新材料、新业态带来的增量风险呈现增多态势。

三是安全生产治理能力还有短板，距离现实需要尚有差距。安全生产综合监管和行业监管职责需要进一步理顺，体制机制还需完善；安全生产监管监察执法干部和人才队伍建设滞后，发现问题、解决问题的能力不足；重大安全风险辨识及监测预警、重大事故应急处置和抢险救援等方面的短板突出。

大力实施科技兴安战略，推动安全生产领域科技创新，是推动安全生产形势持续稳定好转的重要举措。开展安全生产重大科技攻关，提升安全管理智能化水平，可从安全生产全过程数据采集、安全工作流程闭环管理、安全意识培养和安全智能化体系建设几个方面展开。具体如下：①提升安全生产多源信息识别、表征和数据采集能力，建立有效的监察管理机制，提升安全隐患发现和整改效率；②重构安全工作流程，闭环管理安全问题，明确落实安全管理责任，提高安全管理效率；③加强安全数据分析能力，开发覆盖"人、物、环、管"的安全数据挖掘算法，通过数据驱动有效提升安全管理质量；④构建安全智能化管控体系，加强智能化技术的应用，建立健全安全管理文化。

### 4. 精品工程建设的要求

金沙江下游梯级水电站是实施"西电东送"的国家重大工程，水电站长期安全稳定运行事关重大，必须以最高的标准、最优的工艺、最严的管理建设经得起历史和实践检验的"世界一流精品工程"。以白鹤滩水电站为例，在攻克精品大坝、超大规模地下洞室群开挖和百万千瓦机组安装等一系列技术难题时始终要坚持科技创新、管理创新，新技术、新装备、新工艺应用到工程建设重点领域，必然对全过程的精细化安全管理提出更高要求，传统的安全管理方式也难以适应新变革、新发展的水电施工。精品工程建设始终把质量和安全放在首位，秉承"严、细、实、慎"工作作风，构建全面质量安全管控体系，强化质量安全责任落实，扎实开展质量安全提升行动，运用"互联网+"、大数据、人工智能等先进技术和管理理念，精心策划、周密组织、精细施工，实现全过程的质量安全管控，确保工程建设达到内在品质和精致外观的相统一，最终实现工程的安全建设和永久安全运行，建成水电典范、传世精品。

### 1.3.2　趋势

#### 1. 安全管理理论

针对"人、物、环、管"等安全管理要素进行闭环控制，建立不同安全管理内容的感知-分析-控制-优化流程以及安全隐患数据分析模型是安全智能化管理理论的发展趋势。安全智能化管理理论在传统安全管理理论基础上，综合考虑技术变革及管理目标，从管理范围、周期、维度、算法等多方面开展工程安全管理。基于传感器、智能设备等收集的安全管理数据，开展"人、物、环、管"等多维度的数据挖掘，突破传统安全管理理论依赖单一模型和因果分析的局限。安全智能化管理理论强调全生命周期的安全管理，从勘察设计阶段即开展安全隐患排查分析，在建设阶段完善不同施工工艺的安全管理，在运维阶段开发数据分析模型，建立全流程的安全智能化管理理论。

伴随着安全智能化管理理论的发展，工程安全管理将衍生出针对不同管理要素的管控分析算法，例如：建立人员不安全行为分析算法，从人员协作、绩效、安全意识、工种类别、作业内容等方面开展理论分析，辨识人员不安全行为的产生原因和预警预防机制；将施工现场的设备运行状态、作业时间、作业位置等信息纳入安全管控范围，建立"万物互联"的联合管控机制；借助知识图谱、社交网络等手段，建立丰富且完备的工程安全管理知识库，所有可能影响安全管理效果的因素都被纳入分析，弥补传统安全管理理论缺乏定量评估的缺陷，更好地开展隐患-事故的溯源分析，提高安全管理的工作质量和效率。

#### 2. 安全管理技术

安全智能化管理以提供满足所有建设相关方安全需求的高质量产品为目标，综合考虑安全管理制度、资源投入、管理成效等内容，从整体的角度出发进行系统分析管理，提高项目利益相关方安全协作效率。未来，安全管理活动将深度融合物联网、人工智能、大数据、云计算等技术，重构安全管理流程，实现本质安全。

首先，充分运用大数据和云技术，实现跨区域式的数据共享。大数据时代的到来以及云技术的应用为跨区域式的信息管控提供了技术支撑。云技术从根本上解决了信息孤岛的存在，实现了大规模的共享，满足需求的同时也降低了软硬件成本，降低了能耗，并逐步由"信息化"向"智能化"迈进。随着人员定位、人脸识别、人工智能等技术的逐渐成熟，可以创建针对人员、车辆、施工机械等安全管理对象的智能化管控系统，集成包括GIS数字地图、人员定位、非法停留监控、违章行为识别预警、安防功能于一体，实现信息互联互通，防患于未然。

其次，充分发展物联网、人工智能、VR、AR等技术。自动获取生产操作人员及设备信息，利用人员ID跟踪实现生产区域自动导航功能，杜绝出现人员走错工作区域的情况；利用物联网技术，实现位置相近的设备到位操作确认；对特定危险区域利用移动消息推送，实现安全生产信息共享，以减少不知情危险发生；利用视频人脸识别、数据广播等多种功能共同实现安全防护措施。

最后，在通过长期运行积累大量安全数据之后，进一步研究开发智能安全挖掘分析模型，对获得的安全行为大数据进行深入挖掘分析，进行分类规则控制，为安全管理提供强有力的智能化方法。

### 3. 安全管控体系

随着安全智能化管理理论及技术的发展，安全管控体系也将由传统的单一化、片面化转变为综合化、一体化的管理。随着工程现场安全管理数据的全覆盖，安全管控体系将更加注重"人、物、环、管"等要素的状态识别和参数提取，具备安全风险感知、识别、预警等功能。更加注重安全风险源头管控，构建事前源头管理、事中过程管理、事后结果管理的三阶段管控方式，将安全隐患的识别与整改纳入安全管控体系中。智能化管理系统将得到全面应用，针对管理场景、管理对象和管理要求的差异，开发相应的智能化管理系统，不同系统间数据共享，不断丰富安全管理体系的内容。

安全管控体系将逐渐朝着智能化、少人化的方向发展，构建安全隐患识别、上报、整改的自动化工作流程，不依赖于外界环境的影响，管理者可以实时获取施工现场安全管理的情况，及时解决安全管理问题，实现全流程的闭环反馈。安全管控体系将逐渐摆脱条块分割、单一管控的局面，在云计算、物联网等智能化技术的加持下，之前相互独立的管理系统将构成有机的整体，各个子系统协调配合，确保安全智能化体系的整体运行。安全智能化管控体系将具备主动学习、自发完善的能力，通过对安全管理数据的挖掘分析，识别人员的不安全行为、物的不安全状态、环境的不安全因素和管理缺陷，实现安全风险预警预报，提升工程安全管理的智能化水平。

4. 安全管理文化

安全管理文化是一个多元、动态和综合性的概念，在新一代信息技术的推动下，工程建设的复杂性经历着由"量"到"质"的提升，多源隐患、事故频发、管理滞后等原因，导致安全风险空前加剧。面对挑战，工程安全管理将加快智能化的发展进程，相应的文化载体也将得到进一步的发展。传统的形式呆板、转化薄弱的安全管理文化将不再适用，取而代之的安全管理文化将融合智能化管理理念、技术方法和工程实践，并随着安全管理方式的转变不断动态完善。安全管理文化将朝着内涵式方向发展，整合工程安全管理的内部资源，形成相应的安全管理原则、指标和内容，通过文化建设优化安全管理结构。通过建设符合智能化进程的安全管理文化，有效解决工程安全管控中人机协同的矛盾。

安全管理文化的发展将更注重文化建设在工程管控中的应用效果，将文化研究与工程管理相互连接。基于内涵式发展逻辑，对安全文化"质"的规定将延伸为"量"的界定，即把安全文化对理念、技术及管理等内部资源的要求映射到"人、物、环、管"等各个方面，形成符合安全智能化管理流程的控制指标。安全管理文化将顺应智能化背景下不断创新和持续优化的特性，关注工程各相关方对文化的认同感，更加重视对员工创新积极性的调动。营造符合智能化发展趋势的安全管理氛围，逐渐培育员工主动拥抱科技变革的价值观念。智能安全文化体系是一项系统工程，内容和环节众多，既要立足于当前行业现实，又要着眼于长远战略未来；既要结合技术及经济实际，从制度落脚，又要结合管理，实现人与文化的创新融合。

# 第2章 安全管理变革与启示

随着科学技术和项目管理的不断发展，安全管理在理论、模型、方法、技术等方面也不断演变、变革创新。本章系统梳理了事故致因、现代管理、系统管理和数据分析等安全管理理论的发展变革及主要内容。随着安全管理理论的不断发展，安全管理方法从知识驱动发展为模型驱动、数据驱动，目前已经发展为混合驱动。安全管理理论和方法的变革为大型工程安全管理带来了新技术、新模式和新启示，传统经验式、制度化的安全管理已经难以适应复杂条件下的安全挑战，风险预控型、大数据化和内涵式安全文化的安全管理成为新的发展趋势。

## 2.1 安全管理理论

### 2.1.1 事故致因理论

事故致因理论将安全管理看作是对事故的控制过程。具体为收集、分析典型安全事故，将事故的发生过程进行拆解、对比，总结提炼事故发生的规律性，并在此基础上建立事故发生模型，揭示事故发生机理。目前的事故致因理论，主要分为简单链式、复杂链式及系统网状三种结构，如图 2.1-1 所示。

图 2.1-1 事故致因理论的变革

1. 简单链式

简单链式的事故致因理论将事故的发生看作一根简单的事故链条，当事故链条上的某个点发生问题后，就会导致事故链断开，引发事故。1950 年，美国著名安全工程师海因里希研究了事故发生的频率与事故后果严重程度之间的关系（Heinrich H W，1950）。海因里希统计了约 55 万件机械事故，其中死亡、重伤事故 1 666 件，轻伤 48 334 件，其余则为无伤害事故，从而得出"1∶29∶300"事故法则。该理论表明，尽管事故的发生是小概率事件，但不同的生产过程和不同类型的事故，它们的比例关系是完全不相同的，如果同类轻微事故多次发生，并达到一定概率后，必然导致重大伤亡事故的发生。海因里希事故法则表明，安全生产是可控的，安全事故是可以预防的。它同时指出，如果要防止重大事故的发生，就必须减少无伤害事故发生的概率，还要重视解决事故发生源头的深层次问题，以便在事故发生前及时采取有效预防措施，从而消除事故隐患。

在简单链式致因理论下，安全管理的目的就是保证事故链不发生断裂。具有代表性的包括：多米诺模型、瑞士奶酪模型（SCM）（Bode L et al.，2021）和人因分析与分类系统等（马天驰，2020）。这些模型大多着眼于引发事故的某个点，例如，人的不安全行为或者物的不安全状态等。将事故致因链条划分为社会环境、人为过失、不安全行为或状态、事故、伤害共 5 个骨牌组成，见图 2.1-2。伤害被认为是事故的后果，导致事故的直接原因是人的不安全行为和物的不安全状态，间接原因是人的缺点，源头或者根本原因是社会环境。在多米诺骨牌中，一个骨牌被碰倒，将会导致下一个骨牌的倒下，最后形成事故并导致伤害。预防事故的策略就是将序列中的骨牌移除，以便中断事故链条。在事故链条中人的不安全行为处于骨牌链条的中心，是预防事故的关键。

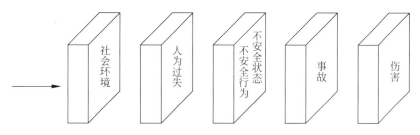

图 2.1-2　海因里希事故致因理论

如图 2.1-3 所示，在某年 8 月 3 日，某大型水电工程 3 号龙落尾中层开挖面左侧局部围岩较破碎，支护不及时；8 月 9 日，上报 3 号龙落尾一层开挖后未及时支护，掌子面顶拱围岩差；8 月 14 日，该部位发生坍塌事故，关键节点在 8 月 3 日和 8 月 9 日两个时间点上出现问题。

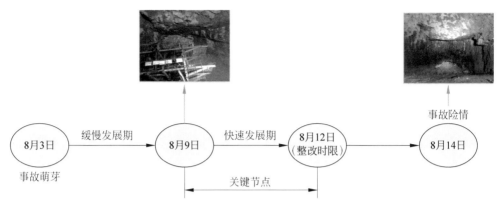

图 2.1-3　某大型水电工程地下坍塌事故链条分析

### 2. 复杂链式

复杂链式事故致因理论将单个"点"的因素视为有前后时间关联，并用多条线性的复杂链式结构来描述事故发生过程。具有代表性的有轨迹交叉模型（陈佳瑞，2016）、瑟利模型（田硕，2020）、流行病模型、能量意外释放理论（陈明仙，2009）等。该类事故致因模型，主要在于控制事故链两端及多个事故链之间的相互作用，在工程领域得到了充分发展与广泛应用。

能量意外释放理论认为任何生产行为都是在做功的过程，整个过程中伴随着能量的转移和变化。第一类能量是在生产建设过程中存在能量释放的危险物质，第二类能量是在生产过程通过规范人的不安全行为或是物的不安全状态提高安全保障的控制能量；当能量积累超过一定的阈值，就会产生危险性事故，两种能量共同决定了事故发生的类型以及危害程度，如图 2.1-4 所示。

### 3. 系统网状

随着工程规模的扩大以及企业业务的扩充，安全管理系统趋向于大型化和复杂化。安全管理涉及的单位、人员不断增多，相应的系统层级也逐渐扩展。以水电工程为例，水电生产系统中存在的大部分关系是复杂非线性的。传统的致因模型是基于事故链条的基础进行分析，这会导致分析结果不准确。此外，随着水电施工工艺的进步和设备的发展，导致事故发生的原因也在发生着变化。复杂性的增加使得水电管理者难以充分理解系统的所有潜在状态，也使得管理者面对复杂非正常的状态难以安全有效地处理。

为满足日益复杂的管理需求，研究者发展了系统网状事故致因理论，提出了相应的事故致因模型，包括：STAMP 模型（王克克 等，2022）、FRAM 模型（王倩琳 等，2022）、Accimap 模型（孙逸林 等，2021）、2-4 模型（吴大明 等，2021）等。系统网状事故致因理论的发展让多种事故致因模型的综合应用成为可能，避免了简单事故致因模型带来的事故原因分析不全面的问题，为工程现场复杂安全管理提供了有力指导。

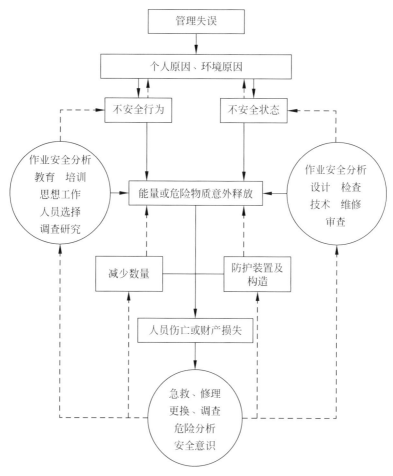

图 2.1-4　能量意外释放理论示意图

## 2.1.2　现代管理理论

安全管理是一项综合性工作，需要一个组织来确定安全要求，设计安全管理结构和过程，并决定需要实施哪些活动来实现预先定义的安全要求（Herrero S G et al.，2002）。现代安全管理理论在此背景下诞生，具体包括：安全计划、安全组织、安全领导能力和风险控制。每一项安全管理活动首先要从安全计划开始，经过安全组织机构的提议，再由有关安全的领导进行会议沟通，最后实现对企业风险的控制。由泰勒的科学管理理论（蓝莎等，2020）、法约尔的管理过程理论（袁安府，2008）、韦伯的古典行政组织理论（关力，1987）以及其他学者的多种管理理论构成了目前主流的现代安全管理理论。在这些理论基础上，不同学者进行延伸和改进，使现代安全管理理论呈现百花齐放的态势。

然而，基于此理论并不总是能提高安全管理质量，因为它们只集中在技术要求和获得短期结果上。现代安全管理理论是孤立的，并且没有与组织的其他功能集成。安全计划的共同要素包括：安全主管、安全委员会、与安全有关的会议、与安全有关的规则列表、张贴标语、海报和安全激励计划。安全计划的责任落在安全主管身上，其在公司组织内部仅仅担任一个职位，在许多情况下，他无权做出更改和串联。现代管理理论的这种缺陷将造成企业安全管理不够全面，不能辐射参与安全管理的所有主体，造成安全管理的片面性。

## 2.1.3　系统管理理论

随着企业规模的不断扩大，安全管理流程也逐渐复杂化，导致事故致因理论和现代管理理论的适用性降低。例如，水电、煤矿、航空等行业如果发生安全事故，将造成大规模的人员伤亡和财产损失。为此，系统管理理论在安全管理中的作用逐渐凸显，安全管理逐渐由被动式转为主动式，管理水平也日益精细化。

目前，不同的高危行业都形成了与自身特点有关的安全管理体系，如表 2.1-1 所示。例如，职业健康管理安全管理体系、国际安全管理规则 ISM Code、杜邦安全管理体系和本质安全管理体系等。大部分的安全管理体系是基于系统管理理论而构建的，具有全面性、系统性、动态性和前瞻性等特点。

表 2.1-1　常见的基于系统管理理论的安全管理体系

| 序号 | 体系名称 | 行业 | 主要内容 |
|---|---|---|---|
| 1 | 职业健康管理安全管理体系 | 通用 | 危险源辨识、风险评价和风险控制等 |
| 2 | 质量管理体系 QMS | 航空安全 | 教育培训、统一认识、组织落实、拟订计划等 |
| 4 | 国际安全管理规则 ISM Code | 船舶安全管理 | 对紧急情况的准备和反应程序，报告程序等 |
| 5 | 杜邦安全管理体系 | 通用 | 工作场所安全、人机工效、应急响应等 |
| 6 | 健康、安全和环境管理体系 | 石油、化工 | 领导承诺、风险评估、隐患消除、风险控制等 |
| 7 | 风险预控管理体系 | 煤矿安全 | 危险源辨识、评估、管理标准、管理措施 |
| 8 | 本质安全管理体系 | 水电安全 | 危险源辨识、风险评估预控、安全文化等 |

## 2.1.4　数据分析理论

数据时代意味着科学研究所依赖的范式的改变，安全管理研究的范式变革如图 2.1-5 所示。通过对数据的分析来找寻数据背后存在的意义、规则和规律，找出相应对策从而实现工程安全管理水平的有效提升。传统的安全管理仅仅将安全管理数据当作计算的基础，数据所起到的作用主要是为模型构建提供一种检验的手段。然而大数据时代的安全管理理论应以数据为核心，对大量安全数据进行学习挖掘，构建安全隐患与事故之间的知识图谱，进而找出安全管理存在的关键问题以及多源多维、可信的关联关系，从而进行更真实、更敏捷、更扁平化的安全管理。

大数据背景下的安全管理理论更注重研究对象的客观性。由于传统的安全管理理论大多是从多起事故背后抽取出来的事故机理，并采用问卷调查、访谈、实验等方法进行验

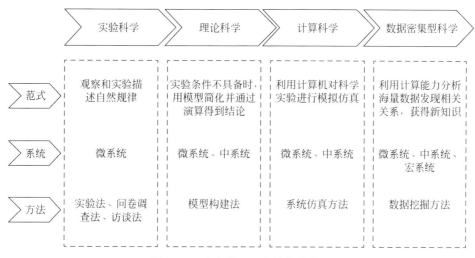

图 2.1-5　安全管理研究的范式变革

证，导致主观性较强。数据分析理论的数据来源为全样本数据，在模拟过程中，人的参与性被大大降低，所得到的结果也是基于真实安全数据，从而避免了主观性强的缺陷。

大数据与安全管理相结合可以更快地给决策者提供建议。大数据方法可以直接将数据进行实时处理快速得到有用结论，从而在安全管理决策中直接应用。此外，传统安全管理理论对于新的安全管理问题缺乏敏感性，只有当安全管理问题暴露出来后，通过调查研究才能着手研究。而数据分析理论善于发现潜伏期内的安全管理问题，通过多种不同种类的安全数据结合可以提前预测可能发生的事故或者隐患。

数据分析理论更注重影响因素之间的关联性，而非因果性。传统安全管理理论注重对事物之间的因果性的分析，也就是描述事物 A 与事物 B 之间为什么会产生关联联系。但是很多安全因素之间的因果性具有一定的模糊性，导致研究者很难探究真正清晰的因果回路。例如，在事故致因理论当中，很多学者将事故发生的影响因素划分为人的不安全行为、物的不安全状态、环境的不安全状态以及管理上的缺失。但是这种因果关系仅仅是事故发生的大框架。面对不同的行业和社会环境，究竟是哪个因素起到主导作用也仅仅只能通过概率分布的手段进行解释。数据分析理论通过数据挖掘方法找出安全数据间的关联规则，这些关联规则也许从表面上看不出存在的因果性，但却可以辅助管理者进行决策，提高安全管理水平。

## 2.2　安全管理方法

### 2.2.1　基于知识驱动的安全管理方法

基于知识驱动的水电工程安全管理方法依赖于专家经验和操作流程知识。早期的水电工程大多是基于管理者多年积累的经验来进行安全管理。这种方法能够对常见的安全隐患和风险因素等进行快速处理，但受限于人的主观意识以及不同管理者所掌握的知识差异，无法适用于全面安全管理。常用基于知识驱动的水电工程安全管理方法，包括专家系统、图论和事故树等。

专家系统指的是利用专家知识库来进行推理的信息系统，包括知识获取、推理机和解释器等。通过水电安全生产的量化指标体系，构建水电安全管理专家知识库，再进行推理分析，可以找出当前安全管理存在的问题。

图论利用点来表示研究对象，线来表示研究对象之间的关系，进而形成网络结构来表示整体的安全管理状况，结合一定的搜寻算法后对出现问题的安全管理节点进行分析。运用图论的方法可对安全监管体系的结构进行优化设计。

事故树是一种找寻事故致因的基本方法，通过利用各种事件符号以及事件之间的逻辑门组成，再利用找寻的逻辑关系对安全管理进行定性和定量的评估分析。可以更加直观地体现事故影响因素之间的相互关系，提高企业事故分析和安全管理效率。

### 2.2.2 基于模型驱动的安全管理方法

基于模型驱动的水电安全管理方法主要是以理论假设为基础，以数据模型和数据方法为主体。当进行水电工程安全管理研究时，首先应利用广泛的文献调研来了解当前知识体系的前沿问题，其次提出当前研究可能带来的贡献，最后在一定理论框架和理论推演下构建模型结构。目前，基于模型驱动的主要安全管理方法如下。

#### 1. 安全行为管理

安全行为管理的发展主要聚焦于人员的不安全行为，通过将组织行为学、心理学等理论与安全管理理论进行结合，实现对不安全行为的管控。安全行为管理主要模型包括：不安全行为传播的 SIRS 模型、安全计划行为模型、安全行为栅栏模型等。这些安全行为模型的提出，极大地促进了水电安全管理方法的发展，但在实际应用过程中效果有待加强。

#### 2. 预控型安全管理

预控型安全管理模型着眼于对事故进行提前预控和控制。相比传统的事后型安全管理，提前预控能够大幅减少事故的发生。目前，预控型的安全管理已经成为安全管理理论的主流方法。通过对企业安全管理中存在的危险源进行风险辨识和评估，并制定相对应的管理标准、制度和管理措施来消除、隔离、弱化存在的隐患，使得企业生产活动处于较安全状况。

#### 3. 复合型安全管理

复合型安全管理是指将传统安全管理与其他交叉学科相结合。传统的安全管理将研究领域固定在安全管理方向，往往造成安全管理创新的缺失，从而阻碍安全管理学科的发展。安全管理需要注入新的技术和管理理论，从而实现管理方法的改进和创新。当前很多学者将安全管理与物理学、生物学、计算机学等看似不相关的学科相结合，创造出新颖的、高效的安全管理方法，避免了安全管理研究的思维固化。

### 2.2.3　基于数据驱动的安全管理方法

随着技术和面向复杂工程问题的不断发展，所得到的安全数据越来越多。传统的小样本模型已经不能够准确分析这些数据。因此，统计学和计算领域的研究学者开发了许多机器学习算法来处理统计方法无法解决的问题，例如，决策树算法、人工神经网络、随机森林算法、关联规则算法、支持向量机分类和回归算法等。通过对过去历史数据的学习，和现在的数据进行对比，构造出一个准确率较高的模型来模拟现实情况。借助于当前发达的计算机技术和 AI 技术，人们不用再使用人工进行计算，这大大缩短了模型构建时间。根据功能特点，基于数据驱动的安全管理方法可以划分为分类型、聚类型、预测型和关联型等驱动方法。

分类型的主要目的在于将好的安全管理与差的安全管理进行区分。根据安全管理的目标，首先定义好不同类别的区分标准，然后按照某种标准进行划分，形成不同种类的区域。目前常用的安全分类算法包括：决策树（decision tree，DT）、支持向量机（support vector machine，SVM）、朴素贝叶斯（naive Bayes，NB）、logistic 回归（logistic regression，LR）等。例如，利用决策树对矿工不安全行为进行分类，发现培训、出勤、经验和年龄都是影响人类不安全行为频率的因素，其中，培训因素对不安全行为的影响最大（Qiao W et al.，2018）；利用多个支持向量机分类器进行串联构建安全管理水平多层次分类评估模型，从而可提高当前安全管理水平评估的准确性（王志辉 等，2007）；构建朴素贝叶斯分类器对网络安全形势进行分类评估，从而能够精确反映出当前网络安全水平发展趋势（文志诚 等，2015）。

聚类型的主要目的在于将安全人员、安全管理状态、安全管理类型等按照一定的规则进行集合，从而形成不同种类的簇。目前常用的安全聚类算法包括：K-Means 聚类算法、DBSCAN 基于密度的聚类算法、BIRCH 聚类算法、主成分聚类算法等。利用主成分分析法从安全行为、安全设备、安全条件、安全管理以及安全监管五个方面进行指标的筛选，然后通过聚类分析对安全状态进行有效性评估（王金凤 等，2015）；利用多重对应分析（multiple correspondence analysis，MCA）、T-SNE 算法和 K- 均值聚类的多步骤知识发现过程，尝试开发一种安全改进决策支持系统（decision support system，DSS）（Dhalmahapatra K，et al.，2019），将该系统应用于某钢铁厂电动桥式起重机作业中的未遂事故分析，确定了若干安全规则，并提出了安全干预措施。

预测型主要采用贝叶斯网络、支持向量机以及人工神经网络（artificial neural network，ANN）等算法找寻未来安全管理的发展趋势和规律，为后续的安全决策提供一定的数据支撑和预测。

关联型的主要目的在于从杂乱无章的安全管理数据中寻找某种隐藏的强关联关系。当发现某些安全问题后可以快速关联到那些还未产生安全征兆的隐患。目前常用的安全管理关联算法包括：Apriori 关联算法、Fp-Growth 关联算法等。

### 2.2.4　基于混合驱动的安全管理方法

对于复杂系统，单一建模方法具有局限性。于是，人们就将多种不同驱动方法进行混合使用来进行优势互补，既能保证模型有明确的物理意义，又能保证模型具有较高的精度；既有良好的局部逼近性能，又有较好的全局性。如在知识和数据驱动方法混合方面，针对专家系统在图像显示等方面存在的不足，将专家系统与地理信息系统相结合以达到发挥各自优势的目的（游凯何 等，2010）；在知识和模型驱动方法混合方面，将集对分析理论与事故树分析相结合，提出了一种求解安全事件发生概率的模型，实现了知识和模型的混合驱动（陈学辉 等，2017）；在模型和数据驱动方法混合方面，从大数据的数据特征、问题特征和管理决策特征出发，讨论管理决策研究和应用的范式转变（陈国青 等，2018）。

混合驱动的安全管理方法在一定程度上能够结合多种方法的优点，避免各自方法的缺点，从而实现方法的最优化。但是在选择模型进行混合的过程中，也应该考虑到研究目的，而不是单纯地为了结合而结合，从而增加方法的复杂程度。

## 2.3　安全管理变革

### 2.3.1　经验式的安全管理

经验式的安全管理要求管理者从以往发生的事故或伤害中总结规律，并将积累的经验应用到后续的安全管理中。经验式的安全管理包括经验收集、经验建模、经验存储、经验重用、经验评估和经验维护 6 个步骤。在安全管理活动中，一部分经验也许已经以文档或数据库的形式存在，但有很多经验只存在专家的记忆里，这部分经验必须经过收集、整理和存储才可能重用。经验建模就是找到适当的方式表示经验、格式化经验，不同解决问题的方式和不同的经验可能需要不同的建模方式。经验库可以是集中存储也可以是分布式存储。当同样或相似的问题出现时，管理者可以基于经验做出判断并采取措施，这一环节就是经验重用。由于环境变化迅速，经验的生命周期可能很短，必须识别过时的经验并加以删除或更新，同时已有经验也要根据变化重新建模。

但是，经验式的安全管理无法长期提高安全管理水平，因为其管理效果完全取决于管理者的经验，是一种事后管理。经验式安全管理的另一个不足是管理程序的孤立性，很多时候没有与组织的其他功能集成。同时，这种管理放大了管理者在安全活动中的重要性，当管理者缺失或者缺乏经验时，安全管理质量将出现明显的下滑。

## 2.3.2  制度化的安全管理

制度管理是指利用安全制度来调动企业中的人力、财力、物力，从而确保企业的安全管理质量。安全管理制度的实施使得企业的安全管理状态由无序向有序状态发展。完整的安全管理制度应包括：制度提出、制度构建、制度运行、制度修订和制度完善五个方面。首先，安全制度的提出要依托于当前存在的安全管理问题，只有这样制定出来的安全管理制度才具有现实意义。其次是构建安全管理制度的主体框架和内容，在这个环节，不仅要考虑制度内容的全面性还要考虑内容的针对性和执行性。为确保安全管理制度的准确性，制定好的安全管理制度应在企业中小范围试运行一段时间，找出当前安全管理制度存在的缺陷和问题，从而对不完善的地方进行修订和完善。

制度化安全管理的优点是成本低、效果转化率高、杜绝个人主义等。然而在实际的水电企业制度化管理中却存在着各种各样的问题，包括：制度内容不切合实际、制度制定缺乏前瞻性、制度之间存在重复性或无关联性等。有些企业在不了解自身所要达到的安全目标时就开始制定制度，这样就会造成制度缺乏顶层设计、执行内容不切合实际，导致工人为了达到当月安全考核目标，降低工作效率等。此外，很多水电企业在制定制度的时候缺乏预见性和长期性，并没有对企业的安全管理发展情况有着全局考虑和预测，导致新制定出的安全管理制度仅在实施很短的时间内就被搁置或废除。又或当很多新的安全管理制度出来后，旧的安全管理制度并没有被废除，仍在继续使用，造成"立新易、废旧难"和新旧安全管理制度之间的矛盾性与重复性。

综上可知，制度化的管理是当前安全管理的重要组成部分，也是必不可少的环节。制度化的管理具有针对性强、见效快等优点，但同时也有滞后性、重复性和矛盾性等缺陷。因此，管理者要正视安全管理制度，取长补短地实现安全管理水平的提升。

## 2.3.3  风险预控的安全管理

经验管理和制度管理都是一种事后管理，没有从根本上解决事故发生。目前部分工程建设仍采用这两种安全管理方法，导致安全事故没有得到全面有效控制。风险预控的安全管理是一种事前管理和事中控制。构建风险分级管控和隐患排查治理双重预防机制是预防特重大安全事故的重要举措。基于风险预控的工程建设安全管理主要包括危险源辨识、危险源分类、危险源动态风险评价、危险源风险预警和危险源消除。在事故发生之前就把导致事故发生的危险源辨识出来。通过对危险源进行有效控制，实现对安全事故管控，降低事故发生可能性，减少事故带来的损失。

要实现风险预控管理，关键是实现对诱发事故产生的危险源和途径的管控。要想实现对危险源和事故产生途径的科学合理有效管控，首先需要明晰事故产生的机理，明晰事故中多因素耦合作用机理，这样才能比较全面地把导致事故发生的危险源辨识出来，厘清事故产生途径，实现对事故的有效控制。其次，实现对危险源管控需要对其风险性做出正确度量，这样才能在数以千计的危险源中抓住关键危险源，找到安全管理重点。

### 2.3.4 大数据化的安全管理

大数据技术可以捕捉极其容易被安全管理者忽视或者隐藏较深的危险信息之间的关联关系，并找出大量数据背后的事故征兆和规律，为提前预控事故的发生打下坚实基础。此外，大数据在安全监管中能更好地揭示安全问题的本质和一般规律，从而更科学地进行安全预测和安全决策。对于安全管理来说，大数据将提升企业和政府监管安全治理的效率。大数据的包容性将打破传统企业与地方监管部门、地方监管部门与国家监管部门之间的信息传递壁垒，使得信息传递效率大幅增加，信息失真和信息中断的现象也会大幅减少，使得不同职能部门间的安全数据共享成为可能，提高政府和企业各机构协同效率与安全管理效率。

在传统的小数据安全管理时代，由于数据量较小，因此人们更加注重数据变量之间的因果性，即哪些变量是原因，哪些变量是结果，然后再探讨二者之间的因果关联度。而大数据化的安全管理更注重的是数据变量之间的关联性。此外，大数据化的安全管理还体现在动态管理方面，企业中包含有许多实时数据，而这些数据的容量巨大，要求安全管理更注重数据的及时处理和动态更新。人们在面对大量的危险源和隐患时，不再拘泥于自身的安全经验，而是通过数据管理和数据挖掘的手段实现对安全问题的控制。

## 2.4 安全管理变革的启示

### 2.4.1 理论创新是安全智能化的前提

从事故致因理论到现代管理理论，再到系统管理理论和数据分析理论，安全管理理论的变革折射出的是对安全管理经验和教训的提取与总结，也是对安全管理知识的不断融合。每一次安全管理方法和体系的变革，都必须以理论创新为前提，将理论创新与技术进步相结合，不断推动安全管理朝着智能化的方向发展。例如，事故致因理论的发展，将安全管理具象为对隐患 - 事故发展流程的控制。在事故致因理论的指导下，工程安全管理以事故链为切入点，重视解决事故发生源头的深层次问题，在事故发生前就能及时采取有效预防措施，从而消除事故隐患。在现代管理理论的指导下，工程安全管理衍生出安全计划、安全组织、安全领导和风险控制等内容。在系统管理理论的指导下，从被动式的安全管理逐渐发展为主动式的安全管理，从粗放式的安全管理发展为精细化的安全管理，基于系统理论的安全管理体系也应运而生。在数据分析理论的指导下，通过对数据的分析来找寻数据背后存在的意义、规则和规律，找出相应对策从而实现工程安全管理水平的有效提升。

随着安全智能化管理的发展，相应的管理技术、方法、体系等都将逐渐与智能化技术相融合。以往的管理理论和模型难以满足工程全生命周期安全智能化管理的需求，从数据采集到流程控制，再到管理系统的闭环管控和升级优化，安全智能化理论的创新是安全管理得以高质量发展的前提。安全智能化理论的发展将放大数据资产在实际管理中的价值，建立涵盖设计 - 施工 - 运维全生命周期的隐患 - 事故溯源分析。通过理论和算法的创新为人工智能、物联网、云计算、数字孪生、区块链等智能化技术的应用提供指导，逐步实现对传统安全管理的改造与升级。例如：在人员安全管理方面，解决传统管理理论经验假设过多、难以定量评估和缺乏实时反馈的难题；在设备安全管理方面，安全智能化管理理论将从"万物互联"的角度，提供全流程的设备运行状态分析，提前预知安全风险；在环境安全管理方面，将泥石流、极端气候、围岩支护等环境不安全因素与安全管控目标相融合，发展多源影响因素联动分析的安全智能化管理理论等。

## 2.4.2　提高安全意识是管理的核心

从安全管理理论、方法的变革可以看到，安全意识始终是安全管理的核心。安全意识，是人们对自身所处环境是否存在危险的一种感觉，是人们在日常活动中对各种各样可能对自己造成伤害的外在环境条件的一种戒备和警觉心理状态。安全意识是对参建人员个人而言的，良好的安全意识能够指导参建人员遵守作业规程，做到"不伤害自己、不伤害别人、不被别人伤害、提醒别人不受伤害"。不同安全管理理念正是基于对安全意识重要性的重视而被不断发展起来。

在安全管理中，要时刻牢记安全意识的大脑地位，要以加强施工人员和管理人员的安全意识为目的，通过对安全数据的分析，及时掌握不同单位、不同人员的安全意识情况，及时发现安全意识薄弱的现象，并采取相应的整改、培训、教育措施。在安全制度、管理流程制定的过程中，要以提高安全意识为抓手，通过敏捷、扁平化、去中心化的安全管理方式，避免安全信息层层上报导致的时间延长，避免因为中间环节过多造成互相推诿的现象。此外，安全智能化管理，要注重从大量的安全数据中挖掘分析安全意识的作用，如采用隐患文本分析、隐患上报协作关系网络分析等，研究作业人员安全意识的演化情况，从而对现场安全管理措施的效果进行有效评估，用于指导后续安全管理。

### 2.4.3　风险评价与隐患排查是安全的支柱

如果事故隐患不及时排查治理，往往会导致生产安全事故的发生。在安全管理理论、方法的变革中，一直都强调隐患排查与风险评价的重要性。企业的安全管理实际上就是对企业所存在的安全风险的管控，首先是辨识出有哪些危险源，其次是对危险源进行评价，将可允许风险与不可允许风险分开。应有针对性地制定危险源控制措施，并明确实施责任单位和责任人，对于重大危险源，还应制定监测预警措施和突发事故应急预案。

在安全智能化管理中，要借助移动互联网、大数据、人工智能等手段，改变传统的隐患排查手段，让进入施工现场的每个人都具备辨识风险和隐患排查的能力，并且对隐患做到及时整改。随后，依托对数据的挖掘分析，完善风险评价体系。如可借助物联网、社交网络等方式，让安全隐患得到及时上报，打通不同管理层级之间的信息沟通渠道，提高隐患处理效率。同时，通过对隐患整改结果的跟踪，实现安全隐患排查治理闭环控制。现场不同人员之间，还可以通过交互式、扁平化的隐患数据共享平台，对不同类型的安全隐患进行学习、交流、评论。相对应地，安全风险评价也要顺应数字化、智能化的发展方向，改变传统的依靠规章制度、依靠人的经验等方式，通过机器学习手段，将专家的经验转化为可推理、可动态调整的模型，现场相关管理人员或智能感知设备可将隐患信息输入模型，就能马上得到准确的判断，包括隐患等级、隐患危害、隐患整改措施等，让现场的每个人都快速扁平知晓潜在的安全风险。

### 2.4.4　创新性技术的发展是变革的支撑

安全管理的发展离不开技术的进步，可以说，安全管理每一次的飞跃，都是因为采用了更加先进、科学的技术手段。新技术被应用到安全生产领域，提高了安全生产的管理绩效。在工程建设领域的安全生产方面，科学技术的支撑作用主要表现在以下几个方面：

（1）通过互联互通技术和自动化办公技术的融合，将安全生产管理需要的人员信息、隐患排查治理、作业审批等功能开发为软件系统、手机 App 以及基于社交软件的公众号或者小程序，方便报送、审批以及记录存档。

（2）运用人机工程学原理和人工智能技术，对机械设备的操作流程进行改进；利用小型化摄像头和互联网消除操作人员的视觉盲区，增加操作的安全性；利用雷达探测技术，防止运输设备撞击施工人员或建筑物、障碍物，或者在设备中加装计算机芯片，实现计算机控制；对施工平台、施工安全防护设施的创新、加固改造等。

（3）利用加密定位原理和位移变形测量技术，对山体滑坡、高边坡开挖支护、地下洞室施工、建筑物及设备的承压变形等进行预报预警，为安全管理提供可预知的事故信息。在重大地质灾害发生之前，将事故预警发送给相关部门，及时组织人员撤离并采取相应的保障措施，从事故源头切断安全隐患。

（4）对施工现场"人、物、环、管"等各个安全生产要素进行数据收集分析，实时掌控工地施工各环节的运行状态，特别是与安全生产有关的周期性、关联性特征的收集分析，为工程建设安全生产管理提供强有力的支撑和保障。

## 2.4.5　内涵式安全文化是发展的结果

安全文化是企业多年安全管理过程中积累传承下来的管理理念、安全行为规范、自我约束、自主管理和团队管理的安全管理氛围，安全文化建设是安全管理长效机制建设的重要基础，对企业安全生产管理起到重要支撑作用。企业安全文化建设应从以下几方面入手：①树立底线思维和红线意识，严格执行国家安全生产法律法规，树立"安全发展理念，弘扬生命至上、安全第一"的思想；②建立责任落实机制，强化企业各级负责人的责任感和使命感，如配套安全生产风险责任金、将安全生产管理绩效纳入全员绩效考核、严格落实生产安全事故责任追究制度；③建立激励机制，激励员工自觉遵守安全规章制度、杜绝"三违"，形成"我的安全我负责、他人安全我有责、企业安全我尽责"的自我约束、自主管理、团队管理的良好氛围；④加大安全科技创造投入力度，鼓励在安全领域的科技创新和发明创造，借助目前先进的物联网技术、人工智能技术和大数据技术，从而切实提升物的安全状态，减少人的失误，提高防护水平。

在新一代信息技术的推动下，建筑、能源和信息技术深度融合，我国工程建造面临着产业智能化升级。建设的复杂性也经历着由"量"到"质"的提升，多源隐患、事故频发、管理滞后等原因，导致安全风险空前加剧。面对挑战，迫切需要把握工程智能化的形势演变规律，形成与智能安全相适应的文化载体，融合管理理念、技术方法和工程实践，伴随智能建造的动态发展，创新形成文化、技术和管理相结合的新型安全管理模式。

# 第3章 智能安全闭环管理理论

水电工程建设具有投资规模大、实施周期长、施工环境恶劣、地质灾害频发、参建单位多、作业工种和工序交叉复杂、作业流动性强等特点，导致其面临多层次、多源、多样的安全管控风险。近年来，随着智能技术与安全管理的不断融合，亟须开展智能安全管理理论的相关研究，以有效支撑数字化、智能化技术在安全生产中的深入应用。为此，本章首先采用数据统计方法，分析我国大型水电工程的事故和隐患特征，并从机制上论述安全隐患发展与安全事故的内在演变联系，提出水电工程智能安全闭环管理理论，可指导数字化、智能化技术在工程安全管理领域的创新和应用。

## 3.1 工程安全事故发生机制

### 3.1.1 安全事故发生特征

根据国家《企业职工伤亡事故分类标准》，从事故数量、事故类别占比、扰动效应以及时间特征等方面系统分析某流域几座大型水电工程1994—2016年发生的事故案例，具有以下较为明显的特征，如图3.1-1所示。

（1）事故数量和类别占比。水电工程较大事故发生频率依然较高，依据内容和对象的差异，将安全隐患分为16类，其中高处坠落、物体打击、车辆伤害的事故占比最高。统计显示，高处坠落造成的死亡人数占比高达27.2%，物体打击和车辆伤害易造成群死群伤，其造成的事故死亡人数分别占14.6%和13%，如图3.1-2所示。

（2）扰动效应。由于工程规模大、施工组织复杂，现场的某一个较小"扰动"经过工程系统的"放大"也会产生较大的影响。

（3）时间特征。事故发生时间与水电工程建设的年度计划安排密切相关，如图3.1-3所示。二、三季度的事故率明显高于一、四季度。每年6—9月为事故高峰期，占事故总量的44.3%；8月为事故最高峰，占事故总量的12.1%。

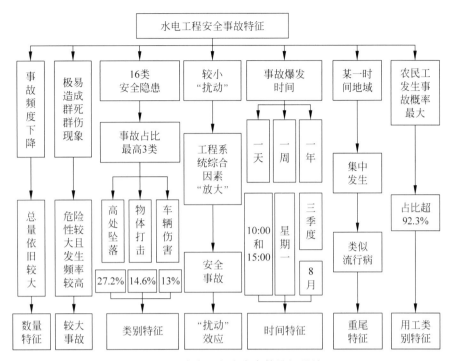

图 3.1-1 水电工程安全事故特征总结

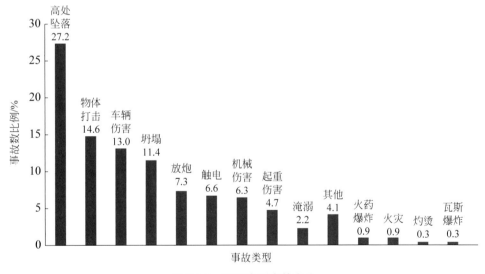

图 3.1-2 不同类型事故占比

## 3.1.2 安全隐患发生特征

基于大型水电工程现场微信安全隐患排查平台 Wesafety（林鹏 等，2017）的安全隐患数据进行挖掘分析，水电工程安全隐患发生特征如下。

（1）类别特征：触电、文明施工、高处坠落、物体打击是高频发生的安全隐患，占比分别为 24%、20%、17% 和 10%（图 3.1-4）。

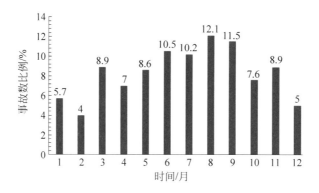

图 3.1-3　事故发生时间分布

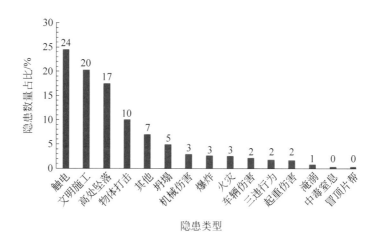

图 3.1-4　安全隐患排查系统各类隐患占比

（2）时间特征：施工人员身体与精神状态容易受到气温、气候与工作时长的影响，安全隐患的发生具有明显的时间特征，如图 3.1-5 所示。每天上午 10—11 点和下午 2—4 点，安全隐患的发生概率较大。

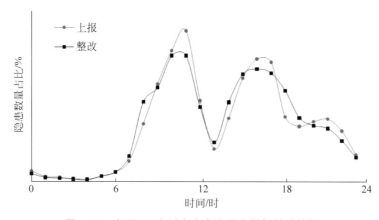

图 3.1-5　每天 24 小时内安全隐患上报与整改特征

### 3.1.3　安全事故原因分析

分析我国工程安全事故的发生过程，人的安全意识不强、安全设施不合格、对事故征兆不重视、侥幸心理严重、安全监管不到位是主要原因。统计显示，在发生的水电工程安全事故案例中，75% 都有事故征兆。如某项目协作单位作业人员在高程 99m 模板检修平台打磨混凝土，转移工作面时未系安全带、安全绳，踩落模板平台，坠落至高程 80m 底板。分析此高处坠落案例原因：①工作平台存在重大隐患，作业各方自我意识及安全环境识别能力不足，安全设施检查检验不合格；②人的安全意识不强，未系安全带、安全绳；③安全监护人失职，对事故征兆不重视；④施工方侥幸心理严重，施工组织与管理不到位等。

按照现场不同的管理角色划分，目前水电工程现场安全事故产生的主要原因如下。

#### 1. 施工方原因

施工方案不合理，安全意识不强，违规操作、违章指挥，对工人进行安全培训不到位，未进行安全技术交底等。违规分包，以包代管，隐患整改不力，无证上岗也是常见原因。施工工艺不合理，材料质量不合格，未在危险部位进行警示。安全管理体系落实不足，如安全管理人员配备不足或人员流动性较大等（胡水波，2022；余临颖，2022）。

#### 2. 监理方原因

水电监理行业人员待遇低，工作地偏远，工程地形条件复杂，工程综合难度高，安全挑战大。监理因专业技术能力不足，不能及时辨别安全风险，在安全管理制度监督执行方面存在宽、松、软等问题。安全监督标准不严，对有些安全"顽疾"类隐患，如现场的用电、高处坠落、物体打击等未及时制止并纠正，习惯性违章成为常态（蒋迪 等，2022；孙塘根，2022）。

#### 3. 勘察设计方原因

水利水电工程开发周期长，枢纽等人工建筑物位于自然岩体上或岩体内，勘查资料的准确性对施工安全和结构安全的重要性不言而喻。虽然一般水电工程有比较长和完善的地勘资料，但仍然存在地质勘测不充分及动态勘测不及时等导致的洞室坍塌事件（孙迪，2022）。

#### 4. 业主方原因

分部分项计划调整后存在赶工期的情况，现场安全专项投入与工程进度不匹配，现场监督管理不到位。安全文件报送格式和体系没有统一，安全数据统计报送以及分析能力有待提升。安全管理实施体系和安全管理监督体系职责不够清晰，尚未形成"我要自己安全、我不伤害他人、我要他人安全、他人要我安全"的安全文化（贾东杰，2022）。

按照"人、物、环、管"类型划分，目前水电工程现场安全事故产生的直接原因是人的不安全行为、物的不安全状态、环的不安全因素和管理的缺陷，基于国内几座大型水电工程 2000—2015 年的安全事故资料分析（图 3.1-6），可知 4 种因素分别占比 32.2%、19.2%、14.0%、34.6%。人的不安全行为和管理缺陷仍然是主要因素，这也说明发展智能安全管控技术的重要性和意义。

### 1. 人的不安全行为

人的不安全行为是导致事故发生的最主要因素，违章指挥、违章操作和违反劳动纪律，就是最具代表性的人的不安全行为，也是在工程建设领域导致事故发生最多的隐患。在三峡工程建设时，聘请日本前田建设公司提供安全管理咨询服务，引入日本建筑施工企业先进的安全管理理念和方法，有效提高了三峡工程安全管理绩效。其中，引入了"预知危险活动"做法，对控制人的不安全行为取得了良好效果，在水电施工企业中得到了广泛应用。

### 2. 物的不安全状态

在安全生产上，"物"的概念是指生产过程中所使用的机械设备、工器具、材料、产品，包括施工场地、生活营地、供水供电系统等生产辅助设施，统称为"物"。具有一定能量的物，必须加以控制、限制和约束，使其处于可控、受限、稳定状态，对人不产生伤害，反之就是物的不安全状态，这种状态就是事故隐患，须进行有效闭环排查治理。

### 3. 环的不安全因素

施工环境恶劣、自然灾害频发、生态环保挑战大等都可能造成严重的安全生产事故，须加以重视。在水电工程施工中，地震、泥石流、暴雨、雷电、洪水、坍塌等灾害风险严重威胁施工现场安全。

### 4. 管理缺陷

管理缺陷是指生产经营管理单位在安全管理过程中存在的缺失、漏洞和不够完善的地方。在工程建设领域尤其是大型水电工程的安全管理上，涉及管理缺陷方面的隐患主要有三种情况：一是安全管理范围、责任划分不清或遗漏；二是交叉施工措施不到位；三是预警信息传递不畅。形成有效的安全文化是实现安全管理的内在需要。

图 3.1-6　五个大型水电工程安全事故因素分析（2000—2015 年）

### 3.1.4　安全事故发生机制

通过水电工程现场安全隐患排查治理实践可发现，从人、物、环、管等不安全因素到形成隐患再到事故，可分为四个阶段（图3.1-7），包括事故萌芽期、缓慢发展期、快速发展期以及事故险情。这四个阶段中的任一环节得到实时交互闭环控制，都可以很好地遏制事故的发生。

从熵增原理可进一步解释安全事故的发生机制。物理热力学第二定律指出，一个孤立的系统的熵不断增加，直到达到平衡为止，也就是说，它自发地从有序状态演化为无序状态。从理论上讲，在没有外部干扰的情况下，假设一个建筑工地为一个独立的系统，然后系统的熵增加。熵的增加可能与系统的每个组件有关，即人的疲劳、机器的不稳定性、材料的易燃性和爆炸性、恶劣的环境等。因此，在系统运行期间进行动态安全管控，对降低安全风险非常重要。在实际的安全管理过程中，确保整个系统的熵维持在较低水平，从而保证安全：

$$\sum \Delta S_i \leqslant A \tag{3.1-1}$$

其中，$\Delta S_i$ 是系统中每个分量的熵增量；$A$ 是维持系统安全稳定的关键值，即系统的熵增量超过 $A$，则系统内部会发生安全事故。安全隐患在施工环境中，有熵增加的趋势，当安全隐患的熵增加到一定程度，工程现场会从有序变成无序，必然会导致安全事故的发生，如图3.1-8所示。因此，控制安全隐患，要通过科学有效的安全管理措施将施工现场熵值控制在较小的范围内，将事故控制在萌芽期，切断快速发展期，从根源上控制安全事故的发生，真正做到本质安全。

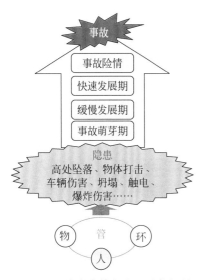

图 3.1-7　安全事故发生四阶段机制

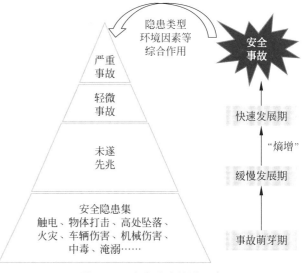

图 3.1-8　安全隐患熵增示意

## 3.2　工程安全管控人本模型

水电工程安全闭环控制管理需建立在本质安全管理的基础上，特别是工程安全管控人本模型（图 3.2-1）。首先，意识与理念是安全管理的"大脑"，必须确立良好的安全意识和正确的管理理念，用正确的意识和理念指导管理行动；其次，过程管理是安全管理的"躯干"，工程建设安全管理必须严格遵循事前源头管理、事中过程管理、事后结果管理原则；再次，风险管控与隐患排查是安全管理的"左膀右臂"，构建风险分级管控和隐患排查治理双重管理机制，杜绝特重大事故发生；最后，科技兴安与安全文化是安全管理的"底座"，用科学技术手段和安全文化建设做支撑，构建本质安全长效机制。

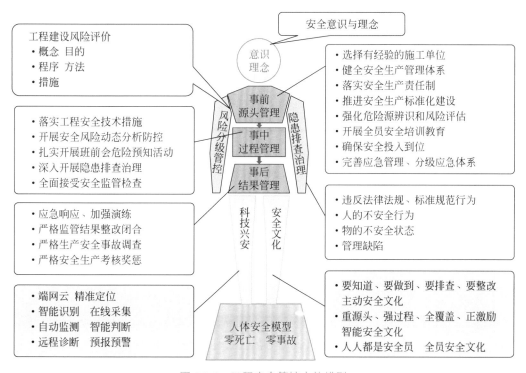

图 3.2-1　工程安全管控人体模型

### 3.2.1　意识与理念——安全管理之大脑

安全意识和理念，是企业在安全生产管理过程中经过深思熟虑逐渐形成的安全管理的核心原则和目标，且容易被员工接受、指导员工的作业行为。工程建设参与人员经过培训，使参建人员对工程建设的规律有清楚的了解和认识，熟知工地规章制度、操作规程和"三违"可能产生的危害，以及常见事故案例，也即对参建人员进行一定程度、一定持续时间的培训，使之形成正确的、强烈的安全意识，在施工过程中，参建人员就会有意识地主动遵守规章制度和操作规程，从而确保人身安全。在安全管理方面，凡是有先进超前安全理念的企业，其安全生产管理绩效在业界也肯定是超前的。企业确定自己的安全理念时，要有底线思维和红线意识，要深刻领会安全发展理念的内涵，制定先进安全理念，指引本企业安全管理。

安全意识是对参建人员个人而言的，良好的安全意识能够指导参建人员遵守作业规程，做到"不伤害自己、不伤害别人、不被别人伤害、提醒别人不受伤害"。而安全理念是对企业而言的，先进的安全理念能为企业的安全管理指引方向，取得良好的安全管理绩效。因此，安全意识和安全理念在安全管理上起到的是指导、指引作用，就如同人的大脑。

### 3.2.2 过程管理——安全管理之躯干

过程管理在工程建设安全管理的地位如同人的躯干，过程管理与风险全过程管控、隐患排查治理科技创新和安全文化息息相关。过程管理也是工程建设安全管理的基础，水电工程建设的安全管理，分为事前源头管理、事中过程管理和事后结果管理。

事前源头管理的重点是选择有经验的施工单位，在施工单位招标时，不但要对投标人是否有同类工程施工资质提出要求，还要对投标人的安全管理绩效设定门槛，此外还要求施工单位随同投标文件提交该工程安全管理组织体系、责任体系、措施体系和应急管理体系方案，从而综合评判，选择安全管理基础扎实、安全管理绩效良好、富有同类工程施工经验的施工单位，在工程实施过程中才能保障安全管理绩效，才有可能实现本质安全。

事中过程管理的重点是落实工程安全技术措施，工程建设的安全风险巨大，对大型水电站工程来说更是如此。水电站工程的施工，如基础开挖、高边坡处理、地下洞挖工程、大体积混凝土模板支撑、大规模脚手架、竖井斜井开挖、大型机电设备吊装，以及拌和楼、缆机、门机等大型生产设备的安装与拆除等，基本上都属于危险性较大的工程施工，此外，洪水、滑坡、泥石流、雷电等自然灾害也是水电站工程建设面临的风险，这些都需要制定并落实工程安全技术措施，严格加以防范。

事后结果管理的重点是应急管理，应急管理水平高的企业可以在最短时间内抢救受伤人员，防止事故范围扩大和发生衍生事故，进而降低事故损失。要提高应急管理水平，除了要有可操作性的应急预案，还要经常开展演练，让员工熟悉预案内容，提高应急响应能力。

### 3.2.3 风险管控与隐患排查——安全管理之左膀右臂

风险管控和隐患排查是安全管理的抓手，就如同人的左膀右臂。如果事故隐患不及时排查治理，往往会导致生产安全事故的发生。对于事故隐患，其定义是指生产经营单位违反安全生产法律、法规、规章、标准、规程和制度等规定，或者因其他因素在生产经营活动中存在可能导致事故发生的物的危险状态、人的不安全行为和管理上的缺陷。如果事故隐患不及时排查治理，往往会导致生产安全事故发生。

企业的安全管理实际上就是对企业所存在的安全风险的管控，首先是辨识出有哪些危险源，其次是对危险源进行评价，将可允许风险与不可允许风险分开，形成危险源清单；最后有针对性地制定危险源控制措施，并明确实施责任单位和责任人，对于重大危险源，还应制定监测预警措施和突发事故应急预案。

### 3.2.4　科技兴安与安全文化——安全管理之支柱

随着科学技术的不断发展，许多先进的科学技术被应用到安全生产领域，提高了安全生产的管理绩效。在工程建设领域的安全生产方面，科学技术的支撑作用主要表现在以下几个方面：一是安全生产管理信息系统，通过互联互通技术和自动化办公技术的融合，将安全生产管理需要的人员信息、隐患排查治理、作业审批等，开发为软件系统、手机 App 以及基于社交软件的公众号或者小程序。二是科技发明创造，利用摄像头和互联网消除操作人员的视觉盲区，增加操作的安全性；利用雷达探测技术，防止运输设备撞击施工人员或建筑物、障碍物，在设备中加装计算机芯片，实现计算机控制；对施工平台、施工安全防护设施进行创新、加固改造等。三是利用定位原理和数字化位移及变形测量技术，对山体滑坡、高边坡开挖支护、地下洞室施工、建筑物及设备的承压变形等进行预报预警。四是在施工现场建设高科技气象预报系统，提高灾害性天气的预报准确性，为应对灾害性气候提供预警。此外，智能识别、智慧工地建设和大数据挖掘分析等先进技术手段，对施工现场各个环节所涉及的安全生产因素进行实时采集、真实分析，实时掌控工地施工各环节的运行状态，为工程建设安全生产管理提供强有力的支撑和控制保障。这些技术将在本书的第 5～9 章中详细论述。

安全文化是一个多元、动态和综合性概念，贯穿于工程建造活动各个环节。基于建筑行业特色，人们开展了一系列安全文化理论研究，如安全文化弹性模型、韧性模型、成熟度、模糊评价以及安全文化与安全绩效、安全气候、建造项目复杂程度、建造人员流动性之间的影响关系等。但传统安全文化在智能化工程的应用中，略显发展滞后、形式呆板、转化薄弱，与安全管理相剥离。文化研究多局限于文化本质层面，作为管理学的重要基础，在工程实践中的成果转化较低；同时，安全管理工作也很少关注工程文化背景。针对文化泛化现象，经济学中"内涵式发展"是一个崭新的视角，建立智能建造安全文化内涵式发展体系是走出安全管理困境必由之路（林鹏 等，2021），本书将在第 10 章专门论述内涵式智能安全文化的应用成效。

## 3.3 智能安全闭环控制管理理论

### 3.3.1 闭环控制基本概念

#### 1. 闭环控制系统

闭环控制系统中很重要的反馈原理是根据系统输出变化的信息来进行控制，即通过比较系统行为（输出）与期望行为之间的偏差，并消除偏差以获得预期的系统性能。在反馈控制系统中，既存在由输入端到输出端的信号前向通路，也包含从输出端到输入端的信号反馈通路，两者组成一个闭合的回路。反馈控制是自动控制的主要形式。自动控制系统多数是反馈控制系统。在工程上常把在运行中使输出量和期望值保持一致的反馈控制系统称为自动调节系统，而把用来精确地跟随或实现某种过程的反馈控制系统称为伺服系统或随动系统。

#### 2. 反馈控制系统

由控制器、受控对象和反馈通路组成。这一环节在具体系统中可能与控制器一起统称为调节器。在反馈控制系统中，不管出于什么原因（外部扰动或系统内部变化），只要被控制量偏离规定值，就会产生相应的控制作用去消除偏差。因此，它具有抑制干扰的能力，并能改善系统的响应特性。但反馈回路的引入增加了系统的复杂性，而且增益选择不当时会引起系统的不稳定。为提高控制精度，在扰动变量可以测量时，也常同时采用按扰动的控制（即前馈控制）作为反馈控制的补充而构成复合控制系统。

在闭环控制系统中，无论是输入信号的变化、干扰的影响，或者系统内部参数的改变，只要被控量偏离了规定值，都会产生相应的作用去消除偏差。与开环控制系统相比，闭环控制系统在控制上具有以下特点：利用偏差信号实现对输出量的控制或者调节，系统的输出量能够自动地跟踪输入量，减小跟踪误差，提高控制精度，抑制扰动信号的影响。除此之外，反馈作用还可以使得整个系统对于某些非线性影响不灵敏。

### 3.3.2 智能安全闭环控制

在智能安全闭环控制管理理论中，借鉴闭环控制系统的原理，对涉及"人、物、环、管"各因素的闭环安全控制，作为理论的基础，即对各安全管理要素进行"全面感知、真实分析、实时控制、持续优化"，如图 3.3-1 所示。

#### 1. 全面感知

利用智能化的传感与采集技术，实时、全面、准确采集工程建设中的各类安全数据。

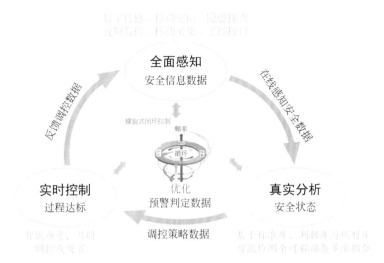

图 3.3-1　智能安全闭环控制

结合工程安全管理要素，将感知数据分为人的不安全行为、物的不安全状态、环境的不安全因素和管理的缺陷等。其中，人的不安全行为包括违章指挥、违章操作和违反劳动纪律等；物的不安全状态包括水电线路缺陷、施工机械故障、材料质量不达标等；环境的不安全因素包括施工现场风速、风向、降雨、温湿度等气象和水文因素及滑坡、泥石流、地震等地质灾害因素；管理的缺陷包括安全培训不到位、安全监管不严、规章制度存在漏洞、安全文化泛化等。

### 2. 真实分析

在实时感知的数据基础上，利用图像识别、视频识别、知识图谱、仿真模拟、社交网络、虚拟现实等技术，将数据信息与工程安全管理情况相关联，建立实时动态映射关系，实现工程信息与安全数据可视化、数字化；利用云计算、大数据等技术，进行数据关联、挖掘、统计、呈现，基于数据库、标准库、判据库与规则库的安全知识图谱构建，并开展推理分析等，实时动态分析数据规律，预测后续趋势，对工程安全进行分析预测。

### 3. 实时控制

通过工程大数据中心、风险预警、智能化控制设备等手段对感知分析的数据信息进行处理与反馈，达到实时自动控制的目的。对于施工过程的海量数据信息，构建工程安全管理大数据中心，利用协同工作管理平台、大屏展示、App 查询等方式，将工程安全管理情况实时反馈，利于参建各方及时处理与决策；对于关键指标或重要参数（如安全隐患整改情况、运输车辆驾驶、缆机作业状况等），依据相应的安全管理规章制度和关键绩效指标，利用信息推送或短信预警等方式进一步对异常情况进行分类分级预警，有利于参建各方及时准确掌握关键信息并处理。

4. 持续优化

相当于"生长"和"发育",通过对回报(或称为效益、价值)最大值的计算,智能安全闭环控制系统可以不断优化自身算法和结构,不断积累安全管控"经验"。在面对多种风险识别和隐患治理策略时,寻找一个最优的策略,保障工程建设的本质安全。如根据开挖地质揭示新情况、实时监测变形演变规律,对边坡或地下洞室群围岩加固设计方法的优化、更新,以控制不出现滑坡、塌方等重大安全风险。

综上,安全智能化是指将智能化技术应用于安全领域,使整个安全系统在一定程度上具有"智能",可自动掌握、分析判断和有效处理系统的各种安全风险、治理整改问题和应急措施。安全智能化以"人、物、环、管"四要素为基础,以"事前源头管理、事中过程管理、事发结果管理"三阶段为主线,通过"全面感知、真实分析、实时控制、持续优化"的智能闭环控制,研究工程建设安全要素"感知、识别、判断、推送、整改、闭合、改进"的智能化管控体系,由单一的人的感知提升为"人、物、环、管"的协同感知,在物的感知基础上研发若干智能施工安全保障关键技术,实现全天候的隐患排查治理,实现工程建设"零死亡、零事故"的安全管理目标。

### 3.3.3 安全闭环控制算法

针对越来越复杂的施工现场以及"零死亡、零事故"的安全管理要求,本书提出的智能安全闭环控制管理理论基于自动控制中的 PID(proportional-integral-differential)算法原理及智能化实现方法,结合模糊控制理论,分解工程安全管理流程,引入数据挖掘、机器学习等技术,围绕"人、物、环、管"等要素的安全隐患排查治理构建扁平化的安全管理流程。智能安全闭环控制管理理论总体框架如图 3.3-2 所示。以安全隐患的整改为例,控制对象为安全隐患的上传数量和整改时间,控制目标是保证施工现场安全隐患的及时上报与整改,将安全隐患遏制在事故萌芽期(图 3.1-7),避免安全事故链式反应的发生,从根源上控制安全事故,真正做到本质安全。

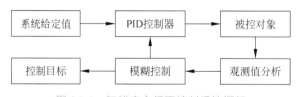

图 3.3-2　智能安全闭环控制系统框架

智能安全闭环控制管理的模糊 PID 控制器分为以下几部分。

1. PID 闭环控制

工程安全管理具有如下特点:因素不确定性和复杂性;安全隐患的发生具有随机性,

施工现场的任何位置都有可能出现安全隐患；安全隐患的整改要及时，避免产生时间累积效应，避免安全隐患发展为安全事故；现场安全管理的资源投入是有限的，需要充分调动员工积极性，同时保证安全隐患的排查整改效果。针对上述特点，使用经典控制原理不能满足控制要求，故需要将现代控制思想与经典控制原理相结合，设计出安全管理的 PID 闭环控制系统。

PID 控制是经典控制理论中最典型的控制方法，它结构简单，可靠性强，容易实现，并且可以消除稳定误差，可用于施工现场"人、物、环、管"等多要素的智能控制。以安全隐患的排查整改为例，系统根据安全隐患的类型、发生位置、风险程度和整改期限等，把安全隐患的整改信息发送给相应的负责人，对一定时期内的安全隐患进行优先级排序，合理分配给安全隐患整改人员，保证每个安全隐患都能在整改期限内整改闭合。例如，假设 PID 控制器控制的是安全隐患的整改时间，它将给定值 $r(t)$ 与实际输出值 $y(t)$ 的偏差的比例（P），即整改时间差；实际积分（I）、微分（D）通过线性组合构成控制量，对安全隐患整改时间进行控制。

给定值 $r(t)$ 与实际输出值 $y(t)$ 构成控制偏差 $e(t)$，即

$$e(t) = r(t) - y(t) \tag{3.3-1}$$

水电工程安全闭环控制管理中 PID 调节器各校正环节的作用如下：

（1）比例环节，即时成比例地反应控制系统的整改时间偏差信号的数学式表示是：$K_{\mathrm{P}} e(t)$。在整改时间的模拟 PID 控制器中，比例环节的作用是对偏差瞬间作出反应。在实际的整改时间控制中此比例可根据安全管理专家的经验自动学习。

（2）积分环节，主要用于消除静态误差，提高系统的无差度。积分作用的强弱取决于积分时间常数 $T_{\mathrm{I}}$。$T_{\mathrm{I}}$ 越大，也就是调整整改时间差的时间间隔越大，积分作用越弱；反之则越强。积分环节的数学式表示是 $\dfrac{K_{\mathrm{P}}}{T_{\mathrm{I}}} \displaystyle\int_0^t e(t)\mathrm{d}t$，只要存在偏差，它的控制作用就会不断增加，特别是控制的参数增加到一定量后，系统循环响应的量会导致系统运行负荷增加。

（3）微分环节，微分环节的数学式表示是 $K_{\mathrm{P}} T_{\mathrm{D}} \dfrac{\mathrm{d}e(t)}{\mathrm{d}t}$，偏差变化得越快，微分控制器的输出就越大，并能在偏差值变大之前进行修正。微分作用的引入，将有助于减小超调量，克服振荡，间接使安全隐患排查治理系统趋于稳定，微分环节的作用由微分时间常数 $T_{\mathrm{D}}$ 决定。$T_{\mathrm{D}}$ 越大时，则它抑制偏差 $e(t)$ 变化的作用越强；$T_{\mathrm{D}}$ 越小时，则它反抗偏差 $e(t)$ 变化的作用越弱。其控制规律为

$$u(t) = K_{\mathrm{P}}\left(e(t) + \frac{1}{T_{\mathrm{I}}}\int_0^t e(t)\mathrm{d}t + T_{\mathrm{D}}\frac{\mathrm{d}e(t)}{\mathrm{d}t}\right) \tag{3.3-2}$$

2. 模糊控制

模糊控制是模糊集合理论中的一个重要方面，是以模糊集合化、模糊语言变量和模糊

逻辑推理为基础的一种计算机数字控制。模糊控制是一种非线性智能控制,它具有许多传统控制无法比拟的优点,其基本原理如图 3.3-3 所示。不需要精确的公式来表示传递函数或状态方程,而是利用具有模糊性的语言控制规则来描述控制过程,因而它具有很大的灵活性,可以根据实际控制的对象修改基本的模糊控制器。控制规则通常是根据专家的经验得出的,所以模糊控制的基本思想就是从行为上模仿人的模糊推理和决策过程的一种智能控制方法。

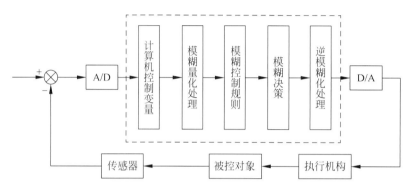

图 3.3-3　模糊控制基本原理

在工程现场安全隐患整改中,隐患的整改时间、隐患的危害程度、隐患的整改要求等都难以用精确的数学模型描述。采用模糊控制方法对安全隐患进行管控,可以弥补传统控制方法的缺点,能够提高安全隐患管控的灵活性。模糊控制的核心部分为模糊控制器,由系统总体框图可以看出,系统把误差 $\tilde{E}$ 及其变化率 $\tilde{E}_C$ 作为输入语言变量,把控制量 $\tilde{U}$ 作为输出变量。在模糊控制系统中,根据专家经验,提前对隐患的类别、危害程度、整改要求等进行分析,将其作为模糊控制规则。如在工程实践中安全隐患的整改时间提前划分为即时、1 天、3 天、5 天和 7 天,上报人可以根据安全隐患的危害程度,比照规则表选择相应隐患的整改时间。将安全隐患的实际整改时间与模糊规则比对之后,即可得到误差 $\tilde{E}$ 及其变化率 $\tilde{E}_C$。考虑到变量的正、负性对误差 $\tilde{E}$、误差变化率 $\tilde{E}_C$ 和控制量 $\tilde{U}$ 的影响,选用 7 个语言变量值表示模糊控制规则,即:{正大,正中,正小,零,负小,负中,负大} = {PB,PM,PS,0,NS,NM,NB}。将上述模糊控制规则(表 3.3-1)的模糊子集赋予相应的模糊数,就变成了模糊数模型,该模型就相当于常规模糊控制器的模糊控制查询表。有了该查询表,在后续进行控制中只需将模糊控制规则表中的模糊子集换成相应的模糊数,就可以得到所需的模糊数模型。

表 3.3-1　模糊控制规则

| $\tilde{E}_C$ | $\tilde{E}$ | | | | | | |
|:---:|:---:|:---:|:---:|:---:|:---:|:---:|:---:|
| | NB | NM | NS | 0 | PS | PM | PB |
| NB | — | — | PM | PM | PS | 0 | 0 |
| NM | PB | PB | PM | PM | PS | 0 | 0 |

| $\tilde{E}_C$ | $\tilde{E}$ | | | | | | |
|---|---|---|---|---|---|---|---|
| | NB | NM | NS | 0 | PS | PM | PB |
| NS | PB | PB | PM | PS | 0 | NB | NB |
| 0 | PB | PB | PM | 0 | NM | NB | NB |
| PS | PM | PM | 0 | NS | NM | NB | NB |
| PM | 0 | 0 | NS | NM | NM | NB | NB |
| PB | 0 | 0 | NS | NM | NM | — | — |

**3. 模糊 PID 控制**

模糊 PID 控制器与常规 PID 控制器相比，大大提高了系统抗外部干扰和适应内部参数变化的鲁棒性，减小了超调，改善了动态特性。与简单的模糊控制相比，它减小了稳态误差，提高了平衡点的稳定度。为了满足在不同偏差 $\tilde{E}$ 和偏差变化率 $\tilde{E}_C$ 对 PID 参数自整定的要求，利用模糊控制规则对 PID 参数进行在线修改，便构成了参数模糊自整定的 PID 控制器。其实现思想是先找出 PID 的 3 个参数与偏差 $\tilde{E}$、偏差变化率（$\tilde{E}_C$）之间的模糊关系，在运行中通过不断检测 $\tilde{E}$ 和（$\tilde{E}_C$），再根据模糊控制原理来对 3 个参数进行在线修改，以满足不同的 $\tilde{E}$ 和（$\tilde{E}_C$）时对控制参数的不同要求，使被控对象具有良好的动、静态性能，而且计算量小。图 3.3-4 为参数自整定的模糊 PID 控制系统框架图。

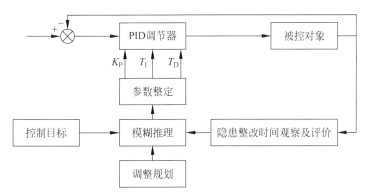

图 3.3-4　参数自整定模糊 PID 控制

### 3.3.4　安全闭环控制实践

基于闭环控制逻辑与工程实践制定了水电工程不同场景安全隐患感知、发展过程分析、事故控制的主要参数、判断指标、分析模型及控制策略。下面以人员、车辆、缆机、环境的安全闭环控制为例，简要说明智能安全闭环控制管理理论的工程实践，本书第 5～9 章将详细结合在白鹤滩、乌东德等水电工程的应用，论述其系统、关键技术和数据挖掘分析成果。

1. 人员安全闭环控制

工程建设对于施工作业人员及管理人员的专业素质要求高，以水利工程为例，施工人员作为主要的群体，在施工过程中每一项操作都存在一定的风险，如果施工人员在操作上出现失误，就会给水利水电施工项目造成经济损失，甚至延长施工周期。此外，如果施工人员的综合素质较低，不能满足施工的要求，不具备专业的技术及丰富的经验，就会在施工过程中埋下安全隐患。同时，水利工程施工工种多，包括混凝土施工、电气施工、地下洞室开挖、围岩支护、钢筋建材、运输、机械操作等。不同工种的施工内容差距大，相应的安全管理也存在较大差异。按照职能的不同，把参与水电工程施工建设的人员分为项目管理者和一线生产人员两类。其中，项目管理者包括业主、监理、施工项目经理等，一线生产人员包括施工方的一线生产人员及其他辅助施工人员等。针对人员安全管理的难点，结合现场施工过程，可以将人员安全管理拆分为：人员安全意识、人员专业素质、人员规范作业、人员位置、人员心理健康和工作状态等。人员安全管理就是用智能化的技术和方法，对上述几个要素进行管理。结合闭环控制的管理理论，对人员安全管理要素采用传感器、软件平台、社交网络、安全知识考核等方式，进行全面感知。对收集到的人员安全数据进行真实分析，采用数据挖掘、机器学习等技术，从海量的文本、图片、视频等数据中分析学习员工的行为、心理状态，从而及时发现人员安全管理存在的漏洞和问题。然后对人员的不安全行为进行实时控制，加强安全知识培训、安全意识培养和安全文化建设。随着分析的深入，对人员安全管理进行不断的迭代升级，做到持续优化。

如图 3.3-5 所示，制定了水电工程建设不同场景作业人员定位精度，确定相应的定位技术，对大坝仓面、坝内廊道的作业人员进行实时定位，结合电子围栏，实现安全状态判断与预警。研发了作业人员现场安全管控系统，通过多模式识别及多属性综合判定，实现作业人员精确准入与动态管理。发明了水利施工现场人员安全评估方法及系统，结合人员轨迹及安全风险分区，实现对场内、场外人员监控的全覆盖。

2. 车辆安全闭环控制

以工程运输车辆安全管理为例，运输车辆的安全关系着工程进度以及工程质量，具有高强度、高难度、高频率等特点。在白鹤滩水电站工程建设中，砂石加工运输系统主要承担大坝混凝土所需骨料的开采、生产、运输任务。系统至坝区运距约 47km，需满足月骨料 660 000t 的运输能力，高峰期共配置运输车辆 105 台。运输公路车多、桥多、隧道多、弯道多，且途经较多冲沟。为保证混凝土浇筑进度，在运输车辆安全闭环控制系统中，受控对象为运输车辆的实时位置信息、车辆运行状况、行驶速度、是否疲劳驾驶、天气状况和运输量等。针对车辆的行驶轨迹和行驶时间等管控要素，采用 GPS、北斗、RFID 等定位技术，输入变量为事先规划好的安全行驶路径，输出变量为车辆的实时位置；针对司机

## 复杂环境下管理人员集成定位技术

| 适用场景 | 环境特点 | 技术方案 | 定位终端 | | 精度 |
|---|---|---|---|---|---|
| 露天开阔区域 | 室外露天区域，环境开阔，没有遮挡 | 北斗/GPS双模定位+4G数据回传 | 室外人员定位终端 | | ≤2m |
| 坝面及水垫塘、二道坝作业 | 有高山峡谷部位，GPS信号有强漫反射 | 北斗/GPS双模定位+4G数据回传 | 室外人员定位终端 | | ≤5m |
| 多交叉隧道及长线性交通洞 | 信号稳定 | ZigBee定位+TOF算法+4G数据回传 | 室内定位终端 | | 线性≤5m |
| 大型地下建筑（主厂房、主变室、调压室） | 环境复杂，大型钢结构设备多，信号干扰强 | 采用ZigBee定位+TOF算法+立体空间算法+4G数据回传 | 室内定位终端 | | ≤15m |

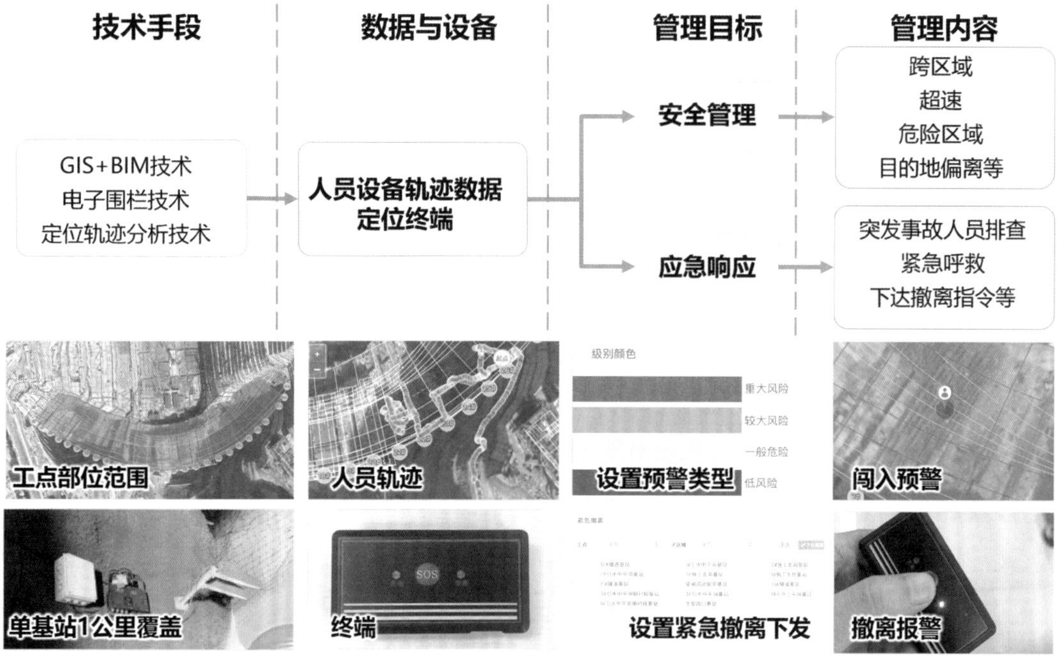

| 技术手段 | 数据与设备 | 管理目标 | 管理内容 |
|---|---|---|---|
| GIS+BIM技术 电子围栏技术 定位轨迹分析技术 | 人员设备轨迹数据 定位终端 | 安全管理 | 跨区域 超速 危险区域 目的地偏离等 |
| | | 应急响应 | 突发事故人员排查 紧急呼救 下达撤离指令等 |

工点部位范围　人员轨迹　设置预警类型　闯入预警

单基站1公里覆盖　终端　设置紧急撤离下发　撤离报警

图 3.3-5　人员安全保障管理方法及监控技术

是否疲劳驾驶的问题，采用人脸识别、指纹识别等技术，对司机的精神状况及面部表情进行实时监测，输出变量为司机的疲劳程度；针对道路状况和车辆运行状况等管控要素，输入变量为规定的行驶速度等，输出变量为车载摄像头实时监测数据。当输入变量和输出变量存在偏差时，运输车辆安全闭环控制系统会根据两者的差值判断车辆安全情况，例如，当人脸识别系统识别司机存在疲劳驾驶情况，系统会提醒司机停止驾驶，并将该情况反馈给车辆安全管理人员。输入量和输出量的差值可以用来衡量安全管理的偏差水平，并通过系统的反馈控制机制，驱动相应的执行机构进行控制，进而及时纠正出现的偏差，如图 3.3-6 所示。

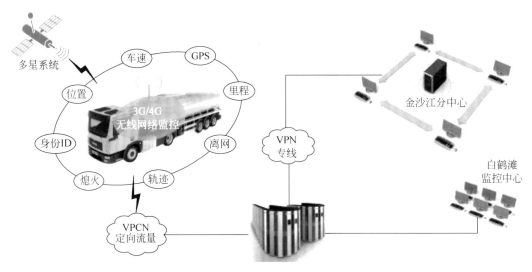

图 3.3-6　车辆智能调度

3. 缆机安全闭环控制

以白鹤滩水电站缆机安全管理为例，缆机群施工任务重，浇筑高峰期平均每月浇筑量超过 220 000m³。混凝土使用缆机吊罐吊运入仓，吊罐容积 9m³，按高峰期浇筑量计算，每台缆机平均每天需吊运 116 罐混凝土入仓，此外，缆机还需承担金属结构吊运安装、辅助设备吊运、材料吊运、协助仓面立模等工作。此外，白鹤滩工程坝址河段，不同位置、不同高程处，风速、风向差异极大，全年盛行大风，缆机施工环境复杂。针对以上安全管理难题，缆机安全闭环控制的管控对象为缆机驾驶员的工作状态，即是否疲劳驾驶、是否培训合格、操作技术是否熟练、是否带病上岗等。针对这些管理要素，采用人脸识别、指纹识别等技术对驾驶员的面部特征进行监测，并建立驾驶员的电子档案；针对缆机的位置信息、缆机的运行速度、缆机的作业轨迹、作业时间等，通过研发缆机防碰撞系统，保障缆机的高效协作；针对施工现场的风速、降雨等，通过天气预报及现场环境监测传感器进行分析控制；针对缆机的作业排班、缆机与混凝土运输系统的协调配合、施工进度、作业交接班等，建立缆机在线管理系统，提高施工现场缆机安全管理的智能化水平（图 3.3-7）。

4. 环境安全闭环控制

按照"全面感知、真实分析、实时控制、持续优化"的闭环控制理论，对环境各要素的特点及管控措施进行分析，结合传感器、视频监控等智能技术，提出了不同环境要素的智能管理系统，如泥石流监测预警系统、地下洞室群通风散烟系统、围岩支护控制预警系统等。这些系统的开发和成功应用，极大提高了环境安全管理的智能化水平。

以白鹤滩工程为例，工程所在地为干热河谷地带，区域内气候炎热少雨，水土流失，生态脆弱，寒、旱、风等自然灾害突出。环境安全管理工作需重点关注泥石流、洪水等自

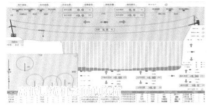

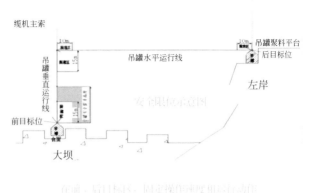

图 3.3-7　缆机群安全智能调控

然灾害对工程施工的影响。白鹤滩水电站坝址近场区地质条件复杂，极端气候突出，河流水系发达，大多支沟在历史上都曾发生过泥石流，部分沟道在近期泥石流活动依旧十分活跃，频繁的泥石流灾害对当地居民的生命财产构成严重威胁，并制约着社会经济的发展。

针对水电工程现场泥石流流域的特征，建立雨量监测站、泥位监测站、振动监测站、孔隙水压力及含水量监测站，对泥石流物源含水量、泥位、降雨、振动情况进行全天候监控。针对工程区域内的泥石流灾害，通过对影响研究区泥石流的有效地震事件进行统计与分析，研究地震动参数与泥石流发生时间和规模的定量关系；通过理论计算和数值仿真将通风方案规划、设备选型和通风洞布置相结合，通过监测烟雾浓度、氧气含量、风扇运转状态、风速、爆破污染物（$CO_2$、$CO$、$N_xO_x$、$PM_{10}$）、相对湿度、大气压、电耗率等指标，对通风散烟系统进行管理，对地下洞室群通风方案及设备选型进行研究和优化。针对液氨等危险化学品，主要的管理对象是其物理状态，液氨一旦发生泄漏，便立即变成气体状态，通过监测液氨的浓度、物理状态等指标提高液氨的安全管理水平。

# 第4章 智能安全管控体系

信息、通信、数字技术的发展极大促进了水电工程智能安全管控优化升级，在我国的澜沧江、金沙江、大渡河等流域，管理者结合安全生产管理的挑战和难点，形成了水电工程的安全风险管控体系，为可复制、可推广的水电工程智能安全管控提供了基础。本章首先结合我国主要流域的风险管控实践，论述了大型水电工程的智能安全管控体系，分析了智能安全管控体系的自主性、实时性、可靠性、鲁棒性和整体性等特点，以及智能安全管控框架、平台及编码；然后结合闭环智能安全管理理论，论述了水电工程智能安全管控的关键支撑技术。

## 4.1 管控体系内涵与特征

### 4.1.1 内涵

水电工程建设是满足国民经济发展，满足国家能源需求的优势项目，也是实现我国能源转型与双碳目标的有效手段。我国水电开发主要集中在西南地区的大江大河，高坝大库施工立体交叉，安全风险高。针对主要流域的水电开发，不同业主单位制定了相应的风险管控方法与体系，见图 4.1-1。从这些管控体系中，可以得到很多启示和应对策略，包括针对不同难点和挑战，因地制宜采取智能隐患排查、风险识别、全过程安全管理等（樊启祥 等，2019；2022）。

水电工程建设智能安全管控体系以我国水利水电安全生产的重大需求为导向，瞄准安全管控理论与技术的发展趋势，推进工程建设安全管理与信息化、智能化技术的融合，建立全员、全要素、全过程的智能安全管控体系。采用机器学习、自动识别感知、无线传输、理论分析、数值模拟、现场监测和工程应用等多种研究方法，构建复杂环境下满足多场景管理需求的端、网、云平台，实现隐患的识别、预警、反馈及数据存储的闭环控制，实现"零死亡、零事故"，做到了对"人、物、环、管"四方面的源头管控、过程分

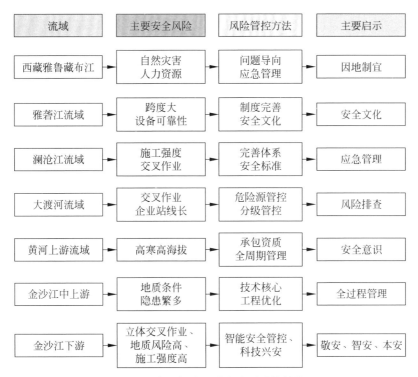

| 流域 | 主要安全风险 | 风险管控方法 | 主要启示 |
|---|---|---|---|
| 西藏雅鲁藏布江 | 自然灾害<br>人力资源 | 问题导向<br>应急管理 | 因地制宜 |
| 雅砻江流域 | 跨度大<br>设备可靠性 | 制度完善<br>安全文化 | 安全文化 |
| 澜沧江流域 | 施工强度<br>交叉作业 | 完善体系<br>安全标准 | 应急管理 |
| 大渡河流域 | 交叉作业<br>企业站线长 | 危险源管控<br>分级管控 | 风险排查 |
| 黄河上游流域 | 高寒高海拔 | 承包资质<br>全周期管理 | 安全意识 |
| 金沙江中上游 | 地质条件<br>隐患繁多 | 技术核心<br>工程优化 | 全过程管理 |
| 金沙江下游 | 立体交叉作业、<br>地质风险高、<br>施工强度高 | 智能安全管控、<br>科技兴安 | 敬安、智安、本安 |

图 4.1-1　我国部分流域安全风险管控体系

析和结果反馈优化。在金沙江下游溪洛渡、乌东德和白鹤滩等千万千瓦级巨型梯级水电工程建设中得到了很好的应用，为我国水电工程智能安全管控提供关键技术支撑和案例，见图 4.1-2。其主要涵盖内容为：

（1）将安全生产与应急管理信息系统、建筑市场管理系统、安全培训工具箱、安全隐患排查治理系统、大坝混凝土浇筑运输和平仓振捣智能监控系统、大坝工程智能建造信息管理平台、人员与设备定位及跟踪系统、泥石流预警系统、滑坡与渣场监测系统、地下洞室群安全监测、液氨重大危险源监控系统等相互打通，实现数据资源共享。

（2）研发安全监管智能系统。通过传感感知、视频扫描、图像识别等技术，自动判断施工现场人、物的静态和动态安全状态；与建立的安全数据标准库等进行比对分析，自动识别不安全行为；通过现场装置或移动终端发出警告，督促和管理作业人员对存在不安全行为的人或不安全状态的物立即改正。

（3）提升对已有安全准入数据、安全隐患和事故数据的综合分析能力。研究其发生的规律和风险判断标准，防范可能出现的安全隐患和生产安全事故。建立安全隐患和事故案例的推理知识图谱，通过分析学习案例提高安全行为水平，为实现智能化安全管理奠定基础。

（4）围绕"人、物、环、管"四个方面，做到隐患及时排查和治理。研究隐患风险分级标准，确定水电工程重大安全隐患，制定分级管控策略，完善相应的技术和管理措施并落实到位。

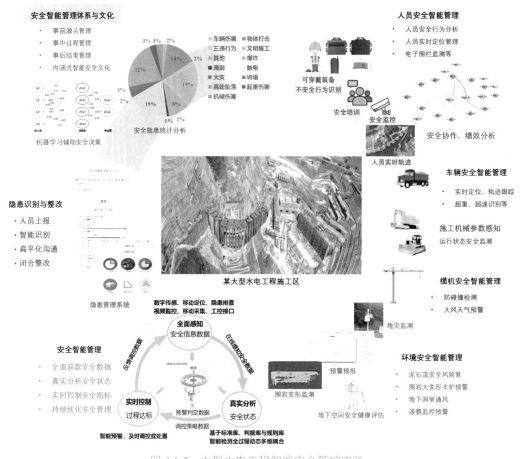

图 4.1-2　大型水电工程智能安全管控实践

（5）加强安全文件和流程管理。在分析安全生产事故的基础上，制定安全管理的标准化业务流程。危险源辨识和风险分析后要有相关的管理文件，并落实到现场的实施制度和措施中去，切实将程序和文件履行到位。

智能安全管控体系以"人、物、环、管"四要素为基础，"事前源头管理、事中过程管理、事后结果管理"三阶段为主线，"全面感知、真实分析、实时控制、持续优化"闭环控制为核心，建立安全风险"感知、识别、判断、推送、整改、闭合、改进"的智能化管控流程，见图 4.1-3。围绕"危险源辨识、风险评价和分级管控，准入与轨迹、隐患排查治理，安全效果评价"等重点环节，做好"事前、事中、事后"三阶段安全风险管控。

**1. 事前源头管理**

进行危险源辨识和安全风险评价，对识别出的危险源制定风险分级管控策略，评审相应的技术和管理措施。对危险源、安全风险的各项技术和管理措施形成标准化的管理文件和业务流程，落实到现场实施制度中去。

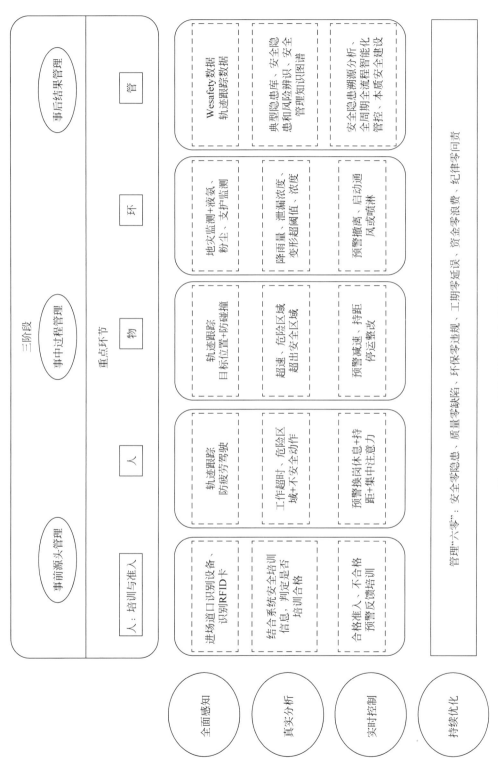

图 4.1-3　安全智能化管控体系矩阵流程

### 2. 事中过程管理

通过传感感知、视频扫描、图像识别等信息技术，对人的不安全行为、物的不安全状态、环境的不安全因素，进行实时、在线的监测识别。将识别出的人、物与环境的安全行为或状态等，与安全数据标准库、案例库、专家库等进行对比分析，建立数据分析模型和预警预报模型。发现不安全的行为或状态后，立即通过现场装置或移动终端发出警告，同时推送给现场的安全管理人员督促整改，做到"有错必纠，实时纠正"，并将违章和整改记录、影像图像等留存，作为案例进行警示教育。

### 3. 事后结果管理

通过对已有的安全状态辨识的结果和事故案例材料等数据与管理文件开展反馈分析，反过来指导安全管理工作。判断安全管理效果的执行评价（比如哪些不安全行为多发频现，哪些人员安全培训不足，哪些技术措施和管理措施不完善，哪些现场管理人员履职不到位等）。通过数据挖掘、知识图谱构建、机器学习等技术，不断总结分析，对可能出现的高危行为进行前兆预警，防范生产安全事故发生。

## 4.1.2 特征

各种传感器及监测设备的开发应用，让安全隐患识别分析的范围覆盖整个工程空间；新的通信传送设备在工程领域的普及，使得数据传输的时效性及稳定性进一步提升；云计算与机器学习等技术的运用，促进了安全数据库、知识图谱、信息可利用分析的深度挖掘。智能安全管控体系具有如下五个特征。

### 1. 自主性

在安全智能化管控体系中，安全隐患的识别基于智能识别系统，安全隐患的治理及验收依赖于智能反馈系统，案例档案等信息存储于安全文件管理系统中。整个系统完全自主运行，不受也不依赖外界环境的影响。

### 2. 实时性

依托先进的信息传输设备，安全隐患的识别及管控信息均可即时传输及处理。这种信息传输方式弥补了传统信息传递方式造成的传输延迟、调控滞后等缺陷，极大地提高了安全管理的效能。

### 3. 可靠性

智能识别及反馈技术是安全智能化管控体系的基础。成套完善的智能定位、检测及监测设备，使得所有识别及反馈操作更加客观可靠，最大限度地避免了人为干预。

4. 鲁棒性

安全智能化管控体系是一个具备主动学习、自发完善能力的有机体系。文件管理系统中充足的数据源，为系统深度学习与挖掘提供了条件。体系的局部故障发生后，系统可及时学习并重组更新。

5. 整体性

安全智能化管控体系是由一个个相互独立又相互关联的子系统构成的有机体系，其功能不是由单个子系统简单机械相加就可实现的。只有各子系统协调工作，有机运行，形成闭环，才能确保安全智能化体系的整体运行。

## 4.2　管控框架与体系

### 4.2.1　框架

为确保施工安全，一些智能监控及管理系统，已在几个巨型水电工程投入应用，并在安全管控上取得一定成效，然而针对这些巨型工程的完备安全智能安全体系尚未被完整建立。本书提出以"全面感知、真实分析、实时控制、持续优化"闭环智能控制原理为基本要求，构建大型水电工程智能安全管控框架，主要内容包括：

（1）构建安全智能化管理平台，打通现有各专业系统，并通过图像智能识别、设备设施数据监控、环境监测分析等，构建形成整合的系统平台，使得数据共享、资源共享、提取交互、数据高效利用。

（2）明确安全隐患的识别准则、判定标准和工作流程，以法律法规、标准规范、操作规程、案例等为基础，建立标准库、案例库、判据库，建立标准业务工艺流程的可编程的智能控制系统，建立标准职能管理程序的数据分析智能优化系统，为机器自动识别、分析不安全行为、判断不安全状态和不安全因素，提供对比依据。

（3）突破核心技术，人和物的安全状态感知识别技术如传感感知、视频扫描、图像识别等。此外还有安全隐患大数据挖掘技术，如基于人工智能的风险隐患、事故案例的深度挖掘和学习，研究事故隐患规律、预测防范风险、完善标准数据库。还有安全状态实时预警、整改、闭合的技术和管理手段，以及满足不同场景和对象感知精度与响应速度的移动终端、传输网络及存储计算的云系统。

### 4.2.2　体系

智能安全管控体系由智能安全管理系统、隐患识别系统、隐患治理系统、安全学习系统、文件管理及反馈系统五个部分构成。

### 1. 智能安全管理系统

基于水电工程已有的智能识别及检测系统，通过优化安全管理流程，实现互联互通，做到基础数据和安全资源共享，并通过统一编码和统一属性，定义共享共用的数据仓库。安全智能监控系统包含：①安全管理与应急管理系统，这是责任体系和培训体系的落实，如安全生产与应急管理信息系统、建筑市场管理系统、安全隐患排查治理系统等；②施工资源安全状态和行为监控系统，如作业人员现场准入智能识别系统、人员与车辆定位及跟踪系统；③重大自然灾害安全监测系统，如泥石流预警系统，滑坡、渣场监测系统；④专项工程如地下洞室群安全监测系统、高陡工程边坡安全监控系统等。这些系统包含施工作业的主体安全状态、实行安全监管责任行为主体的安全状态以及履行安全职责的各类各级管理文件。这些系统为形成一个整体，需要解决已有系统之间的基础数据和功能数据的共用共享、交互提取，便于建立完整可靠的安全管理模型，实现系统的预报预警和闭环管理。

### 2. 隐患识别系统

通过传感器感知、视频扫描、图像识别等技术，自动判断施工现场"人、物、环、管"的静态和动态安全状态；与建立的安全数据标准库、规则库等进行比对分析，自动识别不安全行为及因素。融合视频、高精定位技术、RFID 技术等多种传感器，附加现场标志牌、区域警戒线、统一制服等措施，并培训安全监管实施专业人员，提高安全监管智能化水平。

### 3. 隐患治理系统

加强对已有安全准入数据、安全隐患和事故数据的综合分析和挖掘能力，研究其发生的规律和风险判断标准，防范可能出现的安全隐患和安全事故。建立安全隐患和事故的案例库，通过分析学习案例，进一步提高安全管理的智能化水平，形成智能安全管理文化。

### 4. 安全学习系统

制定安全隐患排查系统的隐患排查安全标准、安全范例，在隐患排查完后能对照识别图片中的不安全点，同时将标准图案、设计技术图纸及相应的安全技术要求推送给现场工作人员，定期组织智能安全技术培训，完成隐患整改，形成闭环流程记录。

### 5. 文件管理及反馈系统

将隐患及事故的治理效果进行反馈，对已有案例与数据进行安全绩效分析。加强安全文件和流程管理，在分析安全生产事故因果链的基础上，制定安全管理的标准化业务流程，做到各项工作的文件管理可记录、可闭合。将危险源辨识和风险分析后的相关管理文件落实到现场的实施制度和措施中，切实将程序和文件履行到位。

将以上五个部分按照安全管理业务流程，可以分为感知层、网络层、数据层、平台层和应用层，如图 4.2-1 所示（樊启祥，2018）。

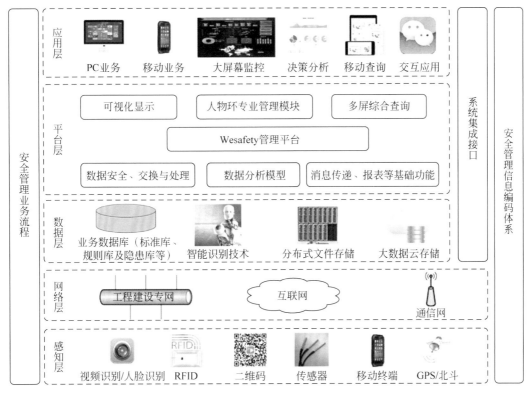

图 4.2-1　安全管理业务流程

在白鹤滩、乌东德等水电站工程建设的 20 余年中，已开发并投入应用的安全管控系统包括：建筑市场管理信息系统、安全培训工具箱、人员与设备定位及轨迹跟踪系统、安全隐患排查微信系统、缆机与大坝区域塔机防碰撞系统、缆机目标位置保护系统、缆机司机防疲劳监视预警系统、砂石骨料运输车辆安全管理系统、泥石流监测预警系统、液氨重大危险源智能监控、地下工程支护预警系统、安全监测管理及预警体系、安全生产与应急管理信息系统等，其功能特点见表 4.2-1，基本形成了对"人、物、环、管"隐患智能识别的成套智能设备与技术，在不同层次上开展了大型水电工程智能安全体系的研究与实践。

表 4.2-1　金沙江下游流域智能安全管理系统构成及功能特点

| 序号 | 系 统 名 称 | 功 能 说 明 |
|---|---|---|
| 1 | 建筑市场管理信息系统 | 录入和存储水电站的合同分包管理、作业人员信息管理、施工车辆准入管理和人员居住房屋管理等信息 |
| 2 | 安全培训工具箱 | 人员信息自动录入、打卡考勤、内嵌培训方案（课件）自主选择、集中培训、培训试卷自动生成、自动评分 |

続表

| 序号 | 系统名称 | 功能说明 |
|---|---|---|
| 3 | 人员与设备定位及轨迹跟踪系统 | 人员、车辆三维位置的精准展示及历史轨迹展示 |
| 4 | 安全隐患排查微信系统 | 施工现场安全隐患上报、整改和闭合的全过程闭环管理 |
| 5 | 缆机与大坝区域塔机防碰撞系统 | 当设备之间出现干涉或可能碰撞时，发出预警信息 |
| 6 | 缆机目标位置保护系统 | 检测缆机的位置数据，增设缆机前目标位（浇筑仓位目标）和后目标位（上料平台目标）功能 |
| 7 | 缆机司机防疲劳监视预警系统 | 实时监控司机闭眼、低头等反应疲劳操作状态的行为，根据疲劳的程度发出报警信号和停机信号 |
| 8 | 砂石骨料运输车辆安全管理系统 | 超速预警提醒，不安全驾驶动作识别，预警提醒 |
| 9 | 泥石流监测预警系统 | 设置雨量、泥位、含水量等仪器，预警泥石流灾害 |
| 10 | 液氨重大危险源智能监控 | 通过气体探测器监测液氨气体泄漏浓度 |
| 11 | 地下工程支护预警系统 | 自动判别支护跟进距离是否满足设计要求，并对支护滞后工作面发出预警 |
| 12 | 安全监测管理及预警体系 | 对大坝、地下洞室群等工程安全状况进行监控及安全预警 |
| 13 | 安全生产与应急管理信息系统 | 包括安全文件、安全检查、安全培训等共24个模块 |
| … | … | … |

## 4.3 管控编码

### 4.3.1 事故隐患分类编码

为了便于分类、查询和统计智能安全管控体系中的数据信息，保证智能安全管理系统的正常运行，实现安全生产相关信息资源科学和规范的管理，以达到提高安全生产管理效率和水平的目的，需对系统各模块所需的编码及分类代码进行统一规范。规则的编写遵循中华人民共和国国家标准《标准化工作导则信息分类编码标准的编写规定》（GB 7026—1986）、《信息分类和编码的基本原则与方法》（GB/T 7027—2002）的规定，并结合业主单位具体情况编写。下文以水电工程建设为例，对施工事故隐患分类和编码、事故分解及因素、事故隐患分类标准体系和事故隐患信息属性分析研究内容开展论述。

#### 1. 事故隐患分类和编码

合理的隐患分类标准是准确识别隐患的重要基础。以水电工程建设为例，我国虽然发布了《水电水利工程施工重大危险源辨识及评价导则》（DL/T 5274—2012），然而水电工程还缺少针对事故隐患分类的统一标准，缺乏规范化的事故隐患信息体系，导致在现场管理中事故隐患漏项、重项概率高，事故隐患的辨识、评价、监测、控制缺乏系统性与统一性。因此，为了落实安全生产主体责任，加强事故隐患辨识的有效性，提高事故隐患治理的信息化水平，建立了水电工程施工的事故隐患分类标准和编码标准体系，如图4.3-1所示。

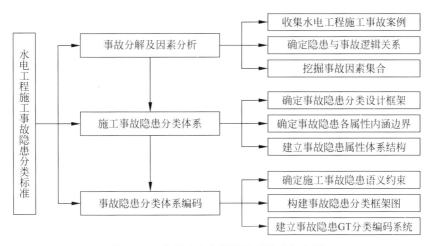

图 4.3-1　事故隐患分类及编码技术框架图

2. 水电工程施工事故分解及因素分析

收集水电工程项目建设施工近 20 年的事故案例，获取事故发生原因、经过、应急处置等完整报告，建立水电工程施工事故数据库。根据《企业职工伤亡事故分类》（GB 6441—1986），统计水电工程各类事故的发生频率，确定每类事故样本集。针对每类事故样本，由表及里、从顶上事件溯事故原因，确定事故隐患与事故的逻辑关系，构造各类水电工程常见事故的事故树。遍历事故报告中的事故经过、直接原因、间接原因等基础信息，运用数据挖掘技术，对事故报告进行文本分析，将事故报告结构化分解如表 4.3-1 所示，挖掘事故因素集合。

表 4.3-1　事故报告结构化代码示例

| 代　码 | 名　　称 | 代　码 | 名　　称 |
| --- | --- | --- | --- |
| 01 | 事故标题 | 08 | 死亡人数 |
| 02 | 事故描述 | 09 | 重伤人数 |
| 03 | 事故等级 | 10 | 轻伤人数 |
| 04 | 事故类别 | 11 | 直接经济损失 |
| 05 | 事故发生单位 | 12 | 事故直接原因 |
| 06 | 事故发生时间 | 13 | 事故间接原因 |
| 07 | 事故发生地点 | | |

3. 水电工程施工事故隐患分类标准体系

根据《企业职工伤亡事故分类》（GB 6441—1986），结合水电工程施工常见事故，考虑事故起因、致害物、伤害方式等，提取归纳水电工程施工过程中可能发生的事故类型 11 种，事故类型代码如表 4.3-2 所示。

表 4.3-2　事故类型代码示例

| 代　码 | 名　　称 | 代　码 | 名　　称 |
|---|---|---|---|
| 01 | 物体打击 | 07 | 灼烫 |
| 02 | 车辆伤害 | 08 | 火灾 |
| 03 | 机械伤害 | 09 | 高处坠落 |
| 04 | 起重伤害 | 10 | 坍塌 |
| 05 | 触电 | 11 | 中毒和窒息 |
| 06 | 淹溺 | | |

**4. 水电工程施工事故隐患信息属性**

邀请施工现场安全管理、监理及施工方面的资深专家，依据事故因素集合中的信息，逐条分析产生该因素的隐患，形成该类事故的隐患集合。根据《安全生产事故隐患排查治理暂行规定》（安监总局第 16 号），建立描述水电工程施工事故隐患信息属性特征的规范台账，内容涵盖项目名称、隐患名称及内容、隐患来源、隐患地点、隐患部位、隐患类别等，如表 4.3-3 所示。

表 4.3-3　事故隐患信息属性特征

| 隐患类别 | 事故隐患信息 |
|---|---|
| 一般事故隐患 | 项目名称、隐患来源、隐患地点、隐患部位、隐患类别、排查日期、排查人、填报人、隐患描述、隐患整改前图片、整改类型、整改期限、复查日期、复查单位、复查情况、整改完成日期、整改情况 |
| 重大事故隐患 | 项目名称、隐患来源、隐患地点、隐患部位、隐患类别、排查日期、排查人、填报人、隐患描述、隐患整改前图片、整改方式、整改期限、整改完成日期、整改责任人、整改责任单位、整改资金、整改措施、应急预案、复查日期、复查单位、复查情况、整改情况、隐患整改后图片、挂牌督办时间、挂牌督办级别、挂牌督办单位、核查单位、核查时间、核查情况 |

## 4.3.2　事故隐患描述编码

**1. 水电工程施工事故隐患数据元的描述规范**

根据《信息技术 词汇 第 4 部分：数据的组织》（GB/T 5271.4—2000）、《数据元和交换格式 信息交换 日期和时间表示法》（GB/T 7408—2005）等标准规定，建立水电工程施工事故隐患数据元和值域范围的描述规则、编码规则，规范描述水电工程施工事故隐患信息，数据格式说明如表 4.3-4 所示。

表 4.3-4　事故隐患信息描述规范

| 基本格式 | 举例 | 说　明 |
|---|---|---|
| c | c | 中文字符，可以包含汉字、字母字符和数字字符等 |
| | c12 | 12 位字符（即 6 个汉字）固定长度的中文字符 |
| | c..12 | 最多为 12 位字符长度的中文 |
| a | a | 特指字母字符（A、B，…） |
| | a3 | 3 位字母字符，定长 |
| | a..3 | 最多为 3 位字母字符 |
| n | n | 数值型字符（0、1、2，…） |
| | n3 | 3 位数字字符，定长 |
| | n..3 | 最多为 3 位数字字符 |
| | n..9，2 | 数值型，总长度最多为 9 位数字字符，小数点后保留 2 位数字 |
| an | an | 字母和数字字符 |
| | an3 | 3 位字母数字字符，定长 |
| | an..3 | 最多为 3 位字母数字字符 |
| d | d | 日期型 |
| | d8 | 日期型，按年、月、日顺序，格式为 8 位定长、全数字表示（YYYYMMDD），年用 4 位数字表示，月、日各用 2 位数字表示 |
| | d10 | 日期型，按年、月、日、时顺序，格式为 10 位定长、全数字表示（YYYYMMDDhh），年用 4 位数字表示，月、日、时各用 2 位数字表示 |
| | d14 | 日期型，按年、月、日、时、分、秒顺序，格式为 14 位定长、全数字表示（YYYYMMDDhhmmss），年用 4 位数字表示，月、日、时、分、秒各用 2 位数字表示 |
| b | b | 布尔值 |
| ul | u1 | 长度不确定的文本 |

**2. 水电工程施工事故隐患数据元细目**

根据《安全生产事故隐患排查治理暂行规定》( 安监总局第 16 号 )，分析水电工程施工事故隐患信息的数据类型与特征，明确水电工程施工事故隐患数据元涵盖范围，规定水电工程施工事故隐患数据元细目，确定其中文名称、同义名称、表示符号、定义、数据元的数据类型、表示格式、值域范围、采集约束等属性。

水利枢纽工程安全属性编码规范，包括业务字典编码、安全表单编码、业务编码、结构编码及关联层级、事故评价编码、危险源清单编码、管理方案编码、安全检查通知。

工程属性分为公共属性和专用属性，其中公共属性包括工程特征、工程设计、地质信息、安全监测、试验监测、计划进度、签证结算、监督审计、工程资料、建筑市场等；专用属性包括土石方工程、混凝土工程、地基与基础处理工程、金属结构制作与安装工程、机电设备安装工程、安全监测工程等。工程安全属性编码原则遵循以下几点。

（1）系统性：工程安全属性覆盖水利枢纽工程全部建筑实体安全管理过程。

（2）科学性：根据《生产过程危险和有害因素分类与代码》（GB/T 13861—2009）规定的危险源类别，做到工程实体划分编码唯一。

（3）兼容性：与国家、行业、企业已发布的编码标准体系兼容。

（4）可扩充性：留有扩充后备容量。

（5）规范性：安全属性编码中，编码类型、结构、格式统一标准。

工程安全属性编码分为以下编码及关联层级等。

（1）业务字典编码：采用6位阿拉伯数字，大类、中类和小类分别采用两位数字编码，空缺数字加"0"。

（2）安全表单编码：遵循合同项目施工安全措施审批、危险源辨识和评价、危险种类进行编制。表格编码规则采用"两位字母（BF）+危险源大类+中类+小类+年份"，表格编码和验收表格名称符合相关规定。

（3）安全风险编码：遵循"FX-单位工程编码-安全风险类型-年份-顺序号"的规定。安全风险编码采用组合代码结构，分为5段25位数字或字母组合表示。第1段为风险名称编码，采用字母"FX"表示；第2段为单位工程编码，采用9位数字表示；第3段为安全风险类型编码，采用6位数字表示；第4段为年份编码，采用4位数字表示；第5段为顺序号，采用4位数字表示。具体属性代码结构如图4.3-2所示。

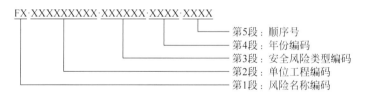

图 4.3-2　安全风险编码结构

（4）安全隐患编码：遵循"YH-分部工程编码-隐患类型-年份-顺序号"的规定。安全隐患编码采用组合代码结构，分为5段22位数字或字母组合表示。第1段为隐患名称编码，采用字母"YH"表示；第2段为分部工程编码，采用6位数字表示；第3段为安全隐患类型编码，采用6位数字表示；第4段为年份编码，采用4位数字表示；第5段为顺序号，采用4位数字表示。具体属性代码结构如图4.3-3所示。

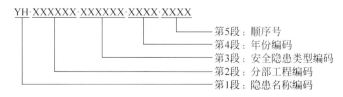

图 4.3-3　安全隐患编码结构

（5）安全事故编码：遵循 "SG- 工程编码 - 年份 - 顺序号" 的规定。安全事故编码采用组合代码结构，分为 4 段 12 位数字或字母组合表示。第 1 段为事故名称编码，采用字母 "SG" 表示；第 2 段为工程编码，采用 3 位数字表示；第 3 段为年份编码，采用 4 位数字表示；第 4 段为顺序号，采用 3 位数字表示。具体属性代码结构如图 4.3-4 所示。

图 4.3-4　安全事故编码结构

（6）安全属性结构编码：工程属性分类包括大类、中类、小类、细类 4 个层次，安全属性结构编码及关联层级遵循大类、中类、小类、细类、数据类型和关联层级的规定，大类分别为基础数据、环境数据、过程数据、监测数据，其中，安全属性属于工程属性大类中的过程数据。安全属性代码采用组合代码结构，分为 4 段 9 位数字组合表示。第 1 段为属性大类，采用 1 位数字表示；第 2 段为属性中类，采用 2 位数字表示；第 3 段为属性小类，采用 2 位数字表示；第 4 段为属性细类，采用 4 位数字表示。具体属性代码结构如图 4.3-5 所示。

图 4.3-5　安全属性代码结构

基于上述编码规则，三峡集团组织编制了《金沙江项目安全专业管理表格与流程》，主要工作包括危险源监控管理工作流程，高边坡开挖施工过程监控工作流程，排架搭设、使用、拆除过程监控工作流程，大模板安装、使用、拆除过程监控工作流程，竖、斜井或洞室开挖施工过程监控工作流程，大型施工设备安装、运行、拆除过程监控工作流程，大件吊装过程监控工作流程，混凝土生产系统（拌和楼）安装、运行、拆除过程监控工作流程，混凝土生产系统（制冷楼）安装、运行、拆除过程监控工作流程，爆破器材库施工、运行过程监控工作流程，油库施工、运行过程监控工作流程，交叉及相邻作业协调管理流程，安全生产事故隐患排查治理工作流程，生产安全事故报告与内部调查处理工作流程，实现了水电工程建设安全管理的数字化。

对高边坡、洞室施工、高排架、大型设备等 10 类作业实行严格管控，在安全组织、技术措施、监督检查、安全许可等 98 个过程方面层层把关。强化高危作业审批许可、过程检查、验收等工作程序，全过程控制事故风险。通过安全业务流程的使用，明确了建设单位、设计单位、监理单位、施工单位等参建各方安全生产主体责任，推进安全生产"一岗双责"制度，落实安全生产许可制度，促进安全生产工作管理闭合，严格高危作业过程控制，如图4.3-6所示。

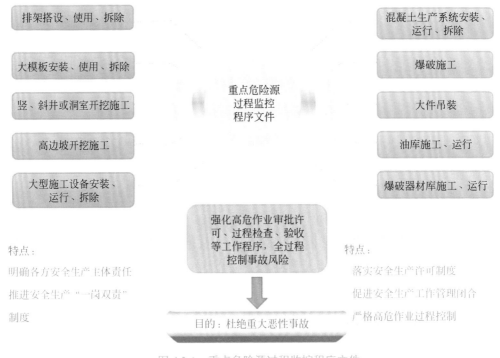

图4.3-6　重点危险源过程监控程序文件

## 4.4　管控关键支撑技术

### 4.4.1　智能识别

使用智能识别技术将工程隐建设中的患逐一排查识别是智能安全管控体系的关键环节。针对事故隐患总结的智能识别技术如下：

（1）施工人员着装隐患智能检测。采用视频监控系统自动检测和捕捉施工人员的着装隐患，如不佩戴安全帽、安全带等。

（2）施工人员不安全行为身份识别。运用三维定位技术，提取发生不安全行为的施工人员的坐标信息，结合视频监控技术，准确判别发生不安全行为的工人身份，及时对其行为实施纠正。

（3）施工人员智能准入机制。将施工人员的身份信息录入人脸闸机系统，实时检测待进入人员身份，对非施工人员及安全培训考试不合格施工人员，不予准入。

（4）安全管理人员岗位智能检测。对安全管理人员的着装实施统一化管理，监控中心管理人员通过视频监控系统，根据统一化着装特征，在监控窗口上标记安全管理人员应负责的岗位区域。

（5）交叉作业隐患智能检测。监控中心管理人员通过视频监控系统，在监控窗口上标记不可交叉作业的工作面区域，系统检测该区域内的作业人员是否存在交叉作业行为。

（6）施工人员进入不安全区域智能检测。建立基于计算机深度学习的施工不安全区域识别方法，对不安全区域内的施工人员进行实时危险距离预警。

（7）人、车（工程机械车辆）、物（施工标志）的智能定位。标注并训练施工面上的人员、车辆、施工标志，采用服务器集群，实时分析高清摄像头传回的视频，检测画面中的人、车、物目标。

## 4.4.2　BIM 模型

建筑信息模型（building information modeling，BIM），通过数字化 3D 技术对建筑工程中涉及的多种信息进行全面整合，实现工程数据模型的构建。BIM 技术综合了建筑工程管理全过程中的设计、施工、运营、维护等诸多环节的相关内容，将传统的建筑工程设计与管理的纸质文件转化为数字化文件，并以 3D 可视化的形式加以展示，提升了工程设计与管理人员提取和处理建筑工程信息的准确性及效率。

施工现场活动中的设备与人员的工作空间发生冲突是常见且重要的产生安全危险的原因，BIM 技术可以实现现场布局的可视化模拟和安全规划来规避这类安全事故。例如，白鹤滩泄洪洞三支臂弧门安装使用 BIM 技术，提前辨识了吊装空间狭小、构件相互干扰大、支铰同心度精度要求高等特点，弧门安装时通过 BIM 动态模拟技术对安装工序在时空上进行精确模拟，提前分析、辨识安装过程中可能存在的碰撞风险，确定最佳的安装步骤、工序，在三维真实化场景中提前预判吊装合理性和可能遗漏的步骤，对吊装工序、设备吊装、锚点预理方案选择和优化提供可视化技术支撑，有效避免安装过程的碰撞风险，确保三支臂弧门的精确安装。

## 4.4.3　定位技术

作业人员、机械设备是流动性的主要载体，其行为轨迹复杂且难以跟踪，是制约资源要素管理水平的关键，为实现水电工程建设管理精细化，须解决流动性载体的定位跟踪技术。大型水电工程施工范围广、场景多，包括露天（边坡、坝面）、地下（洞室和隧洞）等不同形态的立体空间场景，为了精确定位，对不同场景的精度要求进行划分，综合利用卫星（GPS、北斗、伽利略、GLOLASS）定位、差分定位、小范围辅助定位（LBS/BLE/RFID/Wi-Fi）等技术，确定了复杂场景混合叠加定位技术体系，以满足不同环境下的定位精度和响应速度要求，如表 4.4-1 所示。

表 4.4-1　不同作业环境下的综合定位技术

| 适用场景 | 环境特点 | 技术特点 | 精　度 | 适用硬件终端 | 适用算法 |
|---|---|---|---|---|---|
| 露天开阔区域 | 开阔无遮挡物 | GPS/北斗双模定位+4G/5G数据回传 | 1～10m | 可穿戴终端、车载终端、手机、PDA | 终端直接回传位置信息 |
| 坝面作业 | 高山峡谷部位，信号漂移严重 | GPS/北斗+RTK定位+4G/5G数据回传 | 厘米级 | 差分终端 | 终端直接回传位置信息 |
| 已完工交通洞 | 信号稳定 | 4G/5G指纹定位+4G/5G数据回传 | 70～100m | 可穿戴终端、车载终端、手机、PDA | 指纹算法 |
| 地下洞室工程 | 环境复杂，要求精确到单元工程 | BLE蓝牙定位+4G/5G数据回传 | ≤12m | 可穿戴终端、车载终端、手机、PDA | 指纹算法+三角算法 |
| 高边坡及脚手架作业面 | 作业面垂直，高程信息不好确定 | GPS/北+BLE+4G/5G数据回传 | 1～3m | 可穿戴终端、车载终端、手机、PDA | GPS/北斗+指纹算法+三角算法 |
| 多交叉隧道或者隧道开阔区域连续切换 | 易出现方向误判或GPS/LBS/BLE切换问题 | BLE/4G/5G指纹算法+三轴陀螺仪定位+4G/5G数据回传 | 1～3m | 可穿戴终端、车载终端、手机、PDA | 三轴陀螺仪+GPS/北斗+指纹算法 |

## 4.4.4　拓展现实

拓展现实技术包括虚拟现实（virtual reality，VR）技术、增强现实（augmented reality，AR）技术和混合现实（mix reality，MR）技术，可以为工程安全培训、安全远程管控、安全标准作业流程管控等提供技术支持。构建工程安全事故体验馆，工人可身临其境体会安全隐患的危害，加强工人的安全意识。管理者也可借助该项技术实现安全管理的远程管控。

### 1. VR技术

VR技术包括以下几个关键技术：①动态环境建模技术，虚拟环境的建立是虚拟现实技术的核心内容。动态环境建模技术的目的是获取实际环境的三维数据，并根据应用的需要，利用获取的三维数据建立相应的虚拟环境模型。②实时三维图形生成技术。③立体显示和传感器技术，虚拟现实的交互能力依赖于立体显示和传感器技术的发展。④应用系统开发工具，虚拟现实应用的关键是寻找合适的场合和对象，即如何发挥想象力和创造力。⑤系统集成技术，由于虚拟现实中包括大量的感知信息和模型，因此系统的集成技术起着至关重要的作用。集成技术包括信息的同步技术、模型的标定技术、数据转换技术、数据管理模型、识别和合成技术等。

### 2. AR技术

AR技术是一种将真实世界信息和虚拟世界信息"无缝"集成的新技术，是把原本在现实世界的一定时间空间范围内很难体验到的实体信息（视觉信息、声音、味道、触觉等）通过计算机等科学技术，模拟仿真后再叠加，将虚拟的信息应用到真实世界，被人类感官所感知，从而达到超越现实的感官体验。真实的环境和虚拟的物体实时地叠加到了同一个画面或空间同时存在。增强现实技术，不仅展现了真实世界的信息，而且将虚拟的信息同时显示出来，两种信息相互补充、叠加。

### 3. MR 技术

MR 技术通过在现实环境中引入虚拟场景信息，在现实世界、虚拟世界和用户之间搭起一个交互反馈的信息回路，以增强用户体验的真实感，具有真实性、实时互动性以及构想性等特点。混合现实涵盖计算机增强现实技术（AR）的范围，与人工智能（artificial intelligence，AI）和量子计算（quantum computing，QC）被认为未来将显著提高生产率和体验的三大科技。随着人类科技的迭代发展，尤其是 5G 网络和通信技术的高速发展，MR 技术将在安全管理领域体现出巨大的应用价值。

## 4.4.5　物联网与人工智能

物联网即把所有物品通过射频识别、全球定位系统等各种信息传感设备与互联网连接起来，实现物与物、物与人的泛在连接，从而实现智能化识别和管理。物联网将安全生产管理中涉及"人、物、环、管"的末端设备和设施，包括具备"内在智能"的传感器、移动终端、工业系统、数控系统、工区智能设施、视频监控系统等和"外在使能"的，如贴上 RFID 的各种资产、携带无线终端的个人与车辆等"智能化物件或动物"，通过各种无线和 / 或有线的长距离和 / 或短距离通信网络实现互联互通、应用大集成，以及基于云计算的 SaaS 营运等模式，在内网、专网、和 / 或互联网环境下，采用适当的信息安全保障机制，提供安全可控乃至个性化的实时在线监测、定位追溯、报警联动、调度指挥、预案管理、远程控制、安全防范、远程维保、在线升级、统计报表、决策支持、领导桌面等管理和服务功能，实现对"万物"的"高效、低碳、安全、环保"的"管、控、营"一体化。

工程建造安全管理过程中结构安全状态监测的传感器，如应力、位移等数字传感器，还不能很好适应实时交互分析与传输。将物联网技术与机器人、自动化设备、智能建造工艺智能设备、现场环境条件感知设备、建筑物结构的监测仪器等连接起来，就能形成新的智能安全系统，突破各自瓶颈，构建智能安全活动感知层、网络层和应用层的统一体，实现智能建造的可感知、可分析、可控制、可优化。但我们也要意识到，在应用物联网采集智能建造过程的安全管理大数据时，如何避免过量采集问题，将"big data"变成"smart data"，充分应用人工智能技术是关键。关注有价值的安全管理数据，通常都是较小的数据集，将大数据转化为可应用的聪明数据，这些数据集可以解决客户和安全管理过程的难题，实时获取需要及时整改的典型的隐患结果。

人工智能是研究、开发用于模拟、延伸和扩展人的智能的理论、方法、技术及应用系统的一门新的技术科学。它企图了解智能的本质，并生产出一种新的能以人类智能相似的方式做出反应的智能机器，可以设计自己的软件和硬件，通过构建人类水平的 AGI 促进科技物种的诞生。该领域的研究包括机器人、语言识别、图像识别、自然语言处理和专家系统等。人工智能从诞生以来，理论和技术日益成熟，应用领域也不断扩大，可以设想，未来人工智能带来的安全科技产品，将会是人类安全智慧管理的"容器"，本书也将在第 9 章中讨论典型安全隐患的学习实践。

## 4.4.6　区块链与云计算

区块链是一个信息技术领域的术语。从本质上讲，它是一个共享数据库，存储于其中的数据或信息，具有不可伪造、全程留痕、可以追溯、公开透明、集体维护等特征。基于这些特征，区块链技术奠定了坚实的"信任"基础，创造了可靠的"合作"机制，具有广阔的运用前景。区块链具有以下几方面的特点：①去中心化，区块链技术不依赖第三方管理机构或硬件设施，没有中心管制；②开放性，区块链技术基础是开源的，除了交易各方的私有信息被加密外，区块链的数据对所有人开放，整个系统信息高度透明；③独立性，基于协商一致的规范和协议，整个区块链系统不依赖其他第三方；④安全性，只要不能掌控全部数据节点的 51%，就无法肆意操控修改网络数据，避免主观人为的数据变更。在工程安全管理中，为保障数据安全，防止用户信息或其他敏感信息泄露，可以借助区块链技术设计数据存储架构，实现数据的安全存储并确保数据使用效率。

云计算是分布式计算的一种，指的是通过网络"云"将巨大的数据计算处理程序分解成无数个小程序，然后，通过多部服务器组成的系统进行处理和分析这些小程序得到结果并返回给用户。云计算具有以下特点：①虚拟化，包括应用虚拟和资源虚拟两种，通过虚拟平台对相应终端操作完成数据备份、迁移和扩展等；②动态可扩展，云计算具有高效的运算能力；③按需部署，能够根据用户的需求快速配备计算能力及资源；④灵活性高，统一放在云系统资源虚拟池当中进行管理；⑤可靠性高，倘若服务器故障也不影响计算与应用的正常运行；⑥可扩展性，用户可以利用应用软件的快速部署条件来简单快捷地将自身所需的已有业务以及新业务进行扩展。施工现场采集的"人、物、环、管"等方面的安全管理数据可以借助云计算技术得到快速高效的分析，相应的安全数据挖掘算法、分析模型等也能与现场情况实时反馈互动，极大提高安全管理的效率。

## 4.4.7　生物识别与社交媒体

生物识别技术是指用数理统计方法对生物进行分析，现在多指对生物体本身的生物特征来区分生物体个体的计算机技术，研究领域主要包括声音、脸、指纹、掌纹、虹膜、视网膜、体型、个人习惯（如敲击键盘的力度和频率、签字）等，相应的识别技术就有人脸识别、指纹识别、掌纹识别、虹膜识别、视网膜识别、体形识别、键盘敲击识别、签字识别、指静脉识别等。该技术已被广泛用于安全、支付等。在安全管理中，人脸识别、体形识别等都已经得到了广泛的应用。如人脸识别技术用于施工现场的准入管理中，只有通过人脸识别验明身份才可进入施工现场，排除外来人员引发的不安全因素。借助人脸识别技术，对运输车辆、缆机等大型机械设备驾驶人员进行疲劳监视，一旦发现司机疲劳驾驶，立即发出安全预警。

社交媒体是指互联网上基于用户关系的内容生产和交流平台。典型的社交媒体包括 Facebook、微信、QQ、抖音、Tiktok 和 Twitter 等。社交媒体由于其便利性、有效性和广泛性而迅速发展，极大地改变了人们互动的方式：①社交媒体可以快速传达领导者的想法，同时从受众那里获得反馈；②社交媒体极大地降低了用户在整个系统中生产、复制和发布信息的成本；③用户生成的内容，以文本、图片和视频的形式，创建了一个丰富的数据库，便于后续分析。由于社交媒体在获取信息和分享知识方面的出色表现，越来越多的企业开始在安全管理中采用社交媒体。员工和管理者都能获取、收集、转发信息，社交媒体极大地方便了工程安全的远程管控，提高了跨地区工作的效率。管理者可以通过社交媒体发布安全培训、安全管理制度等，员工也可以通过社交媒体上报安全隐患，实现员工与管理者间的扁平化交流。例如，三峡集团在工程施工现场推行基于社交媒体的安全隐患排查治理平台，让现场所有人员都能高质量地参与安全管理，做到人员全覆盖，提高安全隐患整改效率，实现"轻、薄、快"的安全管理。

## 4.4.8 知识获取与表达

知识获取与表达是基础设施工程建设安全智能管控的重要支撑技术，知识获取在提高决策能力、优化资源共享和支持管理创新等方面具有较大的优势，具体表现为：通过收集和整理工程建设安全管理相关的知识，可以帮助工程建设各相关方在管理制度制定、安全合规审查、安全隐患整改、安全绩效考核等方面做出准确的决策，从而提高工程建设安全管理效率和质量；从安全管理规章制度文件、安全隐患排查台账、安全事故报告等资料中抽取与安全管理相关的信息，将其转化为结构化、可视化的知识，改变传统的依赖人工经验或专家知识的管理方式，可以实现安全管理决策的快速、准确制定，减少人为因素的干扰，提高安全管理效率。

随着预训练大语言模型（如 ChatGPT、ChatGLM、LLaMA 等）的迅速发展，借助提示词工程、微调等技术，可以在少样本或零样本场景下快速抽取信息。通过给出相关的提示词或问题，基于预训练大语言模型，可以迅速为安全风险评估、事故预防和应急响应等提供相关的建议、指导和解决方案。针对工程建设安全管理这一特定场景，可以对预训练大语言模型进行微调，更好地理解工程建设安全管理的相关知识，从而适应不同的工程安全管理需求。

知识表达则在知识共享与传承、协同合作和智能系统学习优化等方面发挥重要作用，具体表现为：通过有效的知识表达，可以实现知识的共享与传承，避免重复劳动，提高工作效率，对于行业内的新人培养和知识传承也起到重要的作用；通过知识表达，可以将各方的专业知识和经验进行有效整合，促进协同工作，提高工程建设安全管理的整体效率和质量；通过将知识以结构化的方式表达出来，可以为智能系统提供输入数据，从而实现智能决策和优化。

# 第5章 人员安全智能管理

人员安全是大型工程安全管理的重中之重，为了实现作业人员等流动性资源精细化管理，有效降低施工过程中的各类风险和隐患，借助数字、通信、定位、图像识别等智能技术及管理方法，可有效提高基础设施工程建设、运行安全管理效率和成效。本章主要分析了水电工程现场人员安全管理中的难点和闭环管理要素，对现场适用的定位技术及人员安全预警管理系统进行了分析总结。针对人员安全数据，对人员安全行为进行分析，基于隐患管理的个体、单位协作网络的演化过程，研究人员工作绩效和安全管理成效。

## 5.1 管理难点及要素

### 5.1.1 管理难点

近年来，国内外政府、监管机构对于大型水电、交通、矿山等基础设施建设过程的安全管控要求越来越高。提高工程管理者对投入资源品质和状态的感知能力与全方位快速反应能力直接关系到工程建设管理效果和效率，也一直是工程安全管理的核心。大型水电工程施工现场作业人员安全行为管控难度大，常出现越界跨区域、进入危险区域、行走路线偏离等问题（樊启祥 等，2019；2021；2022）。其主要管理难点如下：

（1）建筑市场和人员准入管理混乱。水利水电工程涉及的作业面广、人员交叉作业，存在权责划分不够清晰，出现安全隐患后相互推诿的现象；针对人员数量、人员资质、劳保要求、培训体系等缺乏健全的管理制度；实时获取施工现场信息，掌控各类人员动态数量、位置变化等信息仍是管理难点。

（2）水利水电工程建设施工的专业性突出，对于管理人员的专业素质要求较高。目前水利水电工程项目中，特别是小型水电工程并未完全重视安全管理工作，配备的安全管理人员专业素质往往不够、对自身岗位职责的重要性认识不到位，导致工程安全管理各类问题突出。例如，部分管理人员没有认真履行职责，存在消极懈怠的工作态度，在长时间的管理工作下身心俱疲（何晓东 等，2021）。

（3）水利水电工程项目中施工人员作为主要的群体，在施工过程中每一项操作都存在一定的风险，如果施工人员在操作上出现失误，就有可能对施工项目造成经济损失，甚至延误工期或造成安全事故，因此施工人员的综合素质与工程施工效率具有密不可分的联系。如果综合素质较低，不能满足施工的技术要求，不具备专业的技术及丰富的经验，就会在建设过程中埋下安全隐患。目前大多数施工人员都是施工单位的协作队伍或临聘人员，多数人对专业机械设备的使用方法都不熟悉或熟练，对专业技术也没有清晰的认知，增大了安全事故出现的可能性，甚至对水利水电工程造成不可挽回的损失（庞爱芬，2021）。

（4）水利水电工程施工工种多，包括土石方开挖、混凝土浇筑、金结安装、固结灌浆、大件吊装、机械操作、设备运输等。不同工种的施工内容不同，相应的安全技能和知识也存在较大差异。按照职能的不同，一般把参与水电工程施工建设的人员分为项目管理者和一线生产人员两类。管理者包括政府、业主、监理、施工项目经理等，一线生产人员包括施工方的一线作业人员及其他辅助施工人员等。传统的安全管理中，项目管理者通过制定安全管理制度、设立安全监督员等措施来提高安全隐患的整改度（Varvasovszky Z et al.，2000）。项目管理者与一线生产人员之间，更多的是一种管理与被管理、监督与被监督的垂直管理关系，缺少扁平化、主动融入安全管理的能动性（余自业 等，2022；林鹏 等，2021）。一旦项目管理者的工作疏忽导致监督不到位，一线作业人员在面对安全问题时，他们就很容易产生侥幸心理和机会主义（叶豆豆，2022）。

金沙江下游向家坝、溪洛渡、乌东德和白鹤滩梯级水电站工程建设历程长，自2003年筹建到2022年全部投产历时达20余年。工程建设时段内建筑市场发生着深刻变化，随着建筑市场施工组织社会化、市场化、专业化的分工发展，施工队伍中专业分包、劳务用工比重逐步增大，民技工成为水电工程建设主要力量（陆佑楣 等，2009）；其中向家坝、溪洛渡、白鹤滩专业分包，社会用工占比在65%～73%，作业队伍与作业人员流动性大，给工程建设质量管理、安全管理、劳务管理和施工区综合治理等带来极大挑战。

## 5.1.2 闭环管理参数

针对水电工程人员安全管理的难点，结合现场施工过程，可以将人员安全管理分为：人员安全意识、专业素质、规范作业、位置、心理健康和工作状态等。人员智能安全管理就是用智能化的技术和方法，将上述几个要素进行闭环管理。基于闭环控制的管理理论，对人员安全管理要素进行全面感知，采集数据的方式可采用传感器、软件平台、社交网络、安全知识考核等方式（万青，2020；赵聚星 等，2022）。对收集到的人员安全数据进行分析，应用数据挖掘（Dogan A et al.，2021）、机器学习（Zhou Z H，2021）等技术，从海量的文本、图像、视频等数据中分析学习员工的行为、心理状态，从而及时发现人员安全管理存在的漏洞和问题（谭章禄 等，2020；王举，2020）。然后对人员的不安全行为进行实时控制，加强安全知识培训、安全意识培养和安全文化建设。随着分析的深入，对人员安全管理进行不断的迭代升级，做到持续优化，人员安全智能管理要素如表 5.1-1 所示。

表 5.1-1　人员安全智能管理要素分析

| 管　理　项 | 管　理　要　素 |
| --- | --- |
| 管理对象 | 管理人员、施工人员和辅助人员等 |
| 管理过程 | 安全准入、教育培训、持证上岗、高危作业、退场管理等 |
| 全面感知 | 施工行为、规范操作、工作状态、作业位置、疲劳状态等 |
| 真实分析 | 安全意识、安全技能、隐患识别与整改能力、身体健康状态等 |
| 实时控制 | 加强安全培训、避免疲劳作业、落实监理旁站、严格作业程序等 |
| 持续优化 | 提高安全意识、完善管理制度、落实安全奖惩制度、营造安全文化等 |

　　按照第 3 章提出的安全管控人本模型，人员安全意识主要包括：①是否了解所从事的施工内容的重要性和风险程度，比如高空作业人员应该意识到高空作业时需要佩戴安全绳、加设防护栏等，起重吊装作业人员应该意识到吊装存在的安全风险，需要注意做好防起重伤害的措施等。②是否对所处的环境有充分的了解，能够辨别施工现场存在的安全风险。施工作业人员在现场施工作业的过程中，要具备及时发现隐患的能力，能够在事故发生之前，意识到隐患的存在，并主动将隐患上报给项目管理者或安全 App，并积极主动地对安全隐患进行整改，对隐患产生的原因进行分析反馈，并从中吸取经验教训。③是否能主动拒绝不安全的施工行为，避免侥幸心理和机会主义，如现场存在安全隐患的时候，应该等隐患整改闭合后再进行施工，不能在隐患存在的情况下贸然开始施工作业，真正做到"不伤害自己、不伤害别人、不被别人伤害、保护别人不受伤害"。

　　人员专业素质主要包括：①是否具备过硬的专业能力，对于所从事的施工作业内容，要具备扎实的施工经验和知识，能够以最安全的方式进行施工，从源头上避免不安全行为的发生。②是否了解所从事工作内容的技术发展现状，施工作业人员要保持学习的心态，了解相关领域的科技发展、工法革新、标准变更等，及时调整落后的施工工艺，总结现有施工作业中的高危环节和风险，并对其进行优化调整控制。③是否能及时制止他人的不安全行为，在施工现场要能够及时辨别其他施工人员的不安全行为，并采取相应的制止措施，指出其不安全行为的原因，并帮助改正（徐航航，2021）。

　　人员规范作业主要包括：①是否满足安全施工的要求，如是否按要求佩戴相应的安全设备，是否在施工前认真了解施工作业内容。②项目管理者是否严格落实管理制度，对于不安全的施工行为要及时做出惩罚，并让相关人员重新接受安全培训。③施工人员是否严格按照标准、流程和各项管理要素的要求进行施工，避免偷工减料导致工程质量事故，为后续运行埋下安全隐患。

人员位置主要包括：①施工作业人员是否在安全区域进行施工，在施工作业中，要坚决主动避开不安全的区域，避免操作不安全的设备等。②施工作业人员是否按规定路线行走，避免跨越围栏、走捷径等行为的发生，在有电子围栏提醒的情况，要主动按电子围栏指引确定自己的位置。

人员心理健康和工作状态主要包括：①施工作业人员是否酒后作业，杜绝在施工现场酗酒，带酒作业等。②施工作业人员是否疲劳操作，避免施工人员连续工作导致的工作疏忽等。③施工作业人员是否存在身体不适，避免从事高空、临边、临江、有限空间等高危作业。

## 5.2  管理方法

### 5.2.1  多场景施工人员安全定位

大型水电工程建设施工对施工作业人员的定位，受限于定位终端的便携性和续航能力，需合理考虑分区分时定位精度要求及定位采样频次要求。①分区：指不同施工特性区域，如营地区、施工区、关键作业面等，由粗到细分设不同的定位精度，当作业人员进入到计划作业区域后，系统才记录位置信息与轨迹。②分时段：指可对人员划定不同的时段，在其工作时段才记录位置信息与轨迹。③分管理层级：按照岗位层级如管理层、作业层来设置不同的定位精度，危险作业岗位操作者及质量安全管理岗位的管理者层相对定位精度要求更高，作业级的定位精度更精确。工程建设人员根据岗位分为作业和管理人员，针对不同施工场景和工作职责的作业，管理人员的分析和控制要求不同，需定义的身份与位置信息采集技术指标不同，见表 5.2-1。

表 5.2-1  不同人员安全定位管控指标

| 人员岗位 | | 管控目标 | 数据分析要求 | 定位采集指标 |
| --- | --- | --- | --- | --- |
| 作业人员 | 普通作业人员 | 考勤、工作区域安全工作劳动强度与工效 | 工时统计、去向区域危险等级与身份判别 | 采集身份信息，必要时记录行走轨迹 |
| | 司机等重要设备操作人员 | 考勤、作业规范 | 操作权限判定驾驶轨迹偏差驾驶行为分析 | 操作设备期间持续采集身份信息，实时采集运动轨迹，疲劳驾驶等危险行为实时警告 |
| 管理人员 | 普通管理人员 | 考勤、工作区域安全处理应急响应 | 实时活动轨迹分析 | 身份与位置信息实时采集应急与危险撤离预警实时通告 |
| | 安全管理人员 | 考勤、安全巡检 | 实时活动轨迹分析作业轨迹偏差巡检行为分析 | 身份与位置信息实时采集移动视频影像采集 |
| | 质量管理人员 | 考勤、安全巡检 | 实时活动轨迹分析旁站/验评作业面位置判定 | 质量验评作业身份权限作业位置高精度实时定位采集 |

工程现场施工资源的定位精度可以定义为以作业基准点为基础的具体定位对象可接受的位置偏差。基准点在每时段作业区范围内选定，可以是其中心位置或边界等位置。如地下工程水工隧洞开挖，由于洞内施工资源和人员主要集中在距离"开挖掌子面"30～50m内，且受现场施工环境如爆破、供电等的影响大，因此施工人员在洞内的定位可精确到"工作面"尺度（精度按 5m 考虑）。对于排水廊道、灌浆平洞等管理部位，在其洞口、交叉口等关键部位有信号覆盖，记录各类人员的进出情况（频次、时长）；对地下洞室外的定位精度，考虑洞外环境开阔、卫星定位信号覆盖良好，且受施工影响小，室外从事大坝仓面作业人员的定位精度按 3m 考虑。

为此，在确定不同施工作业安全与管理履职要求下、不同人员的定位精度的基础上，按施工环境如峡谷地区、地下隧洞、地下厂房选择适应的定位技术，并要求定位网络和通信网络能够满足实时定位、及时交互、动态管理的要求。

## 5.2.2　人员定位技术及模式

人员的无线定位技术分为全球定位系统（global positioning system，GPS）、北斗定位技术、Wi-Fi 定位技术、ZigBee 定位技术、射频识别技术和超声波定位技术等。

（1）GPS 的整个系统由空间部分、地面控制部分和用户部分所组成，按定位方式，GPS 定位分为单点定位和相对定位（差分定位）。目前市面普通智能手机几乎都带有 GPS 模块，且有较好的定位能力，仓面施工是露天环境，接收条件良好，在水电工程现场选用GPS 进行仓面定位是合适的。

（2）Wi-Fi 虽然并不是为定位而设计，但接入点（AP）或基站定期发送的信标信号中所含的接收信号强度（RSS）信息为定位移动台提供了可能性，将其应用于定位场合受到了学术界与产业界的极大关注。Wi-Fi 定位算法主要是基于三角形算法和位置指纹算法。基于 Wi-Fi 的定位具有以下三点优势：可工作于室内、室外等不同场合，为实现无处不在的定位提供了可能性；仅依赖于现有的 Wi-Fi 网络，无需对其进行任何改动，使用成本低；Wi-Fi 信号受非视距（NLOS）影响小，即使在有障碍物阻挡的情况下也能使用。

（3）ZigBee 定位技术是一种短距离、低速率的无线网络技术，它介于射频识别和蓝牙之间，也可以用于室内定位。ZigBee 最显著的技术特点是低功耗和低成本。但是由于使用专用标签，且在复杂施工现场工作面上部署基站困难，更重要的是仅具有定位用途，不具有语音、调度、宽带数据传输等扩展性，在水电工程复杂现场一般不予考虑。

（4）射频识别技术利用射频方式进行非接触式双向通信交换数据，以达到识别和定位的目的。这种技术作用距离短，一般最长为几十米。但它可以在几毫秒内得到厘米级定位精度的信息，且传输范围很大，成本较低。同时由于其非接触和非视距等优点，在现场廊道内是首选定位技术。

（5）超声波定位系统可由若干个应答器和一个主测距器组成，主测距器放置在被测物体上，在计算机指令信号的作用下向位置固定的应答器发射同频率的无线电信号，应答器在收到无线电信号后同时向主测距器发射超声波信号，得到主测距器与各个应答器之间的距离。超声波定位整体定位精度较高、结构简单，但超声波受多径效应和非视距传播影响很大，同时需要大量的底层硬件设施投资，成本高。

（6）蓝牙技术通过测量信号强度进行定位，是一种短距离低功耗的无线传输技术，在室内安装适当的蓝牙局域网接入点，把网络配置成基于多用户的基础网络连接模式，并保证蓝牙局域网接入点始终是这个微网（piconet）的主设备，就可以获得用户的位置信息。蓝牙室内定位技术最大的优点是设备体积小、易于集成在 PDA、PC 以及手机中，因此很容易推广普及。但是，对于复杂的空间环境，蓝牙系统的稳定性稍差，受噪声信号干扰大。

（7）超宽带技术是一种全新的、与传统通信技术有极大差异的通信新技术。它不需要使用传统通信体制中的载波，而是通过发送和接收具有纳秒或纳秒级以下的极窄脉冲来传输数据，从而具有 GHz 量级的带宽。超宽带系统与传统的窄带系统相比，具有穿透力强、功耗低、抗多径效果好、安全性高、系统复杂度低、能提供精确定位精度等优点。因此，超宽带技术可以应用于室内静止或者移动物体以及人的定位跟踪与导航，且能提供十分精确的定位精度。

由于各种定位技术都有其缺点和不足，所以多种定位技术的结合与无缝对接就成了衡量一个复杂环境下定位解决方案的关键。比如溪洛渡水电站大坝施工区，是一个大范围、高动态、多障碍、多场景、多目标的定位应用场合，它对人员定位技术的要求非常高，无论使用上文所述的任何一种定位技术，都无法满足要求。因此溪洛渡大坝施工区人员安全跟踪信息管理系统采用 GPS 定位 +Wi-Fi 定位 +3G 定位结合的方式，以应对溪洛渡施工区内的复杂地理环境。之后，在白鹤滩大坝施工区人员安全信息管理系统不仅采用了多种定位技术联合对人员进行定位，而且还实现了无缝连接和自动探测定位：①人员从仓面进入廊道，系统自动切换到 Wi-Fi+3G/4G/5G 定位模式；②人员从廊道走出来，系统自动切换到 GPS+3G/4G/5G 定位模式；③人员离开仓面区域一段时间后，系统自动停止定位；④人员进入仓面，系统自动开始定位。

## 5.2.3　人员安全行为分析算法

### 1. 定位坐标系统转换

工程设计、工程定位、施工测绘、工程建设不同阶段的 GIS 地理环境坐标一般和 BIM 建筑坐系不同，并且基于不同定位技术在不同定位场景中的定位坐标系统往往也不同，如地下工程和混凝土浇筑仓面定位坐标一般为直角坐标，而在边坡等开敞空间通常为 WGS-1984 经纬坐标。水电工程现场坐标系统转换技术是实现定位坐标与工程直角坐标融合的关键，可以使工程不同阶段数据交接和定位目标与工程建筑有效匹配，在水电工程现场采用的定位坐标转换关系如图 5.2-1 所示。

图 5.2-1　工程坐标转换示意

WGS-1984 经纬坐标系即 GPS 坐标系（以下简称"84 大地坐标"），是各种定位传感直接提供的坐标，包括经度、纬度、高程三个数据，在应用过程中，需要转换为 Beijing-1954 空间直角坐标系（以下简称"54 坐标系"）。

首先将从 GPS 中接收到的 84 大地坐标（$B$，$L$，$H$）使用 84 坐标系的椭球参数转换为 84 坐标系下的地心直角坐标（即空间坐标）：

$$\begin{pmatrix} X_{84} \\ Y_{84} \\ Z_{84} \end{pmatrix} = \begin{pmatrix} (N+H)\cos B\cos L \\ (N+H)\cos B\sin L \\ (N(1-e^2)+H)\sin B \end{pmatrix} \tag{5.2-1}$$

$$N=\frac{a}{\sqrt{1-e^2\sin^2 B}} \tag{5.2-2}$$

其中，$B$ 为纬度；$L$ 为经度；$H$ 为高程；$a$ 为椭球体长轴半径；$e$ 为第一偏心率；$N$ 为法线长度。

再通过坐标转换方程可以将 84 坐标系的直角坐标转换为 54 坐标系下的直角坐标：

$$\begin{pmatrix} X_{54} \\ Y_{54} \\ Z_{54} \end{pmatrix} = \begin{pmatrix} \Delta x \\ \Delta y \\ \Delta z \end{pmatrix} + k\begin{pmatrix} X_{84} \\ Y_{84} \\ Z_{84} \end{pmatrix} + \begin{pmatrix} 1 & \gamma & -\beta \\ -\gamma & 1 & \alpha \\ \beta & -\alpha & 1 \end{pmatrix}\begin{pmatrix} X_{84} \\ Y_{84} \\ Z_{84} \end{pmatrix} \tag{5.2-3}$$

其中，$\Delta x$，$\Delta y$，$\Delta z$ 为三个平移参数；$\alpha$，$\beta$，$\gamma$ 为三个旋转角参数；$k$ 为尺度参数。

在具体水电工程中，需要将定位空间坐标转为工程直角坐标。其中平移参数 $\Delta x$，$\Delta y$，$\Delta z$ 和三个旋转角参数 $\alpha$，$\beta$，$\gamma$ 根据具体工程坐标系确定。定位坐标和建筑物在同一工程坐标系中以后，便可以通过计算定位点与目标位置的距离明确定位点与局部工作面和特定工作场景的位置关系。

2. 地域判断算法

水电工程以建筑物网格化工点为基础，基于 GIS + BIM 混合定位技术，划出一块封闭的区域，这块划定区域的外围线即是电子围栏，它围起来的区域就是电子围栏内部区域，可实现人员和设备行为的安全管理。图 5.2-2 为白鹤滩水电站工程电子围栏搭建流程和多危险区域划分示意图。

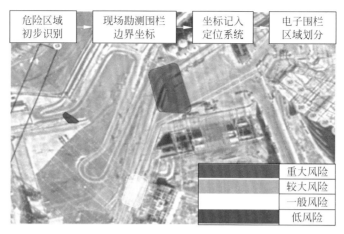

图 5.2-2　电子围栏搭建流程

电子围栏比传统安全警示方式有诸多优点：①对应于有安全要求的真实安全设施，即使是崎岖不平的工地，也能轻松在屏幕上的电子地图上划定"围栏"，符合水电工程施工区的特点。②范围可大可小、形状自定义，大至整个工区，小到任意指定的范围，均可设置电子围栏。③系统动态分级监控，基于信息化技术实现定位与安全预警信息的实时上传更新，根据上传信息，动态分析区域施工作业变化带来的风险等级变化，动态调整预警阈值，实现现场安全智能化预警预报和管控。

基于电子围栏的安全预警预报包括：①超出危险区域以及跨区域报警，如不允许从外部进入电子围栏内部，不允许从内部脱离到外部。②出工时长异常告警。③定位异常告警。④监控对象超速或迅速靠近围栏边界告警。⑤偏离正常轨迹告警。⑥紧急求助触发的安全事件等。电子围栏内安全预警动作基于管控算法编程实现，可以控制电子围栏的生效时间和失效时间，以及多种管控条件的组合等。

**3. 区域判断算法**

电子围栏区域判断算法是判断定位人员与定位区域关系、定位人员移动速度和方向的支撑算法。如图 5.2-3 所示的 $M$ 个区域，首先人为划分每一个区域的危险程度，通过定位获得每一个区域的 $n$ 个控制点，通过定位点位置 $w_t$ 与区域位置关系，实现对人员或者设备工作区域的判断，具体流程如图 5.2-4 所示。

在确定定位人员的所属安全分区以后，还需要通过定位系统进一步确定定位人员 / 设备的移动速度大小和方向，在发现定位人员 / 设备快速向着电子围栏安全边界移动时，则需要提前做出预警。因此，通过式（5.2-4）可以计算微小时间段 $\Delta t$ 内定位人员平均移动速度近似代替 $t$ 时刻的移动速度。在工程中移动人员一般不是直线，速度矢量的方向判断对于确定人员定位方向没有意义，并且安全管理人员更加关注人员与电子围栏之间的相对位置关系。针对此问题，提出了电子围栏距离向量的概念，通过式（5.2-5）来辅助判断定

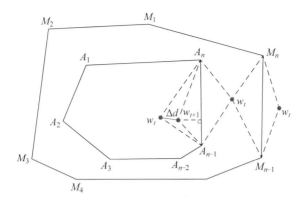

图 5.2-3　电子围栏区域示意图

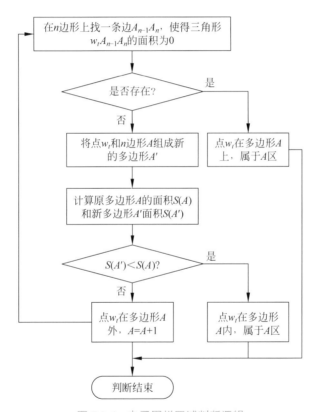

图 5.2-4　电子围栏区域判断逻辑

位人员与电子围栏相对位置关系：

$$v_t = \frac{\sqrt{(x_t - x_{t+1})^2 + (y_t - y_{t+1})^2 + (z_t - z_{t+1})^2}}{\Delta t} \tag{5.2-4}$$

$$\overrightarrow{V_D} = (d_1^t - d_1^{t+1},\ d_2^t - d_2^{t+1},\ \cdots,\ d_n^t - d_n^{t+1}) \tag{5.2-5}$$

其中，$w_t$ 定位点平面坐标为（$x_t$, $y_t$）；$w_{t+1}$ 定位点平面坐标为（$x_{t+1}$, $y_{t+1}$）；$d_1^t$ 为定位点 $w_t$ 与电子围栏 $A$ 边 $A_n A_1$ 的距离；$d_n^t$ 为定位点 $w_t$ 与电子围栏 $A$ 边 $A_{n-1} A_n$ 的距离，可以通过

图 5.2-4 流程中求的三角形面积获得，也可以通过点到直线距离公式求得。当 $d_n^t-d_n^{t+1}$ 减小时，说明定位点正在靠近 $A_{n-1}A_n$ 边。

### 5.2.4　人员安全数据学习

#### 1. 工时工效分析

基于人员实时定位数据，制定了人员工作效率的学习分析方法，提出如下 3 个指标用以考核现场人员的工作：①现场工作时间（field work time，FWT）指的是人员在施工现场停留的时间，如反映了监理员基本的工作情况，是否存在迟到、早退等，是衡量监理员工作量的最基本指标。②有效工作时间（effective work time，EWT）指的是人员在其负责的施工区域内停留的时间。将人员在其负责的施工区域停留的时间称为有效工作时间。在同一考察时段内，有效工作时间一定小于现场工作时间，但其更能反映人员实际的有效工作量。③有效工作范围（effective work range，EWR）指的是人员在其负责的施工区域内的活动范围，用其行为轨迹中，位置坐标跨越的范围表示。有效工作范围从空间维度反映了监理员的工作量。上述 3 项指标，从时间和空间两个维度反映了人员的实际工作量，区分了"在施工现场"和"有效工作"两种不同的工作情景，并分别进行测量，从而为人员的工作绩效评价提供参考。

对于水利水电工程而言，整个工程现场的范围是预先确定好的，并且也几乎不随时间改变。根据现场工作时间 FWT 的定义，用预先制定情境的数据挖掘方法获取该指标，算法如下。针对一个特定的考察对象 Obj，提取某个考察时段 $t_{start} \sim t_{end}$ 内，系统中储存的其包含时间戳的位置序列 Location＝$\{L_1, L_2, \cdots, L_n\}$，序列中的每一个元素 $L_i$（$i＝1,2,\cdots,n$）都是一个三维向量，即

$$L_i = \begin{pmatrix} x_i \\ y_i \\ t_i \end{pmatrix} \tag{5.2-6}$$

式中，$t_i$ 表示采集到该数据的时刻；$x_i$ 表示 $t_i$ 时刻待考察对象所处的经度；$y_i$ 表示 $t_i$ 时刻待考察对象所处的纬度。

构造一个同施工现场总体范围大致相同多边形 $S$，$S$ 的顶点分别为 $S_1$，$S_2$，$\cdots$，$S_n$。利用 GPS 设备在确定的多边形的顶点处测量其经纬度，得到一个位置序列 Site＝$\{S_1$，$S_2$，$\cdots$，$S_n\}$，序列中的每一个元素 $S_i$（$i＝1，2，\cdots，n$）表示 $S$ 的顶点位置，是一个二维向量，即

$$S_i = \begin{pmatrix} a_i \\ b_i \end{pmatrix} \tag{5.2-7}$$

式中，$a_i$ 表示 $S_i$ 点的经度；$b_i$ 表示 $S_i$ 点的纬度。

采用一种面积判断法依次考察 Location 序列的每一个元素 $L_i$ 代表的平面点是否在 $S$

的范围内，步骤如图 5.2-5 所示。

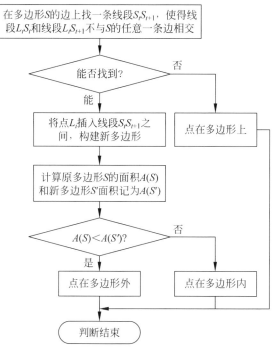

图 **5.2-5**　面积判断法算法步骤

用面积判断法筛选序列 Location 中平面坐标在 $S$ 内的点，形成一个新数据集合记为
Field = $\{F_1，F_2，\cdots，F_m\}$（$m < n$），在已知数据采集间隔 interval 的情况下，考察对象 Obj
在考察时段 $t_{start} \sim t_{end}$ 内的现场工作时间：

$$\text{FWT} = m \times \text{interval} \tag{5.2-8}$$

**2. 无预先制定情境的数据挖掘**

进入工程现场后，不同的管理人员所负责的施工区域不同，并且负责的施工区域还会
随时间变化，因此，更加具体的评价指标的挖掘属于无预先制定情境的数据挖掘，需要挖
掘的两项指标分别为有效工作时间 EWT 和有效工作范围 EWR，这两项指标都只与施工现
场的数据有关。

由于待聚类的数据集是一个存在噪声的数据集，因此采用一种基于密度的 DBSCAN
（density-based spatial clustering of applications with noise）聚类算法，该算法可以在含噪声
的空间数据集中发现任意形状的聚类。DBSCAN 算法基本假设为：位置数据在工作情境
中是聚集的。该假设符合人员的实际工作情况，现场监理的工作情境都是围绕着某一个地
点，如仓面、现场办公室等。

具体的算法描述如下：

① 给定数据集 $D$，扫描半径 eps，最小包含点数 minPts；

② 检测数据集 $D$ 中尚未检查过的对象 $p$，如果 $p$ 未被归为某个簇或者标记为噪声，则检查其半径 eps 的邻域，若包含的对象数不小于 minPts，建立新簇 $C$，将 $p$ 的领域中所有点加入 $C$，如果对象数小于 minPts，则标记 $p$ 为噪声；

③ 对 $C$ 中所有尚未被处理的对象 $q$，检查其半径为 eps 的邻域，若其中至少包含 minPts 个对象，则将其中未归入任何一个簇的对象加入 $C$；

④ 重复步骤②，继续检查 $C$ 中未处理的对象，直到没有新的对象加入当前簇 $C$；

⑤ 重复步骤①～③，直到所有对象都归入了某个簇或标记为噪声。

EWT 和 EWR 的提取。通过 DBSCAN 算法对数据集 Field 进行处理，Field 被划分成若干簇和若干噪声点，记作：Field = $\{C_1, C_2, \cdots, n_1, n_2, \cdots\}$，其中 $C_i$ 代表簇，$n_i$ 代表噪声点。

有效工作时间 EWT 的提取：考察已经识别出的代表现场旁站工作的数据簇 Ceffective，读取其中元素的个数，记为 m_e，数据采集间隔为 interval，则有效工作时间：

$$EWT = m\_e \times interval \qquad (5.2\text{-}9)$$

有效工作范围 EWR 的提取：遍历 Ceffective 中各个点，找出经度 $x_i$ 中的最大值和最小值，记为 $x_{max}$ 和 $x_{min}$，找出纬度 $y_i$ 中的最大值和最小值，记为 $y_{max}$ 和 $y_{min}$，则有效工作范围：

$$\begin{aligned}EWR_x &= x_{max} - x_{min} \\ EWR_y &= x_{max} - y_{min}\end{aligned} \qquad (5.2\text{-}10)$$

### 3. 劳动力消耗分析方法

劳动力消耗分析方法基于现场人员定位系统，可以有效地帮助业主和监理人员了解整个水电施工现场真实的劳动状况（Jiang H C et al.，2015）。劳动力消耗分析方法涉及两个领域：①合同视角，涉及劳动力消费，包括在合同的给定时期内每类劳动者的类型、数量和工作时间。②人力资源管理视角，涉及现场管理人员的工作绩效，如驻地监督员。该系统本质上是一种基于位置的自动化工作采样方法。工人的连续轨迹（间接数据）可以通过详细的站点布局和工作区域定义转换为劳动力消耗。所有工人的轨迹都记录在数据库中，并根据场地定义数据转化为每个大坝单体所花费的时间。所有记录中所有细节的总和给出了每个大坝整体的劳动力消耗总量。然后，可以将系统生成的劳动力消耗表与承包商提交的劳动力成本报告进行比较。最后，通过与统计数据的对比，可以辅助管理者对劳动力虚假与否进行判断。业主和监理方有强有力的证据与承包商进行付款谈判。系统还可以对现场管理人员进行考勤。生成的图表提供了关于个人绩效的有效评估参考。

在数据处理过程中，主要使用的算法如下：

对于跟踪系统下的特定现场劳动者，在给定的时间段内，用 SQL select 语句提取一定的数据集，并将其写入位置，包括位置数据和时间戳：

$$Location = \{L_1, L_2, \cdots, L_s\} \qquad (5.2\text{-}11)$$

其中，每个数据点 $L_i$（$i=1$，2，$\cdots$，$s$）有四个分量，$s$ 为集合中的点数：

$$L_i = \{x_i, y_i, t_i, n_i\} \tag{5.2-12}$$

其中，$t_i$ 为接收数据点的时间；$x_i$ 为工人在 $t_i$ 位置的经度；$y_i$ 为工人在 $t_i$ 位置的纬度；$n_i$ 为包含该数据点的坝体单体序号。$x_i$，$y_i$，$t_i$ 都是已知的。$n_i$ 需要用本节中的方法来确定。

　　每个坝段的平面形状抽象为一个多边形，包含大坝所有整体（多边形）的地理信息，存储在 GIS 服务器中：

$$\text{Monolith} = \{M_1, M_2, \cdots, M_m\} \tag{5.2-13}$$

式中，$m$ 为坝体整体的数量，$M_k$（$k=1$，2，$\cdots$，$m$）是一个数据表，记录多边形 $k$ 中所有顶点的已知地理坐标，顶点的地理坐标分别采用半自动跟踪多边形的方法确定。

　　所有关于地理坐标数据表多边形顶点的 $k$ 从 GIS 服务器获得。定义函数标记（$L_i$，Monolith）来确定哪个 Monolith 包含数据点 $L_i$，即确定 $n_i$ 的值：

$$n_i = \text{Mark}(L_i, \text{Monolith}) = \begin{cases} x \text{ if } L_i \text{ is inside monolith } x\,(x=1, 2, \cdots, m) \\ 0 \text{ if } L_i \text{ is not inside any monolith} \end{cases} \tag{5.2-14}$$

　　选择平面多边形的约当曲线定理对函数进行运算。在该系统中，所有坝体均被定义为多边形，并存储在 GIS 服务器中。对于任意位置数据点 $L_i$，该算法可以快速确定 $n_i$ 的值。经过上述处理，确定了数据集位置的所有整体内部点的个数。工人在每一个坝段上的工作时间计算如下：

$$\text{WH}_k = \text{ins}_k \times \text{interval} \tag{5.2-15}$$

其中，$\text{WH}_k$（$k=1$，2，$\cdots$，$m$）为给定时段内工人对 $k$ 整体的工作时间；$\text{ins}_k$ 是单体 $k$ 内数据点的个数；interval 是数据上传的时间间隔。$\text{ins}_k$ 和 interval 是已知的。对所有现场工人每天的 $\text{WH}_k$（$k=1$，2，$\cdots$，$m$）进行积分，生成所有坝体的日劳动消耗表。

　　通过工程现场安装的通信基站，采集工人随身携带的智能手机发出的信号，实时获取工人的位置，进而获取工人的劳动消耗情况。选取 5 名工人的数据，分析其劳动力消耗如图 5.2-6 所示。利用该算法测得的劳动力消耗数据与现场真实数据的相对误差保持在 3.24% 以内，极大地提高了人员管理的效率。

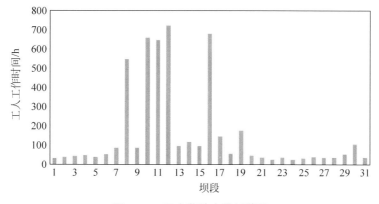

图 5.2-6　工人劳动力消耗情况

## 5.3 人员定位智能管理系统

### 5.3.1 背景目标

为满足施工现场人员安全管理的需求，针对水电工程参建人员多、工种复杂、人员作业交叉等难题，基于人员定位、行为分析、数据挖掘等技术，建立施工现场人员定位智能管理系统，提出人员身份识别、轨迹追踪、电子围栏划分、危险区域预警预报等安全管控方法，实现了施工现场人员安全闭环管理，有效提升了人员安全管理的智能化水平。

### 5.3.2 系统组成

人员安全定位智能管理系统使用 B/S 架构，即服务器端发布 Web 应用接口，客户端设备（包括但不限于台式计算机、便携计算机、平板电脑、手机等）通过各类浏览器（包括但不限于 IE、Firefox、chrome、UC、Safari 等）连接到服务器，通过账号和密码登录系统进行各类管理活动。在明确定位算法、大数据处理和数据挖掘技术、空间展示技术的条件下，开发了施工资源定位系统及系统拓扑关系，如图 5.3-1 和图 5.3-2 所示。

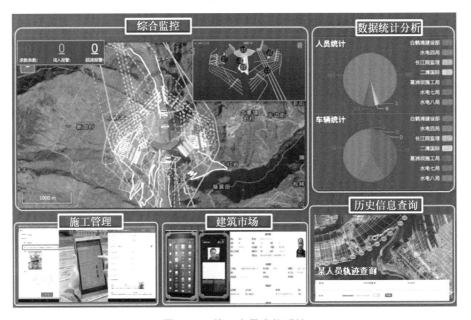

图 5.3-1 施工人员定位系统

人员定位终端主要包括：①定制的可穿戴定位终端。在安全帽外部集成内嵌 GPS 模块的定位装置，实现定位、应急报警、安全撤离警示等功能。工地临时来访人员用手持式终端感应安全帽上的 RFID 卡，然后从人工通道注册后进入。②关键位置部署人脸识别与准入设备如门禁（道闸）。分析比对将要入场作业人员与建筑市场管理系统内登记人员

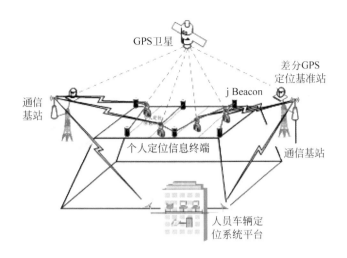

图 5.3-2　定位系统拓扑

的信息，确保对入场作业人员监管到位。手持式人脸识别终端在接入识别平台时将采用 MAC 地址或绑定 IMSI 唯一识别码进行准入验证。③作业管理平板电脑终端。实现对质量管理人员基于位置的现场质量验收与施工过程控制。

### 5.3.3　系统架构

利用包含工程场地地形数据的 GIS 技术、建筑信息模型 BIM 技术，结合工程建设进度，构建水电工程施工区 GIS+BIM 的三维动态空间环境，为基于位置的施工资源管理提供了实时交互的、直观的可视化环境。通过地理编码，将地理信息资源进行空间化、数字化和规范化处理，在地理要素名称与地理实际空间位置之间建立起对应关系，实现地理信息的相对定位，将混合定位技术系统中的各种数据资源反映到空间位置，提高空间信息的可读性。基于符合行业标准的地理坐标系，对施工区作业面进行空间位置描述，从而完成对其空间范围的管理。通过后期扩展可成为工程项目建设管理单位多项目统一远程集中管理的定位数据服务平台，为跨地域在建或已建大型工程提供海量定位数据的在线分析处理服务，如图 5.3-3 所示。

通过"GIS+BIM+MIS"融合、多元地物及工程结构匹配、施工资源及质量安全进度环保进展整合、要素映射对比，能够满足工程管理者在搜索某个地址时进行位置匹配，包括地址名称、地址坐标、入库属性等地理信息。以"穿透式"及"一体化"的方式进行数据信息和地图信息的同步显示，既可以实时监控人员等定位状况，又可以展示系统数据统计分析结果等，采用更符合实际需求的个性化界面及"一键式"关联服务快捷操作，提高了综合定位的工作效率。

采用先进的 GIS 定位引擎，能够实时回传终端设备的位置信息进行轨迹跟踪。在 GIS 地图上建立网格并建立大地坐标和场强信号的地理信息编码库，把二维、三维地图数据导

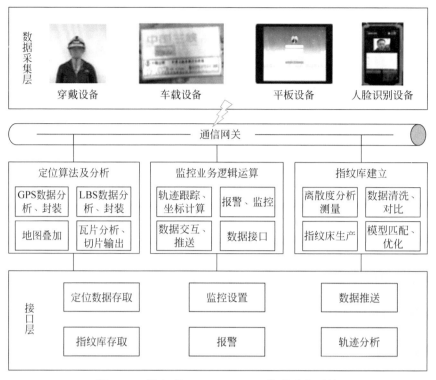

图 5.3-3　融合"GIS + BIM + MIS"的定位系统

入到 ArcGIS 上，利用聚类算法和空间统计技术，将管理对象的轨迹、区间或者时间段内的有关信息在地图中展现。位置数据通过终端实时上传定位数据，经系统内部定位算法，调用 GIS 接口，将终端当前位置信息及实时轨迹（路线、方向等）在平台上显示，可通过选择某时间段或某次路线进行轨迹跟踪回放。

## 5.3.4　主要功能

工程施工现场的人员安全预警技术有利于确保现场施工人员的安全，通过综合考虑安全管理的需求，同时结合系统组网方案，对人员预警技术所能实现的功能进行了细化，以指导工程安全施工的目的。人员预警技术的核心目标包括三个：

（1）身份识别，全员控制。对进入工作区域的各类人员进行信息采集。

（2）监测监控，保障安全。对进入工作区域的各类人员实时行为进行轨迹分析，进而通过数据挖掘等方法分析人员的安全行为与有效工作时间等。

（3）预警预报，风险管控。对进入工作区域的各类人员进行分类、分层信息预警预报。

将以上功能编入预警系统中，形成多模块体系、多功能的软件平台。软件包括多功能模块，如用户管理模块、人员管理模块、地图定位模块、电子围栏模块、告警管理模块、考勤管理模块、报表管理模块、短信管理模块、安全管理模块等。

（1）用户管理模块，可以预定义各种人员角色，不同的角色对应不同的管理权限和操作权限。

（2）人员管理模块，人员管理主界面能够显示各单位、各部门的人员基本信息，可以增加、删除、修改单位、部门和人员。

（3）地图定位模块，地图上将实时显示所有人员的当前位置，组织结构栏和概要统计图形化显示栏可以对地图上人员信息直接进行操作。可以查找人员并显示人员的相关信息，可以实时重点跟踪定位指定的人员并查询和回放历史轨迹，如图 5.3-4 所示，可以查询和回放任何时段的历史轨迹，为事故回溯和工作成果认定提供事实依据。

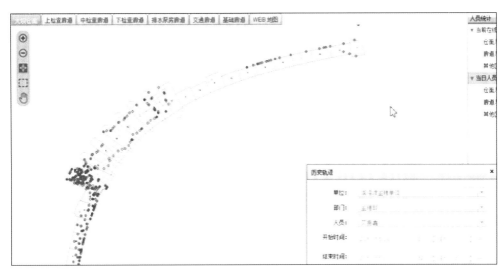

图 5.3-4　重点人员实时跟踪定位及任意时段的历史轨迹回访

（4）电子围栏模块，如图 5.3-5 所示。将电子围栏与责任安全员绑定，一旦发现越线行为，将通知越线者本人和责任安全员，由安全员对越线者进行现场监督教育；电子围栏的生效时间和失效时间，以及多种条件的组合等都可以通过编程的方法设置；被监控人员发生越线行为，系统将自动发出短信预警，还可控制手机振动预警，以应对嘈杂的施工环境下听不到短信提示音的情况。此外还可以给指定责任安全员也发送预警信息副本，由安全员现场重点监督整改。

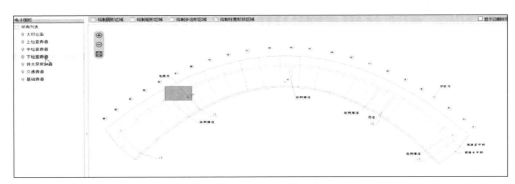

图 5.3-5　电子围栏示意

（5）告警管理模块，包括几大类安全事件的告警源：电子围栏触发的安全事件、紧急求助触发的安全事件、出工时长异常告警、定位异常告警等。

（6）报表管理模块，对人员定位数据进行深加工处理，提取出有助于提升水电工程管理效率、管理水平的统计数据，并且以图文并茂的方式呈现给用户。报表管理模块不像其他模块，其他模块是一次性设计编码完成，而报表模块的统计项是随着管理效率和管理水平的不断提升，进而持续提出更高水平的报表要求，系统开发人员根据要求不断增加新报表。

（7）短信管理模块，是"7×24"h连接短信平台，通过短信平台向用户手机终端发送预警预报、系统信息、自撰短信，并配合手机终端 App 的设计，触发手机终端的告警音、振动。预警预报和系统信息可以自动发送，也可以人工审核后发送，目前系统设定为人工审核后发送，必要时可以设为系统自动发送。系统短信指的是系统自动生成的预警预告、系统信息用户短信指的是自撰短信。

## 5.4　应用效果

在人员安全管理方面，通过人员定位智能管理系统的应用，在仓面、廊道等典型部位开发大量贴合工程需求的安全管理功能，切实提升工程质量和管理水平。调度指挥与人员定位紧密耦合，提升工程效率、保障施工安全。依托"GIS＋BIM"安全定位管控系统，实现了人员定位与轨迹实时跟踪和预警，实现基于位置的施工区人员智能化管理，包括移动端 App 应用和 PC 端管理平台。以白鹤滩工程为例，管理对象包括质量安全管理人员、其他管理人员以及民技工等，施工高峰人数超过 2.8 万人，年平均人数超过 1.2 万人。通过电子围栏定位系统与建筑市场管理系统、人脸识别技术、门禁系统相结合，匹配现场人员信息与建筑市场管理系统人员信息，实现了现场人员的身份识别与准入管理，提高了工程施工现场人员安全管理的智能化水平。

# 第6章 车辆安全智能管理

针对大型基础设施工程建设交通管理特点和工程现场砂石车辆运行管控难点，为进一步规范运输车辆的安全运输管控，引入"北斗＋GPS＋物联网＋云计算"等智能技术，研发车辆安全管理系统，为工程车辆安全运输提供有效监管手段。通过"数据"智能监管运输车辆超速、超重、超限等违章行为；通过车载监控视频实时查看车辆运输道路状况及拍摄司机视线盲区，提高车辆运输安全系数；通过土石方平衡实现车辆运输的智慧调度，逐步实现了全工区运输车辆管理透明化、监督可视化、调度数字化。同时为满足混凝土浇筑质量的需求，开发了砂石运输车辆智能管控系统、混凝土运输车辆智能管控系统和建设项目智能交通调度指挥系统等。车辆安全智能管理系统在溪洛渡、白鹤滩等工程的成功经验，能为国内外工程长距离运输车辆的安全管理提供借鉴。

## 6.1 管理难点及要素

### 6.1.1 管理难点

大型基础设施建设涉及多种类型车辆的相互配合，包括渣料运输、砂石运输、混凝土运输及交通运输等。不同类型的车辆在作业内容、行驶路线、管控要求等方面存在较大差异。车辆的安全管理面临诸多难点，例如，土石方平衡调度、开挖料回收利用、混凝土运输等（刘全 等，2021）。地下洞室开挖、边坡治理、坝基开挖等施工会产生大量的渣料，如何快速区分有用料和无用料，并提高转运利用效率，直接关系到工程的节能减排效益。施工现场土石方的开挖与填筑是一个动态过程，车辆进场、卸渣、出场等工序间存在相互干扰的问题。提高对土石方安全运输的调度管理，不仅关系到工程的经济效益，而且对于加快施工进度、保障工程安全也有重要的意义。其次，工程施工对于砂石骨料、混凝土的需求量巨大，往往需要大量的运输车辆相互配合。施工场地面积广、道路崎岖、路况复杂等难点严重制约了砂石骨料和混凝土的高效运输（樊春艳，2019）。

施工区内的交通事故大多是交通违法行为引起的，如疏忽大意、超速行驶、措施不当、违规超车、不按规定让行、违规占道、酒后驾车等。导致车辆安全事故发生的原因可归结为四类：人的因素、车辆因素、道路环境和管理制度。

在道路交通事故中人的因素起着决定性作用，许多交通事故都是由于人的不安全行为造成的，抓好道路交通事故预防首先就得抓对人的教育和管理（李大军，2020）。驾驶员的驾驶技术水平高低不一、职业道德素养良莠不齐，对交通安全重视程度不同，容易出现交通违法行为。驾驶员在行车过程中注意力分散、疲劳驾驶、睡眠不足、酒后驾车、身体健康状况欠佳等潜在的心理、生理因素，容易造成驾驶员反应迟缓而酿成交通事故（王万丰，2020）。

影响车辆安全行驶的主要因素有转向、制动、行驶和电气等。车辆在长期使用过程中处于各种各样的环境，承受着各种应力（外部环境应力、内部功能应力、运动应力），由于使用强度和行驶工况的不同，车辆技术参数将以不同规律和强度发生变化，性能参数不断恶化，导致车辆性能不佳、机件失灵或部件损坏，引发交通事故（孙烨垚 等，2020）。

道路环境是影响交通安全的另一个重要因素。道路路况的好坏（道路的破损）、道路的平整度、抗滑能力，工地临时不规范岔道口；道路附近天气的影响（气温、雨天、大雾、结冰等）都会使道路的使用性能发生各种变化，影响驾驶员的判断和车辆交通安全。例如，汽车的转弯半径过小，易发生侧滑；驾驶员的行车视距过小和视野盲区过长，易使驾驶员错误操作等。

管理制度不健全。安全投入不足，智能监控技术和智慧交通调度软件等先进的管理手段没有得到广泛的应用，基础数据、资料更新不及时，先进的管理设备如 GPS/ 北斗、行车记录仪等没有得到很好的推广应用，以上原因都会使交通安全保障系数降低、交通安全隐患频发。

目前国内外的智能交通系统，尚处于应用初期，主要用于高速公路和城市道路的信息化建设和车辆运输管理。例如，通过设在公路或道路上的传感器以及视频摄像机获取道路车流信息；通过对车辆装有的电子标签和设在各个交叉路口处的询问器通话，计算运行时间并对交通网的运行情况进行判断；通过自动识别车牌号码来对重型车进行监控和分类等。但是以上技术和管理方法大多集中在城市道路场景，由于施工现场条件复杂、作业内容多、车辆种类多等原因，适用于工程施工现场的车辆安全管理系统还有待深入研究。

## 6.1.2　闭环管理参数

砂石和混凝土运输系统关系着工程进度以及工程质量，具有高强度、高难度、高频率等特点，砂石骨料运输、混凝土运输、渣料运输和交通运输等车辆的安全管理极为重要。为加强对车辆的安全管控，结合不同类型车辆的作业环境和作业内容，按照"全面感知、真实分析、实时控制、持续优化"的闭环安全管理理论，对车辆安全的管理要素进行梳理，见表 6.1-1。

表 6.1-1　车辆安全智能管理要素分析

| 管理对象 | 砂石、混凝土运输车辆 | 渣料运输车辆 | 交通及其他车辆 |
|---|---|---|---|
| 管理过程 | 物料生产 - 车辆运输 - 消纳点 | 渣料分类 - 进场 - 装料 - 运输 - 卸渣 - 出场 | 道路 - 施工现场 |
| 全面感知 | 车辆位置、行驶轨迹、行驶时间、路面状况、道路环境、视线盲区、驾驶员状态、车辆质检信息、货物重量等 | 开挖进度、渣料种类、车辆位置、行驶轨迹、行驶时间、路面状况、道路环境等 | 车辆位置、行驶轨迹、行驶时间、路面状况、道路环境、驾驶员状态等 |
| 真实分析 | 超速、超限、超重、疲劳驾驶、车队联合调度是否合理等 | 有用料利用率、填埋效果、供需平衡、环境保护等 | 是否超载、道路是否存在安全隐患、是否疲劳驾驶等 |
| 实时控制 | 对违反交通规则进行预警、对突发意外进行快速反馈、异常气候车辆安全行驶指南 | 保证挖填规范、安全预控、供需平衡 | 保证人员安全、避让工程车辆、异常气候车辆安全行驶等 |
| 持续优化 | 提高运输效率、预防交通事故 | 提高有用料回收利用率 | 预防交通事故 |

## 1. 砂石骨料运输车辆

砂石骨料运输车辆的作业内容主要是将砂石骨料从骨料场运输至混凝土加工系统。安全管理需要考虑砂石骨料的运输量、运输时间、运输频率、运输道路的交通状况、天气状况、车辆的运行状况、行驶速度、是否疲劳驾驶、车辆质检情况、不同车辆之间的联合调度等。针对不同的管理要素，采用北斗、GPS、射频识别（radio frequency identification，RFID）等定位技术，对车辆的实时位置、行驶轨迹、行驶时间等进行感知监测。采用图像识别、车载传感器、物联网等技术，对车辆的行驶状况进行感知监测；采用人脸识别、指纹识别等技术，对疲劳驾驶进行预警；采用车载摄像头对道路状况进行监测，避免司机的视野盲区等；采用车辆安全智能管理平台对车辆信息、驾驶员信息、作业排班等要素进行记录反馈。

## 2. 混凝土运输车辆

与砂石骨料运输车辆类似，在混凝土运输车辆上也安装监控仪器、显示屏、UWB 标签、无源 RFID 卡、行程开关、GPS 信号天线等设备，监测运输车辆的实时位置、行驶轨迹等信息（徐建江 等，2021）。同时，针对混凝土坝施工中混凝土生产、运输、开仓、振捣过程，采用物联网终端设备开展全过程精细化实时监测，对影响施工质量的各种关键控制参数进行智能跟踪分析与预警，包括混凝土拌和物质量、出机口温度、入仓温度、运输强度与施工进度的实时耦合、车辆油耗等。及时反馈施工机械设备配置参数，并提示施工人员及管理人员采取措施确保施工质量，使得工程建设管理者能全过程、实时、有效控制工程施工质量。

### 3. 渣料运输车辆

地下洞室开挖、坝基开挖、边坡治理等会产生大量的开挖料，渣料运输车的管理过程分为渣料分类、进场、装料、运输、卸渣、出场等。保证渣料运输车的作业安全需要综合考虑开挖进度、渣料种类等因素，高效完成有用料的筛选。在运输过程中，全面感知渣料运输车辆的位置、行驶轨迹、行驶时间、路面状况等参数。分析有用料的利用率和无用料的填埋效果，保证开挖料运输的供需平衡、挖填规范和安全预控，提高有用料的回收利用率，优化土石方平衡调度。

### 4. 交通及其他车辆

水电站施工现场，除了物料运输车辆和工程车辆，还有供人员乘坐的通勤车辆，往返于施工现场和办公营地之间，针对交通车辆，需要对实时位置、乘坐人员信息、行驶轨迹、道路状况、驾驶员信息、车辆运行状况等要素进行管理。对于其他进出施工现场的临时车辆，应进行严格的准入管理，并做好登记，将车辆信息上传至统一的安全管理平台（樊启祥 等，2022）。

## 6.2 管理技术与方法

### 6.2.1 车辆定位技术

车辆卫星定位主要通过在车辆内安装车载定位终端和小型接收天线接收卫星信号，然后利用运营商网络的 VPDN（定向流量）通道将数据发送到数据解算平台进行车辆位置定位。终端使用车辆本身的 ACC 继电器控制，在车辆启动的情况下进行供电并传输数据，在发动机熄火的情况下依靠内置的蓄电池实现约 2h 的断电续航，记录车辆最后的停放位置。内置惯性导航模块可以在短距离隧道内（无地下定位基站覆盖的情况下）实现车辆低精度定位参考。

地下洞室车载定位利用在车辆中放置的定位卡，在有定位信号覆盖的区域，与定位基站进行通信并通过基站连接的有线网络或 4G/5G 转换器，将车辆位置数据发送到数据解算平台进行分析。室内车载定位卡同样通过 ACC 继电器进行供电，并且内置充电电池。定位卡集成指示灯和蜂鸣器，当平台发送撤离时进行声光报警提醒。车辆从地面进入地下洞室时，结算平台会自动切换定位算法，实现地面和地下洞室定位的实时定位。各环境下现场定位精度情况如表 6.2-1 所示。

表 6.2-1 复杂环境下车辆定位技术

| 适用场景 | 环境特点 | 技术方案 | 定位终端 | 精度 |
|---|---|---|---|---|
| 露天开阔区域和道路 | 室外露天区域,环境开阔,没有遮挡 | 北斗/GPS 双模定位 | 车辆定位终端 | ≤2m |
| 坝面及水垫塘、二道坝 | 高山峡谷部位,GPS 信号有强漫反射 | 北斗/GPS 双模定位 | 车辆定位终端 | ≤5m |
| 交通洞及大型地下建筑 | 信号稳定 | ZigBee 定位 +TOF 算法 | 室内定位终端 | ≤5m |
| 隧道开阔区域连续切换 | 隧道开阔区域交叉切换、单一技术误差大 | 北斗/GPS 双模定位 +ZigBee 定位 + 信号自动切换算法 | 车辆定位终端 + 室内定位终端 | ≤5m |

### 1. 露天区域大坝作业面混合定位模型

露天区域大坝作业面主要使用 GPS/北斗 + 实时差分(real-time kinematic,RTK)定位技术,定位终端使用 GPS/北斗双模模块,北斗定位为主,GPS 为辅(刘峻宏,2022)。通过采集每个网格上的信号强度指纹构建离线指纹库,应用高斯核函数计算轨迹信号指纹与离线指纹库指纹之间的相似性,应用隐马尔科夫链模型求解最优轨迹和实时位置数据(李秋楠,2019)。重要及危险施工区域在 GIS 地图上建立网格的地理信息编码库和蓝牙信标点位置信息数据库,然后根据测得的多个 RSCP 值进行计算,利用多点定位和指纹算法进行综合定位得出相对坐标位置。

### 2. 水工隧洞和交通洞区域定位模型

隧道和交通洞区域,采用 LBS(location based services)定位模式 +GIS 实现瓦片法(徐照 等,2019)+ 基于核函数的隐马尔科夫链算法模型,实现施工资源的实时定位与过程轨迹跟踪。由于单基站 LBS 信号覆盖可达到 2km,为控制项目投资和保证技术先进性,不使用基于基站的硬切换定位技术,而是采集每个网格上的接受信号码功率(receive signal channel power,RSCP)场强值构建离线指纹数据库,结合可穿戴定位终端、车载定位终端接收到的基站 RSCP 场强值信号、基站位置坐标及 GIS 实现瓦片法,应用隐马尔科夫链 KHMM 算法模型的指纹定位算法求解最优轨迹和实时位置数据(Nicoli M et al.,2010;Viol N et al.,2012),主要步骤如下:

(1)对管理区域进行瓦片划分,通过采集每个网格上的信号强度指纹构建离线指纹库。对基站所在隧道区域以 10m 为单位切片,形成瓦片有序序列集合;获取隧道入口、出口及弯道关键位置 84 坐标,利用 GIS 工具导入数据生成隧道;使用手持及车载设备,按照相关规则,对隧道现场以瓦片为单位,多次采集基站及信标场强 RSCP/RxLev 序列及对应的 LAC 和小区 CellID。分析处理采集的各瓦片区信息,清洗干扰数据,导入数据并建立对应的指纹数据库;核验指纹库精度,得到指纹库的误差范围值(田甜,2020)。

(2)采用小区定位法,根据移动终端所处小区确定大概位置,计算定位轨迹中每一个信号强度向量在每个可能位置点采得的似然概率。移动定位终端按照 1s 采集现场场强信息到平台，形成一个场强数列；对数列按照相关规则进行数据清洗，得出新的场强值数列，依据产生该数列的 LAC 和 CID 完成粗放式位置确认，即确认打靶范围，可利用 Viterbi 算法求得最大化概率的隐状态即位置点序列（向泓铭，2020）。

（3）把车辆的运动看成一个马尔可夫链过程，应用 KHMM 进行建模并求解最优轨迹。应用高斯核函数计算轨迹信号指纹与离线指纹库指纹之间的相似性。循环打靶区域与场强数列进行模式匹配，得出相似度数列，进而计算转移概率，依据 Viterbi 算法得出可能转移到的小区瓦片区；结合上一个状态信息和相关规则，判定出最可能到达的瓦片区（现位置区、上位置区、下位置区），从指纹库中获取该瓦片区信息，推算空间位置坐标（王琳，2019）。

### 6.2.2 智能终端联网技术

车辆与砂石系统的硬件配置包括 4G/5G 智能终端（刘彤彤，2020）、车载摄像（吴冬升 等，2020）、车载显示屏（尹长青 等，2022）、指纹仪（李兴华 等，2019）、紧急报警按钮（赵远 等，2021）、对讲手柄（曹长琴 等，2020）等。

#### 1. 4G/5G 智能终端

每台运输车辆配备 4G/5G 智能终端一个，如图 6.2-1 所示。作为车辆物联网终端核心设备，其具备功能包括，①实时定位：GPS、北斗双模定位；②数据集成：视频设备、指纹设备、紧急报警设备均与主机连接，数据全部集成到主机设备；③数据传输：实时视频、指纹打卡、GPS 定位信息通过主机内置的移动 4G/5G 卡传输到平台；④视频存储：主机内置 SD 卡，可存储约一周的摄像头视频信息，通过车载显示屏或者软件平台，可调取历史监控视频信息；⑤超速报警：超速时立即预警提醒；⑥疲劳驾驶报警：疲劳驾驶时立即提醒；⑦分段限速，语音提示。

图 6.2-1　车载终端

#### 2. 车载摄像头

每辆车配置 4 个红外夜视摄像头，用于对车辆外部环境及驾驶室的监控，如图 6.2-2 所示。驾驶室中控台摄像头，监控拍摄车辆前方路况信息。驾驶室右前方摄像头，监控拍摄驾驶员驾驶状态。左车门上方摄像头，拍摄左后方路况信息。右车门上方摄像头，拍摄右后方路况信息。

图 6.2-2　车载摄像头

### 3. 车载显示屏

车载 7 英寸（16：9）AU 全新屏 / 四路分割显示器，PAL/NTSC 制式，4 路视频输入，可应用于倒车后视、前视、侧视摄像头的连接，便于现场查看监控视频，摄像头故障时可以及时发现并维修。

### 4. 指纹仪

电容式活体指纹仪用于驾驶员身份识别与记录。指纹信息通过指纹录入仪在 PC 端提前录入，驾驶员在运输前先打指纹，平台进行指纹识别并记录驾驶员信息。

### 5. 紧急报警按钮

每辆车配备紧急情况一键报警按钮。报警后，平台收到报警信息，可通过平台调取车辆实时视频了解现场情况，为应急指挥提供实时现场信息。

### 6. 集群对讲手柄

对讲手柄支持 CDMA 或 GSM 网络，支持集群（单呼、群呼、组呼）对讲，驾驶员能够及时报告给调度、车队路面紧急信息，调度指挥发现问题能够及时提醒驾驶员及车队。

## 6.2.3　土石方平衡调用技术

工程施工现场土石方调度是一种线性规划，分为供方、需方、代价参数、计算和结果展示几个步骤。

供方和需方数据包括开始时间、结束时间、计划开挖量等。代价参数是指各个运输线路需要的运输代价，可以按照两点间的运输距离粗略估计，再加上人工修正得到一个经验值。下面以一个简化的例子来说明计算的思路。

有 $m$ 个供料点 $A_i$，$i = 1$，$2$，$\cdots$，$m$。其供应量分别为 $a_i$，$i = 1$，$2$，$\cdots$，$m$，有 $n$ 个需料点 $B_j$，$j = 1$，$2$，$\cdots$，$n$，其需要量分别为 $b_j$，$j = 1$，$2$，$\cdots$，$n$，从 $A_i \sim B_j$ 运输单位物料的运价（单价）为 $c_{ij}$，这些数据可汇总于表 6.2-2。

表 6.2-2　供应量、需要量和运价对应关系

| 供　应　量 | 需　要　量 | | | |
|:---:|:---:|:---:|:---:|:---:|
| | $b_1$ | $b_2$ | $\cdots$ | $b_n$ |
| $a_1$ | $c_{11}$ | $c_{12}$ | $\cdots$ | $c_{1n}$ |
| $a_2$ | $c_{21}$ | $c_{22}$ | $\cdots$ | $c_{2n}$ |
| $\vdots$ | $\vdots$ | $\vdots$ | $\vdots$ | $\vdots$ |
| $a_m$ | $c_{m1}$ | $c_{m2}$ | $\cdots$ | $c_{mn}$ |

根据运输规划的原理，此问题可以用如下数学模型描述：

$$\min z = \sum_{i=1}^{m} \sum_{j=1}^{n} c_{ij} x_{ij}$$

$$\begin{cases} \sum_{i=1}^{m} x_{ij} = b_i, j = 1, 2, \cdots, n \\ \sum_{j=1}^{n} x_{ij} = a_i, i = 1, 2, \cdots, m \\ x_{ij} \geqslant 0 \end{cases}$$

它包含 $m \times n$ 个变量，$(m + n)$ 个约束方程，计算最优化的一组 $x_{ij}$ 即可。

实际应用支持多个数学模型和参数，如天气情况、路况信息等，具体设计如图 6.2-3 所示。

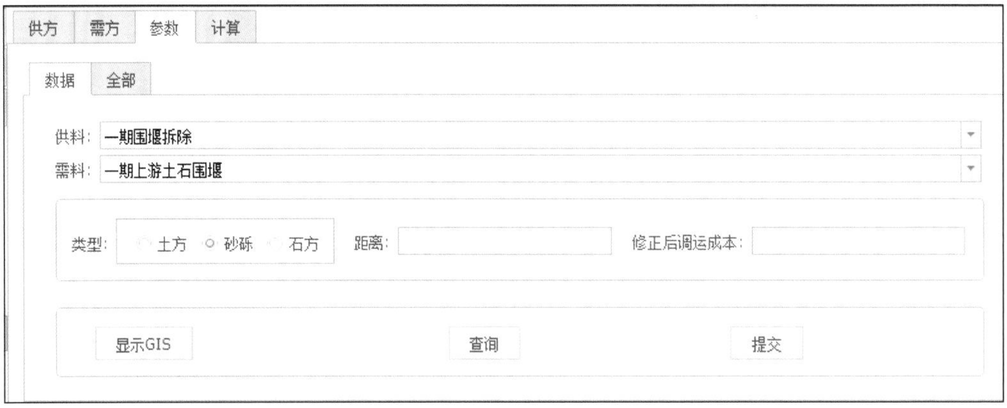

图 6.2-3　土石方平衡调用参数设置

同样，也可以用 Excel 进行展示，支持导入导出，如图 6.2-4 所示。

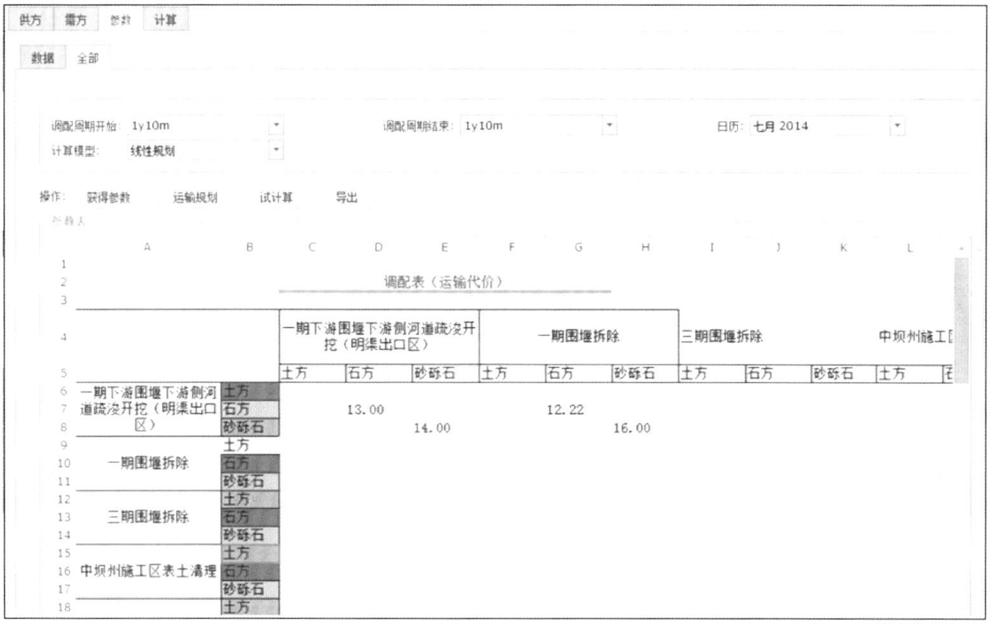

图 6.2-4　Excel 导入示意

在数据和参数准备好以后，调用计算引擎进行计算，计算结果的展示既可以是图表，也可以是图形。图形支持平移、放大、缩小、下载、导出、过滤、查找等功能，如图 6.2-5 所示。

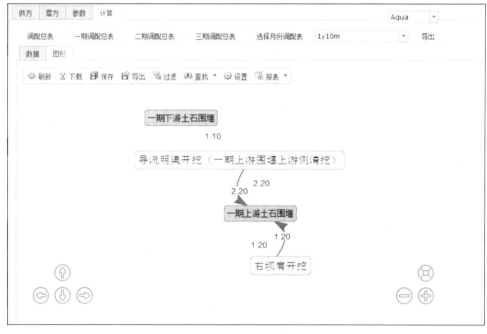

图 6.2-5　图形结果

### 6.2.4　智能交通调度技术

工程建设项目现场的智能交通调度指挥系统，涉及企业管理理论、方法技术、计算机硬件技术、信息技术、智能建造技术、工程数字化技术、物联网、云计算技术等多学科、多领域的先进技术的交叉融合，也涉及对现有工程设计、建造和数字交付管理模式等的梳理和创新，是一项非常复杂、艰巨的工作，多专业、多管理要素、海量数据等复杂因素耦合在一起。应采用多种数据处理方法与技术，合理、科学、经济地布设路侧设备，构建基于物联网和 AI 的智能云平台，满足智能交通调度指挥系统设定的功能和性能要求：使用方便，维护简单，成本较低。智能交通调度技术逻辑如图 6.2-6 所示。

图 6.2-6　智能交通技术逻辑示意

数据管理包括感知层和数据交换层，感知层用于监控设备的数据采集。数据交换层用于外部数据与平台之间的批量数据交换；信息资源层通过构建数据存储集群的方式，管理数据文件、地理信息文件和相关数据信息，实现共享平台各类信息资源的统一表示、存储与管理；资源目录层为对目录以及相关元数据库的统一管理；中间件层为以一种或多种中间件为基础，通过前后端分离的方式，降低项目耦合度，针对应用系统所需的一些底层通用功能进行封装后形成的更加切合系统需求的软件层；组件层为运行在中间件层上的信息处理、加工和应用开发的软件模块以及第三方应用支撑模块封装成各种相互独立的组件，通过对系统的组件化封装提高了系统的鲁棒性，组件化的开发则提高了系统开发的效率；服务层则根据应用需求，将各种应用程序组件封装成 API 服务，并与外部提供信息的 Web 服务一起，供内部应用程序或外部信息访问者调用，是整个平台体系架构的核心；业务层将各种服务协同整合成能够完成平台用户需求的应用功能模块；表现层是用户与平台直接交流的应用，包括后台管理软件和前端用户界面，特别是移动端的应用。

以集中数据库为主要信息资源，通过外部 API 服务集成分散的异构信息资源，来开发和集成应用服务程序和信息访问 Web 服务，形成对用户透明的信息服务平台。系统各模块之间的信息交换，也通过 API 服务的方式来实现。在信息归集方面，则采用多种数据交换手段进行信息归集交换，如采用交换中间件（MQ）传输数据文件或用数据桥接直接读写数据。

数据应用建立以大数据、云平台技术为基础的智能交通调度指挥系统，在线实时监控施工环境条件以及道路交通情况，建立全过程施工环境监控预警系统，科学、实时、高效地评估影响现场施工组织的交通条件，提出相应建议措施，确保工程安全、快速施工。

从业务角度，研发调度指挥系统，主要包括如下五大模块。

### 1. 信息管理模块

该模块具有多种数据采集的模式，能够及时收集、整理、分析各类采集设备参数及输出，为监测分析和仿真模拟提供数据的支持。该模块提供系统自动对接，能够自动和外部系统进行数据交换，包括现场施工和设备。在不具备自动对接的场景下，提供数据录入接口，由人工录入，本模块提供数据查询功能，同时还增加一个环节用于人工的校核、审核。这一点至关重要，因为这是从源头开始严格把控数据质量的重要措施。其中一项最重要的工作就是电子地图信息的维护，因为施工现场是随着施工不断变化，道路情况也不是一成不变的，及时维护更新数字化的矢量地图是最重要的工作之一。

### 2. 实时监测模块

该模块连续自动获取工区内交通状况的现场测值，特别是重点区域、重点部分（如单向道、转弯不可视道路、地下厂房、地下洞室等），分析实际监测设备布置方案的实施效果，合理评价实时施工环境安全性态。

### 3. 真实分析模块

该模块建立实时动态可视化模型，评价设计施工方案的合理性，是系统中最为复杂的模块，包括模型库的维护工作，建立仿真算法和数据，规则和方案的模型，综合运用多种模型。同时进行可视化展示且引入专家会商，既充分发挥系统的智能特色，又不忽视专家的经验和指导作用，在此基础上对运行方案提出评价和优化的意见，改进措施。

### 4. 预警预测模块

该模块构建智能交通调度实时监控关键指标，通过信息管理模块及监测与分析模块进行分析、监控和预警。本模块分为两部分，一部分是基于大数据和 AI 的计算模块，另一部分是预报模块。计算模块是预警预报信息的生成器，通过实时监控关键指标和各种录入采集的信息进行规则验证，并不断演变一组规则和深度学习算法，最终达到较准确的预测预报。

### 5. 信息整编与发布模块

该模块形象展示实现交通引导、调度、定位、预警、路线车流展示等信息，并可快速查询。信息生成包括两部分输入：一部分是系统内部经过特定算法和规则生成待发布的内容；另一部分是源于外部的输入，经过校核后，进行信息的发布和信息的历史查询子模块。信息发布的途径有多种，适应当前多端发布的技术趋势，特别是移动端发布，如微信等平台。

## 6.3 车辆安全智能管理系统

### 6.3.1 背景目标

为满足施工现场车辆安全管理的需求，针对水电工程砂石运输、混凝土运输、渣料运输、交通运输等多种类型车辆的作业内容、运输特点和管控要求，建立土石方智能平衡调度和车辆智能管控系统，开发车辆位置查询、运输轨迹跟踪、车辆状况检查、驾驶员状态监控等功能，实现对工程建设中物料流转和车辆运输的全过程精细化管理，做到料尽其用、物尽其效、车尽其能。提高施工现场多种类型车辆的有效配置，实现施工现场车辆安全闭环管理，有效提升车辆安全管理的智能化水平。

### 6.3.2 系统组成

车辆安全智能管控系统由监测传感器、数据传输设施、数据分析算法、反馈控制软件等部分组成，其关系如图 6.3-1 所示。全面感知是按工程需求对物理对象所产生的信息、特征进行采集，并传输至深度分析的存储空间。深度分析是对数据及信息进行加工处理。智能控制则根据已制定的规则、需求，调用分析结果，可视化表达信息，最终将决策信息反馈至施工过程，实现对物理对象的管控。

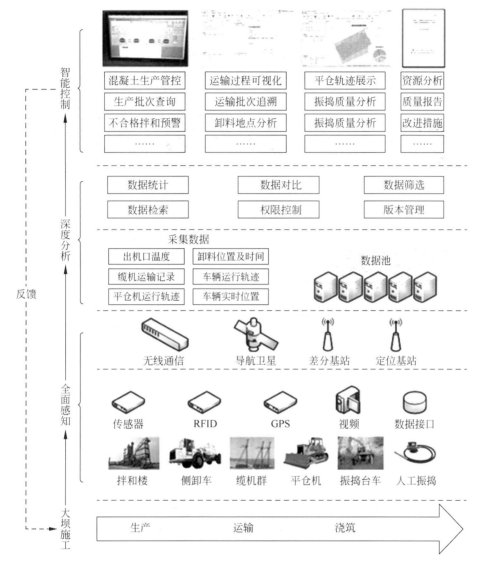

图 6.3-1 车辆安全智能管控系统组成

其中，全面感知的对象主要为拌和楼、运输车以及供料平台。①拌和楼监控：通过在拌和楼安装的拌和楼监控主机、中距 RFID 读卡器、行程开关、4G/5G 天线等设备，按设定频次监控识别出机口处运输车上 RFID 卡及其时刻、实时监控识别出机口打开 / 关闭动作及其时刻；通过 iDam2.0 提供的拌和楼生产数据接口，获取拌和楼生产数据，主要关注每盘混凝土生产时间、方量、级配等信息（徐建江 等，2021）。②运输车监控：通过在运输车上安装的运输车监控主机、显示屏、UWB 标签、无源 RFID 卡、行程开关、GPS 信号天线、4G/5G 天线等设备，按设定频次监控识别运输车所在位置及其时刻、实时监控识别运输车料斗升起 / 放下动作及其时刻，如图 6.3-2 所示。③供料平台监控：通过在供料平台上安装的 UWB 定位基站、数据中转站等设备，按设定频次监控定位处于供料平台的 UWB 标签位置及其时刻，如图 6.3-3 所示。

图 6.3-2 运输车监控设备安装部署示意图

图 6.3-3 供料平台监控设备安装部署示意图

### 6.3.3 系统架构

运输车辆的安全智能化管控系统架构由四部分组成，如图 6.3-4 所示。①展现层：呈现给用户的不同表现形式；②应用层：Web 端系统和 App 客户端组成的系统应用；③数据处理层：不同种类和用途的数据处理；④基础支撑层：底层硬件设备、传感器及支撑软件。

系统采用多层架构的体系结构，充分考虑到系统今后纵向和横向的平滑扩展能力，如图 6.3-5 所示。充分考虑建筑行业的特点，建立一个可靠的支撑平台，提供统一的服务应用，只需要根据标准进行接口开发就可以实现即插即用。多业务交换能够支持数据集成和流程整合，可以实现内部各业务系统之间最广泛的互联互通，满足各类服务需求。

### 6.3.4 主要功能

车辆管理系统功能强大，能进行多功能管理，根据现场管理的要求，可实现信息、监控、电子围栏、预警、数据查询、数据统计分析等各项功能，为现场车辆管理服务，优化车辆管理，真正实现智能化管理模式。车辆管理系统功能汇总见表 6.3-1。

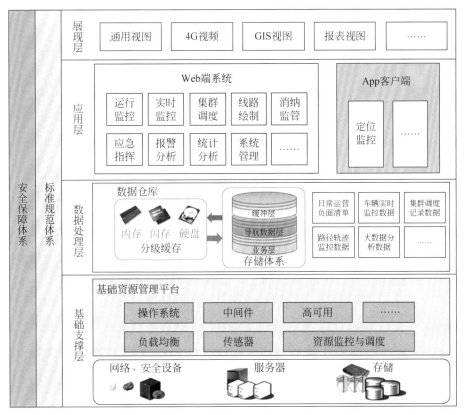

图 6.3-4 砂石运输车辆智能管控系统架构

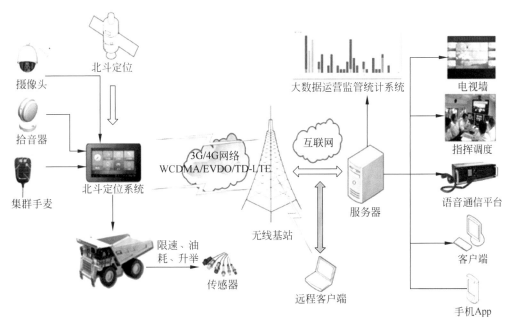

图 6.3-5 车辆运输智能化系统各环节配置及组网关系

表 6.3-1　车辆管理系统管理功能汇总

| 功能名称 | 功能介绍 |
| --- | --- |
| 智慧网关服务 | 支持平台与众多的智能车载终端对接，实现相关功能 |
| 信息管理 | 车辆信息、门禁管理、电子车牌管理、司机管理（人员管理） |
| 实时监控 | 车辆定位、车辆实时信息查询、车辆轨迹监控、车辆轨迹对比、车辆视频监控 |
| 电子围栏管理 | 路线管理、规则管理 |
| 预警管理 | 车辆围栏报警、超速报警、疲劳驾驶报警 |
| 综合查询 | 实现对车、门禁、电子车牌、地磅的查询 |
| 统计分析 | 行驶线路、行驶速度，获取违规车辆信息，实现报表输出 |

1. 智慧网关服务

支持平台与众多的智能车载终端或 GPS/ 北斗进行通信业务管理，并对相关业务逻辑进行解析处理。根据指定的相关技术规范，与定位终端、指纹、内外屏、报警设备、功能控制进行对接。

2. 基础信息管理

车辆信息管理能够实现车辆信息入库，使车辆信息便于查询、管理。管理员或操作员可以进行新增、修改、删除、导出车辆信息的操作。车辆信息详情可包含所属单位信息、道路运输许可证信息、行驶证、安监信息、保险信息、维护保养时间等。车辆信息还包含车载北斗、车载视频等智能硬件信息。

3. 门禁管理

门禁管理包括门禁数据查询、出入门信息、电子车牌信息等。可以通过关键字查询门禁信息，单击一条门禁记录，可以查看其详细信息。在门禁详细信息页面，可以查看运输车辆的基本信息和运输证明细。

4. 电子车牌管理

电子车牌管理包括电子车牌查询、绑定及解绑，具体包括：运输车队信息、车辆牌照号，车辆保险、年检期限，并到期自动提醒，所配备的驾驶员信息（姓名、年龄、住址、驾照号、驾龄），违规记录，每趟运输的物质材料品质特性等。

5. 车辆信息查询

可以通过关键字查询运输车辆信息，单击一条运输车辆记录，可以查看其详细信息。可监控显示车辆实时速度及隧道区间速度、当前车辆状态，可加入车辆当日运输趟次，如图 6.3-6 所示。

图 6.3-6 车辆实时监控信息

6. 违章管理

系统提供违章管理，能够记载车辆违章信息：车牌号、当班驾驶员、所属车队、违章时间、违章事项、管理部门对违章的处理情况、处理人、附带处理照片等情况。直观记载所有车辆违章情况，可设置日期查询区间违章情况，便捷统计分析，提高对运输车辆的管理效率。

7. 驾驶员培训管理

司机安全培训管理提供记载驾驶员培训情况：驾驶员姓名、培训主题、主讲人姓名、培训内容、培训开始结束时间、培训地点及上传培训影视资料等。

8. 车辆年检保险管理

按车牌录入承保机构、最大保额、保险日期及年检日期，可显示于车辆管理界面，到期提醒及时更新，实时掌握骨料运输车辆资质信息。

9. 车辆检查管理

录入每台车的每次检查情况：车牌号、驾驶员、所属车队、检查单位、检查时间、检查人员、检查负责人，可记录车辆检查信息：检查项目、问题事项、整改意见、整改期限及最后整改完毕验收情况。

10. 车辆维修保养管理

可录入每台车辆维修保养情况：车牌号、所属车队、维保日期、维保项目、费用、负责人。

11. 车辆出勤记录

本项内容记录车辆每日是否出勤，及出勤班前检查情况，确保车辆正常出勤，不带病上路，留存安全班前会资料。

12. 车辆位置定位

车辆上装有车载北斗，会定时向系统上传位置信息，并在地图上实时显示。能够在地图上显示运输车辆的分布情况。在地图上选中具体车辆，可以查看其属性信息，能够自动定位到车辆当前位置，如图 6.3-7 所示。

图 6.3-7　车队实时监控

13. 司机管理

系统提供司机基础信息管理，包括指纹配置等。司机管理模块可以提供准驾识别，对所配备的驾驶员进行上车识别，识别形式采取指纹识别，若检测到驾驶员信息与车辆预先储存信息不匹配，则不能进行装料或不能启动运输车辆或者设置可启动车辆监控后台报警记录。驾驶员疲劳驾驶控制，当同一驾驶员驾驶时间超过设定时间，则自动提醒并反馈报警。对驾驶员及所匹配的运输车辆生成管理数据，能按管理方要求自动形成考核报表。

14. 车辆轨迹监控

车辆装设车载北斗，定时向系统上传位置信息，并在地图上实时行车路线，同时支持对历史行车路线的查询。

15. 预警管理

系统能够实现对运输车辆实时报警处理，主要包括报警订阅、报警处理、报警定位、查询等基本功能。根据车辆回传北斗数据以及车辆绑定的围栏告警设置数据，实时计算车辆越界告警、进出告警。通过车载北斗自动监控车辆超速信息，形成报警记录，单击可查看详情，并可生成报表统计分析，如图 6.3-8 所示。

图 6.3-8　车辆超速实时报警

### 16. 统计分析

针对车辆行驶线路、行驶速度、是否疲劳驾驶进行数据汇总分析，能够快速获取违规车辆的相关信息。同样所有录入的信息均可实现报表输出，包括往返记录报表、报警统计报表、报警明细报表、里程统计报表、车辆状态统计报表、指纹记录报表、隧道速度统计报表、过磅记录报表等。

## 6.4　应用效果

白鹤滩大坝车辆安全智能管理系统自全面投运以来，共发出驾驶员超速预警、对驾驶员未按指纹或录入指纹系统时识别不出驾驶员身份的情况进行报警等 930 余次；自该系统投入使用以来，未发生车辆交通安全事故。总结车辆安全智能管理系统应用效果如下：

（1）实现车辆信息管理全覆盖。大坝砂石加工系统共有骨料运输车辆 100 余辆，均纳入车辆安全管理系统。每辆车的驾驶员信息、车辆状况、保险、年检、维修情况、保养记录各项管理信息均在该系统内进行记录备案，并实时更新。

（2）运筹帷幄，完全实现遥控管理。施工单位只需安排两班值班人员就可 24h 对车辆实时监控，实现无死角的管理和对现场问题的实时指挥。发现问题只需通过对讲机通知负责人处理并上报处理情况，可有效并及时制止驾驶员在运输过程中的违章行为，降低不规范行车发生率，确保道路交通运输安全。

（3）实现痕迹化管理。车辆的运行路线、行车轨迹、行车速度、行驶路况、报警记录、违章行为等都上传至服务终端。对违章行为的管理、交通事故的处理、人员考核提供了全方位的现场一手资料，为各类事故的分析调查处理提供了充分依据。通过痕迹化管理，使施工单位对车辆的安全管理更有侧重点和针对性。施工单位可对反复发生的问题，高频发生的问题重点关注，分析问题发生的原因，制定应对措施，将车辆安全管理风险降到最低。

（4）安全管理水平稳步提升。自车辆安全智能管理系统使用以来，违章行为、违章人数、车辆检查出现的问题逐步降低，不仅提高了驾驶员安全意识、安全认知水平，丰富了驾驶员的安全知识，而且有效地保障了驾驶员的生命安全，预防和减少了车辆运输交通安全事故，提高了车辆安全的智能化水平。

# 第7章 缆机安全智能管理

在峡谷型河段修建水电工程，通常选用覆盖面广、施工安排灵活的缆索式起重机（以下简称缆机）作为大坝主要的水平、垂直运输方式。但是，在实际大坝浇筑作业面上，钢筋模板布置紧凑，加之作业人员、辅助起重机械、平仓机械众多，缆机与其他机械立体交叉作业，存在较大安全风险，其中，缆机与仓面辅助起重机械的碰撞造成的后果尤为严重。针对以上问题，采用智能化的手段，开发了缆机定位监控系统、缆机防撞安全管理系统、缆机司机防疲劳监视系统和缆机目标位置保护系统，形成了整套缆机安全智能管理装备，对缆机系统安全运行过程中司机的不安全行为、缆机的不安全状态、环境不安全因素和管理缺陷等进行全面感知、真实分析、实时控制和持续优化，实现了人员、缆机、环境和管理的协同匹配。

## 7.1 管理难点及要素

### 7.1.1 管理难点

白鹤滩水电站大坝混凝土浇筑采用缆机吊运，共布置了7台大跨度缆机，组成世界上最大的缆机群，如图7.1-1和图7.1-2所示。缆机采用高、低线双层布置，高线布置3台，低线布置4台。缆机主要承担大坝混凝土浇筑、仓面设备材料吊运、金结设备安装等作业任务。高缆（1#～3#缆机）设计跨度分别为1 187.00m、1 178.00m、1 169.00m，主索设计最大垂度61.36m；左岸缆机主塔采用A字形钢塔架，主塔架高度101.00m，主塔轨道布置高程905.00m，缆机平衡台车轨道布置高程945.00m；右岸缆机副塔轨道布置高程980.00m；低缆（4#～7#缆机）设计跨度为1 110.00m，设计最大垂度57.72m，主塔布置在左岸，采用高塔架，塔架高度30.00m；副塔布置在右岸，采用无塔架结构。

白鹤滩水电站缆机施工主要面临以下难点：

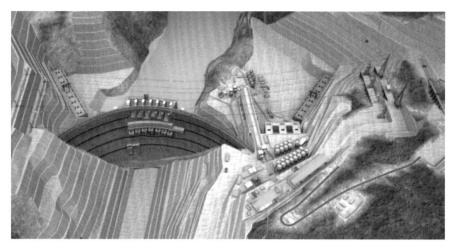

图 7.1-1　白鹤滩水电站缆机群示意

图 7.1-2　白鹤滩水电站缆机群实拍

1. 施工任务重

白鹤滩水电站大坝坝体混凝土浇筑总量约 8 030 000m³，自 2017 年 4 月正式开始浇筑，平均每月计划浇筑量大于 150 000m³，浇筑高峰期平均每月浇筑量超过 220 000m³。混凝土使用缆机吊罐吊运入仓，吊罐容积 9m³，按高峰期浇筑量计算，每台缆机平均每天需吊运 116 罐混凝土入仓。此外，缆机还需承担金属结构吊运安装、辅助设备吊运、材料吊运、协助仓面立模等工作，缆机使用频率高、强度大、任务重。

2. 施工工况多

按缆机小车位置，缆机的运行工况分为正常和非正常工作工况；根据缆机吊物特性，分为混凝土浇筑吊运、零活辅助吊运和抬吊等工况；根据高低线平台，分为高缆、低缆运行和高低缆联合运行等工况；根据缆机运行数量，分为单台缆机运行和多台缆机联合运行等工况。

### 3. 施工风险大

白鹤滩大坝分为 31 个坝段，要按期完成浇筑任务，大部分时间须两仓或三仓同浇。多仓同浇时，为保证混凝土浇筑质量，需 7 台缆机同时配合浇筑。缆机与大坝仓面设备塔吊等辅助的交叉作业，增加了吊罐与塔吊的碰撞风险。峡谷环境下，在缆机运行强度、摆度等方面对操作人员要求高。

### 4. 施工环境复杂

经气象部门统计，白鹤滩区域 7 级以上大风天气达 251 天，气候条件恶劣。7 级以上大风多年平均小时数为 2 317h，其中：7 级风多年平均小时数为 1 308h，8 级风多年平均小时数为 726.6h，9 级风多年平均小时数为 232.8h，10 级风多年平均小时数为 44h，11 级风多年平均小时数为 4h，极端最大风速为 30.2m/s。白鹤滩工程坝址河段，不同位置、不同高程处，风速、风向差异极大，对缆机的安全运行挑战巨大。

综合以上因素，白鹤滩大坝施工缆机运行存在着诸多安全风险，安全风险辨识不全面、管控措施落实不到位、事故隐患排查治理不到位会极大影响大坝施工安全及效率。

## 7.1.2　闭环管理参数

缆机完成一次仓面混凝土运输过程包括稳罐落罐、吊罐受料、重罐运输、仓面卸料、空罐返回等几个环节，具体工艺流程如下。①缆机稳罐落罐：缆机从达到供料平台到完成吊罐对位，落放到收料平台；②缆机吊罐受料：混凝土运输专用车辆向吊罐加料；③缆机重罐运输：缆机从吊罐起吊离开卸料平台至到达仓面卸料位置；④缆机仓面卸料：缆机从到达仓面卸料位置到卸料完成准备离开仓面；⑤缆机空罐返回：缆机从卸料完成准备离开仓面到返回供料平台。

结合白鹤滩水电站缆机的施工流程和作业环节，按照"全面感知、真实分析、实时控制、持续优化"的闭环安全管理理念，缆机安全智能管理各要素分析见表 7.1-1。

表 7.1-1　缆机安全智能管理要素分析

| 安全管理对象 | 缆　　　机 |
| --- | --- |
| 安全管理过程 | 稳罐落罐—吊罐受料—重罐运输—仓面卸料—空罐返回 |
| 全面感知 | 疲劳操作、操作熟练程度、缆机缺陷、设备故障、轴承状态、缆机位置、作业时间、作业轨迹、运行速度、风速、风向、气温、降雨、地震、施工进度、缆机群协调配合、作业排班等 |
| 真实分析 | 分析缆机是否存在碰撞风险、分析缆机作业效率等 |
| 实时控制 | 提醒驾驶员避让、控制缆机负荷、预防疲劳驾驶、预防缆机碰撞等 |
| 持续优化 | 提高作业效率、增加有效作业时间、减少安全事故等 |

## 7.2 管理技术与方法

### 7.2.1 缆机防碰撞技术

#### 1. 缆机防碰撞管理的基本原则

非浇筑作业缆机应主动避让浇筑作业设备；协同作业缆机应主动避让主浇筑缆机；浇筑单仓的缆机主动避让浇筑多仓的缆机；多台缆机浇筑同一仓面并进行条带覆盖时，进度较慢部位的缆机优先进入；卸料点设置警示标志，其他设备禁止进入；高低缆避让时不允许吊重（含空罐）跨越；设备运行前，进行相互之间的通报，明确告知对方设备运行的时间、部位、高程、缆机运行轨迹等信息。具体通报程序见图 7.2-1。

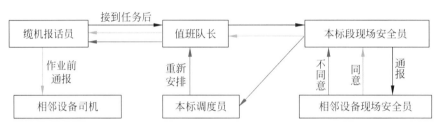

图 7.2-1 缆机防碰撞管理通报程序

#### 2. 缆机检测

缆机的吊钩及小车行走行程检测主要通过缆机自身的编码器获取信息。当缆机吊钩起落和小车行走时，编码器根据卷筒或滑轮转动圈数转化为钢丝绳运行距离，该数据传递到控制系统中后，控制系统将编码器读取的编码数据转换成吊钩高度、小车行走距离等实时参数，反馈到缆机控制系统，并显示在缆机司机室的控制屏幕上。同时在塔机的司机室内的显示屏上也以动画的形式显示区域内各设备的位置和工作状态。各塔机的位置、大臂位置的形态检测通过在每一台塔机上安装 2 个 GPS＋北斗定位仪实现，其中 1 个安装在大臂端部，另一个安装在塔架顶部，用于检测塔机的大臂实时位置。

#### 3. 缆机目标位置保护

通过读取缆机上小车及吊钩的行程检测系统的位置数据，增设缆机前目标位（浇筑仓位目标）和后目标位（上料平台目标）。其中，前目标位包括对小车和吊钩的限速和限位，后目标位对小车进行限位。将前、后目标位作为缆机运行的起点和终点，建立一个吊罐安全运行区。通过程序对目标位设定和限位功能进行联合运行，使缆机运行速度和范围进行标准化、程序化，当吊罐接近限位区时向缆机司机语音播报减速提示或强制减速，缆机对司机及指挥人员的误操作、误指挥拒绝执行，达到了"想误操作都难"的目的，如图 7.2-2 所示。

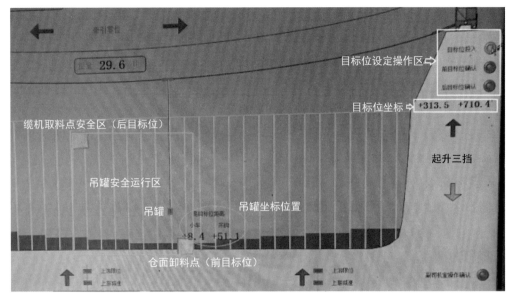

图 7.2-2　安全限位功能人机交互界面示意图

**4. 缆机防碰撞**

研发了缆机与仓面区域塔机防碰撞智能预警系统，避免了缆机和塔机在通报与避让制度出现偏差时缆机及塔机之间发生碰撞，安全得以保障，并为缆机与施工仓面塔机的管理提供了数据支撑，改善了仓面指挥人员全靠肉眼判断缆机与塔机距离的情况。通过建立白鹤滩水电站施工现场三维数学模型，把各防撞设备的位置坐标输入系统；然后通过无线以太网通信收集各防撞设备的动态数据，建立实时的动态模型，系统服务器将收集到的各设备的静态和动态数据进行实时计算与分析，如图 7.2-3 所示。

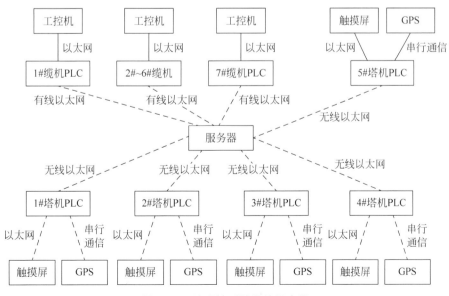

图 7.2-3　防碰撞系统通信示意图

缆机各机构通过绝对值编码器检测位置，同时读取其他缆机的位置信息，建立统一的三维坐标，实现缆机之间的防撞。缆机之间的防碰撞分为：同平台缆机之间的防撞、不同平台缆机之间的防撞、大风条件下缆机之间的防撞。

同平台缆机之间的防撞可通过软件限位和硬件限位实现。软件限位防撞通过编码器读取的位置信息实现缆机大车之间的防撞。控制系统实时读取相邻缆机的三维坐标，计算出缆机的相对位置，根据安全运行要求，自动检测缆机之间的速度和距离，实现相邻缆机之间的防碰撞。为减少位置检测误差，在轨道上每隔40m装有位置校正开关，同时系统根据实时风速给出缆机吊钩之间的防撞预警。硬件限位防撞以限位开关的形式实现缆机之间的防撞。同平台缆机在上下游防撞缓冲器上都装有限位开关，高缆限位距离11m，低缆限位距离13m。当软限位失效时，相邻缆机靠近到极限位置时对应缆机的限位开关启动，缆机急停实现防碰撞。

不同平台缆机之间的防撞是指高平台缆机的吊钩、吊罐、起升绳与低平台缆机的牵引绳、主索、小车、吊罐之间的防撞，以软件限位方式实现。建立三维坐标系，并把不同平台缆机的位置信息转换到同一坐标系中，计算出各台缆机的相对位置，实现正常工作时不同平台缆机之间的减速和限位。当缆机跨越时系统会提示操作人员正在跨越，跨越过程中系统禁止高平台缆机操作起升和牵引机构。操作人员能看到上位机显示的高、低平台缆机的位置数据和模拟位置。

白鹤滩水电站施工现场风季风速较大，为分析大风对缆机安全运行的影响，开展大风对缆机运行影响的实验，并邀请业内专家对白鹤滩大风状态下运行方案进行评审论证，最终以实验成果为基础，结合专家会的评审意见，形成了大风条件下缆机安全运行间距控制标准和对应运行方式要求，如表7.2-1所示。

表 7.2-1　各风速条件下缆机间距控制标准

| 风速 /（m/s） | 吊罐最大摆距 /m | 吊罐平均摆距 /m | 主索摆距 /m | 缆机运行间距 /m |
|---|---|---|---|---|
| ≤ 13.8 | — | — | — | 正常运行 |
| ≤ 17 | 15.38 | 8.45 | 1.1 | ≥ 14.62 |
| ≤ 18 | 15.87 | 8.81 | 1.1 | ≥ 15.20 |
| ≤ 20 | 17.57 | 9.72 | 1.2 | ≥ 16.75 |
| > 20 | 18.25 | 10.32 | 1.5 | 停车避险 |

以每分钟出现3次及以上的峰值风速作为评定风速等级的依据，并据此调整缆机间距。大风条件下浇筑时，吊罐入仓和出仓遵循"低进高出"原则，即入仓时牵引与提升联动，按抛物线轨迹入仓，出仓时应将吊罐垂直提至安全高度，再运行牵引机构，以此保证各缆机在空罐与重罐的运行轨迹错开，达到防碰撞目的。基于缆机轨迹包络图对包含坝区风场、缆机运行轨迹、缆机运行包络图等进行分析，最终为研究缆机安全高效运行服务，分析框架如图7.2-4所示。

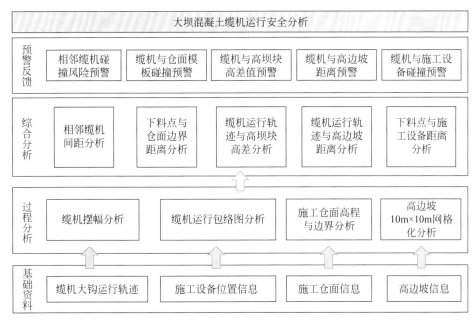

图 7.2-4　缆机运行安全分析框架

基于缆机轨迹监控、吊重、坝区风场等数据，实时计算缆机与相邻缆机、仓面设备、边坡、坝块的相对距离，构建缆机运行吊罐位置包络图分析模型，见图 7.2-5 和图 7.2-6。分析缆机碰撞风险，助力现场缆机运行安全管控，提升缆机运行安全管理水平。

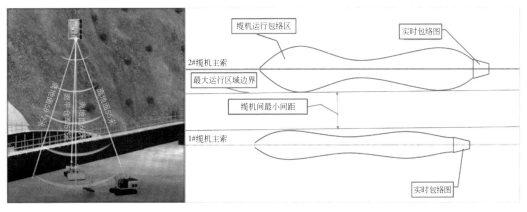

图 7.2-5　缆机运行包络图

基于摆幅与运行包络图基础分析数据，进行缆机碰撞风险分析，包括三个方面：①分析相邻缆机包络图中吊罐的最小间距，进而分析相邻缆机碰撞风险；②基于仓面中的塔机、吊车、平仓机与振捣机等施工机械的位置信息，实时分析缆机吊罐与这些设备的水平与垂直距离，分析缆机与这些施工机械的碰撞风险；③结合左右岸边坡表面坐标信息与高坝块高程信息，实时计算缆机与左右岸边坡、高坝块的最小水平、垂直、直线距离，分析缆机吊罐与左右岸边坡、高坝块的碰撞风险。

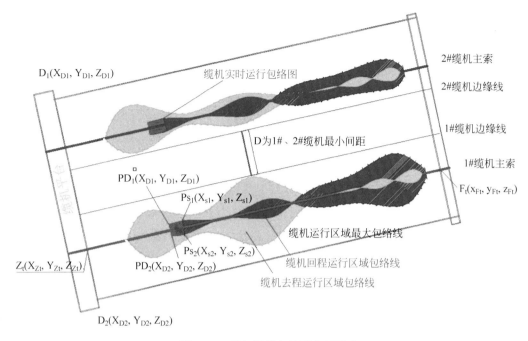

$D_1(X_{D1}, Y_{D1}, Z_{D1})$

缆机实时运行包络图

2#缆机主索

2#缆机边缘线

1#缆机边缘线

D为1#、2#缆机最小间距

$PD_1(X_{D1}, Y_{D1}, Z_{D1})$

1#缆机主索

$F_t(x_{Ft}, y_{Ft}, z_{Ft})$

$Ps_1(X_{s1}, Y_{s1}, Z_{s1})$

缆机运行区域最大包络线

$Ps_2(X_{s2}, Y_{s2}, Z_{s2})$

缆机回程运行区域包络线

$Z_t(X_{Zt}, Y_{Zt}, Z_{Zt})$

$PD_2(X_{D2}, Y_{D2}, Z_{D2})$

缆机去程运行区域包络线

$D_2(X_{D2}, Y_{D2}, Z_{D2})$

图 7.2-6　缆机运行包络图分析示意

## 7.2.2　司机防疲劳技术

疲劳识别仪具有人脸追踪与辨识技术，高效、高准确率的人像检测和脸部特征点跟踪功能（胡鸿志，2010；黄春雨 等，2016）。通过上万个公共数据集的练习，利用大数据深度学习人脸模型，可实现脸部66点追踪，实现如眼部、脸部仰角等关键点的跟踪。系统配置红外辅助装置，在黑暗环境、光线发生变化、面部有遮挡或者图片模糊抖动的时候都可以稳定工作，不受光线、角度、遮挡等影响；通过分析人眼部闭合情况、眼部张开状态和低头的角度，分析操作人员是否疲劳。

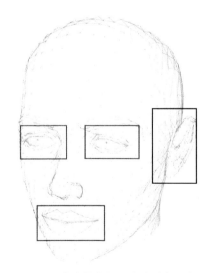

在白鹤滩大坝工程中研发的司机防疲劳技术，提取图像检测人脸，对司机室操作人员眼、口、耳部位进行监测，如图 7.2-7 所示；眼部精确定位，获取眼部特征值对内轮廓进行检测，结合闭眼度与闭眼时间判断是否疲劳操作。测得为闭眼的连续帧数即保存起来，记录 1min 内闭眼的次数。一次闭眼持续 4s 为中度疲劳，一次闭眼持续 5s 为重度疲劳，超过中度则发出疲劳提醒。具体步骤如下。

步骤 1：提取帧图像检测人脸，眼部粗定位进行肤色分割。

图 7.2-7　防疲劳监视系统检测点示意图

步骤 2：眼部精确定位，获取眼部特征值 $K_1$，若 $K_1$ 大于阈值 $T_1$，则进入步骤 3；否则 $K_2 = K_1/2$，count = 0 回到步骤 1，检测下一帧。

步骤 3：提取眼部内轮廓特征值 $K_2$，若 $K_2$ 大于阈值 $T_2$，则进入步骤 4，否则 count = 0，返回步骤 1，检测下一帧。

步骤 4：统计闭眼特征 count = count + 1，当 count 超过阈值且下一帧的闭眼特征消失，保存 count 到 Yawn，Yawn（$i$）= count，count = 0（count 清 0）回到步骤 1。

步骤 5：分析完 5s 内所有图像，计算闭眼特征总数。

步骤 6：计算 Freq 值，超过阈值则发出疲劳提醒。

当操作人员闭眼超过 4s，系统判定为人员疲劳，即发出语音提醒，使操作人员集中注意力，或提醒操作人员申请换班。当操作人员嘴唇动作频率较高，同时耳边有其他物体时，系统判定为操作人员打电话或与旁人长时间交谈，发出语音提醒，使操作人员停止与工作无关事项，集中注意力。当缆机运行时系统检测到操作人员眼、口、低头超过 5s，系统也判定为人员疲劳，发出语音提醒，使操作人员集中注意力，或提醒操作人员申请换班。当缆机未停机时检测到疲劳，只做记录不报警。

## 7.2.3　极端天气缆机预警控制方法

在白鹤滩水电站大坝浇筑时，为了减小大风天气下缆机运行对大坝混凝土浇筑进度、质量、安全的影响，研发极端天气缆机预警控制方法。

### 1. 制定大风预警及预测措施

（1）开展大风影响的生产性试验，制定切实可行的施工方案及措施，保证施工安全、施工质量及工期要求；

（2）在主副塔轨道两侧加密安装大风监测仪器，加强大风天气的预报工作，做好信息的沟通，及时准确传达到管理及操作人员；

（3）在吊罐上安装安全距离感应器，并在周边主要结构物、施工人员、设备上配置相应的安全距离感应器，及时将信息传递给管理人员及现场操作人员，如图 7.2-8 所示；

（4）正在浇筑的仓号内加装摄像头，实现对吊罐摆动情况全方位监控；

（5）大风条件下不允许吊装模板和吊运散装物件，设备等物件吊运均需降速运行；

（6）大风天气以浇筑为主，其他设备（如门机、塔机、吊车）均需给缆机让位；

（7）加装 GPS 定位仪，对大钩摆幅进行检测，并在司机室操作显示屏上实时显示，以便操作司机能及时掌握大钩摆动距离，实时调整相邻两缆机之间距离；

（8）大风条件下缆机运行安全距离参考值是根据风速为 16m/s 时空罐最大摆距 9.69m、平均摆距 7.55m 的试验数据，在上述条件下高缆之间、低缆之间、高低缆之间主索水平间距取平均摆距的 1.5 倍，即 11.3m；根据重罐风速为 20m/s 时最大摆距 9.03m，平均摆距

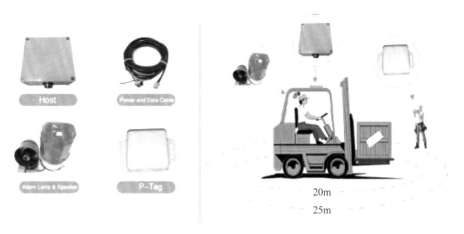

20m
25m

图 7.2-8　无线测距感应报警器

6.81m 的试验数据，在上述条件下高缆之间、低缆之间、高低缆之间主索水平间距取平均摆距的 1.5 倍，即 10.2m。

**2. 制定大风条件下吊罐摆动幅度控制措施**

（1）减少罐体的附着物，减小罐体的受风面积；

（2）制定各岗位大风天气下缆机安全操作规程，提高操作人员操作技能控制摆幅；

（3）吊罐弧门加装自锁装置，防止吊罐吊运过程中异常开启；

（4）根据摆幅位置控制下料速度，防止撒料。

**3. 极大风条件下缆机运行的影响分析及应对措施**

（1）极大风条件下浇筑时大车禁止行走，仓号下料为定点式下料，小车、大钩均降速运行，9 级以上大风缆机停止运行；

（2）小车、大钩及滑轮组均加装防脱装置；

（3）与气象预报预警中心建立沟通机制，密切关注天气变化情况，极大风来临，及时启动相应的应急预案；

（4）在生产办设置大风信息收集和通报岗位，有专人负责接收气象资料和通报大风信息，通报流程见图 7.2-9。

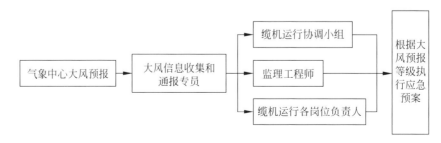

图 7.2-9　大风信息通报流程

#### 4.缆机系统避雷应急措施

缆机电气维护人员遇到雷雨天气，必须在主塔和平衡台车值守，以便迅速采取避雷应急措施。在雷雨来临之前，由当班调度员下达停机避雷指令。缆机操作人员接到避雷停机指令后，当即停止运行（重罐或者重钩情况下均停机）。大雷雨天气时，电气维护、运行及检修当班人员应及时切断电源，并向当班生产调度员通报避雷应急处理情况。

#### 5.大雾情况下缆机吊运应急预案

（1）机车位置相对定好，计算机上的定位相对准确时，及时以 1m/s 速度下落大钩；当报话员看到大钩时方可加速，报话人员在报话时必须加报缆机编号，否则操作人员不准动车；报话员在指挥大钩下落时，必须再次询问缆车司机小车位置，在确定无误后方可指挥，各班队长要及时联系询问各车司机与报话员并进行提示；

（2）吊运零活过多时，塔架与小车位置相对变化较大，所以在每天驾驶完毕后，操作人员应将小车位置修正；当接到零活作业指令后，当班队长应及时通知操作司机，按仓面所定的要求将小车开到指定位置。

#### 6.高温天气人员健康保障措施

白鹤滩水电站地处亚热带季风区，受青藏高原南支西风环流影响，盛行西风环流，天气晴朗干燥；根据白鹤滩气象站 1994—2009 年共 16 年的气象观测资料，多年平均气温为 21.9℃，极端最高气温 42.7℃。由于缆机检修、缆机报话多为露天作业，除受太阳的辐射作用外，还受周围物体的热辐射作用。露天作业中的热辐射强度较高，其作用的持续时间较长，加之中午前后气温升高，又形成高温、热辐射的作业环境，很容易造成人员中暑。应按照国家相关健康要求，做好防暑降温工作，确保施工人员的身体健康和安全生产。

### 7.2.4　缆机混凝土吊运方法

根据缆机的运行规律，缆机混凝土吊运一个循环由以下几分组成。

#### 1.作业前的检查

缆机运行操作属于特种作业的范畴，因此，对于作业前的检查应做到以下几点：

（1）明确工作任务及施工环境；

（2）将操作椅调到符合司机操作习惯的最佳状态；

（3）检查通信设备是否畅通，各部位是否正常，操作手柄是否在零位；

（4）打开计算机显示器，查看各种数据是否正常；

（5）打开钥匙开关，查看各显示灯是否正常，并校正调整好小车的实际位置。

2. 缆机受料

受料的速度直接决定缆机循环时间，尽量缩短自卸车对位、卸料的时间，同时配备足够数量的混凝土运输车，保证缆机落罐后及时受料，且卸料时要有专人指挥。

3. 重罐到浇筑位置

待运料车卸料完毕后，采用 0.1～1m/s 的速度将混凝土罐提升到离地面 1m 左右。然后，小车加速至 7.5～8m/s 向所浇筑的仓号方向行驶。接近浇筑部位时，小车逐渐减挡运行，大钩以 3～3.5m/s 的速度联动下降，小车离所浇筑仓号 90m 时，均匀减速将小车开至浇筑仓号上方，联动操作结束。此时在仓号报话员指挥下，大钩继续下落，当混凝土罐距离所浇仓号位置 70m 时减速到 2.5m/s，距离 40m 时减速到 2m/s，距离 20m 时减速到 1m/s，距离 10m 时减速到 0.5m/s，距离浇筑面 1.5m 时大钩上下降停。

4. 缆机卸料

在报话员指挥下，根据混凝土级配不同，以 0.1～0.5m/s 的下降速度调整大钩高度以使混凝土罐与浇筑面始终保持 1.5m 的高度，直至混凝土料卸完。

5. 空罐返回

当混凝土料卸料完毕后，以 3.5m/s 的速度将混凝土罐提升至可采用联动操作的安全高度，然后采用联动配合操作。当混凝土罐提升至可进入取料位置的安全高度时，大钩减停，联动操作结束。当小车离取料点位置 70m 时，小车减速运行。当小车离取料点位置 30m 时，小车减速至 2m/s 的速度。当小车离取料点位置 10m 时，小车减速到 1m/s，然后逐渐减速接近取料位置，此时再配合大钩联动操作，平稳将空罐落至取料平台，将罐绳放松。小车向副塔行驶 0.5m 停止操作，此时整个空罐返回操作过程结束。

6. 开仓前准备工作

应配备足够数量的混凝土运输车，避免出现缆机等待料车的现象，并提前做好对位工作，保证缆机落罐后及时卸料。缆机重罐运行与空罐运行落罐，要根据仓号的位置及周围障碍物的情况及气象条件，提前设定缆机吊罐的运行轨迹。仓内混凝土卸料指挥人员与仓内报话员及时沟通，提前设置好并告知下一罐料的位置，将缆机的对位时间消化在空罐运行过程中。缆机吊罐入仓后，要求一次将料卸完，避免仓内二次卸料。仓内振捣、平仓设备及仓内施工人员满足缆机浇筑强度的要求，避免因仓内振捣不及时而耽误时间。

## 7.3 管理系统

### 7.3.1 背景目标

为保障缆机作业安全管理的需求，针对缆机作业过程中可能会发生的安全隐患和风险，建立缆机安全管控系统，包括缆机定位监控、防撞安全管理、司机疲劳驾驶预警、目标位置保护等功能，结合大坝施工计划和缆机情况，科学合理安排缆机的运行位置及工作内容。确保缆机的定位合理、准确，工作任务饱满，尽量较少因某一缆机运行位置的变动而影响到整体缆机群的运行。对缆机的作业位置、作业轨迹、作业状况等进行实时数据采集，实现人员、缆机、环境和管理的协同匹配以及缆机安全闭环管理，有效提升缆机安全管理的智能化水平。

### 7.3.2 系统组成

缆机定位监控系统主要由检测设备、定位模块、数据处理模块和控制模块组成。防撞安全管理系统包括：施工设备位置监测、防碰撞服务器、信息交换和人机交互四部分。

#### 1. 施工设备位置监测

通过卫星传感及定位技术，实时获取每台缆机的位置。

#### 2. 防碰撞服务器

防撞系统服务器是整个系统的控制核心，由一套 S-1200 系列 PLC 组成。该 PLC 具有运算速度快、运行稳定、能适应恶劣环境等特点，安装在 1# 缆机的驾驶室。通过卫星定位系统定位出塔机的坐标，将塔机坐标解析成缆机三维坐标，根据运行情况实时监控缆机与塔机干涉点的相对距离，实现缆机与塔机的防碰撞，如图 7.3-1 所示。

#### 3. 信息交换

各防撞设备的位置检测数据通过无线以太网传送到防撞系统服务器，并在上位机模拟显示实时位置。

#### 4. 人机交互

当设备之间出现干涉时，安装在驾驶室内的触摸屏发出断续的声光报警；当有可能碰撞时，发出连续的声光报警，并发出停机指令。当缆机进入与塔机干涉区域时，缆机降速，塔机避让，如塔机不予避让则缆机停止运行，缆机触摸屏界面如图 7.3-2 所示。

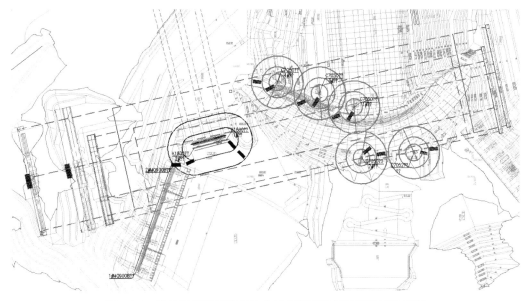

图 7.3-1　缆机运行辐射范围及大坝仓面缆机与塔机干扰示意图

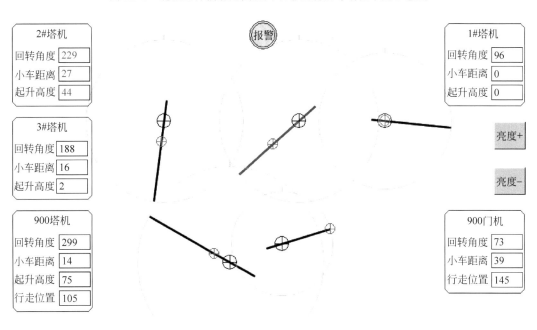

图 7.3-2　缆机触摸屏运行界面

### 7.3.3　系统架构

在每一台塔机上安装 2 个 GPS+ 北斗定位仪，其中 1 个安装在臂架头部，另一个安装在臂架尾部，用于检测塔机的行走位置、回转位置。在系统服务器附近安装 1 个高精度 GPS+ 北斗定位仪，与塔机上安装的 GPS+ 北斗定位仪进行差分定位，利用差分定位，可消除大气层、雾气、温度等因素的影响，精度可达 0.02m，如图 7.3-3 所示。系统硬件配置如表 7.3-1 所示。

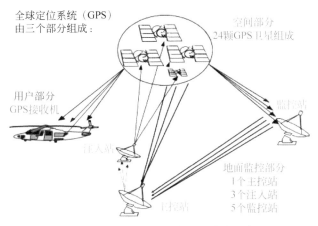

图 7.3-3　缆机防碰撞系统定位功能示意图

表 7.3-1　防碰撞系统硬件配置

| 编号 | 设 备 名 称 | 单位 | 总数量 | 缆机配置数量 | 塔机配置数量 |
|---|---|---|---|---|---|
| 1 | 高精度 GPS 接收机 OEM618BD | 套 | 11 | 1# 缆机驾驶室 1 套 | 5 台塔机每台 2 套 |
| 2 | 无线以太网 MDL-02 | 套 | 6 | 1# 缆机驾驶室 1 套 | 5 台塔机每台 1 套 |
| 3 | 西门子 PLC S7 系列 | 套 | 6 | | 5 台塔机每台 1 套 |
| 4 | 控制箱 | 套 | 6 | 1# 缆机驾驶室 1 套 | 5 台塔机每台 1 套 |
| 5 | 工业交换机 EX-R | 套 | 6 | 1# 缆机驾驶室 1 套 | 5 台塔机每台 1 套 |
| 6 | GPS 位置解算软件 | 套 | 1 | | |
| 7 | 防碰撞解析软件 | 套 | 7 | 每台缆机各 1 套 | |
| 8 | 数据交换软件 | 套 | 1 | | |
| 9 | 显示及记录软件 | 套 | 1 | | |
| 15 | 专用通信 | m | 600 | | 5 台塔机每台 120m |
| 16 | 电缆 YCW-2×1.5 | m | 600 | | 5 台塔机每台 120m |

### 7.3.4　主要功能

通过监视、控制、管理等手段，实现安全操作、危险临界报警、现场实时显示和数据记录保存等功能。当缆机相互位置发生变化，出现交叉作业时，控制模块发出预警。安全风险增大时系统会自动降低缆机的运行速度或停机。同时，运用视频和音频技术实时显示和记录工作状态。在此基础上，可根据工作需要，进一步实现远程传输、远程监控、远程管理、远程服务、数据查询、统计分析等功能。建立基于互联网技术的起重机械安全监控管理远程监控平台，实现远程安全监控。在每个缆机操作室设置指纹上岗识别器和缆机操作视频记录仪，通过数据线连接到缆机运行信息系统。增设缆机辅助吊运录入系统，记录缆机运行的时间和内容，并将数据传输至数字大坝中心。用户可以看到缆机的实时运行信息，更好地为缆机运行提供数据支撑，如图 7.3-4 所示。

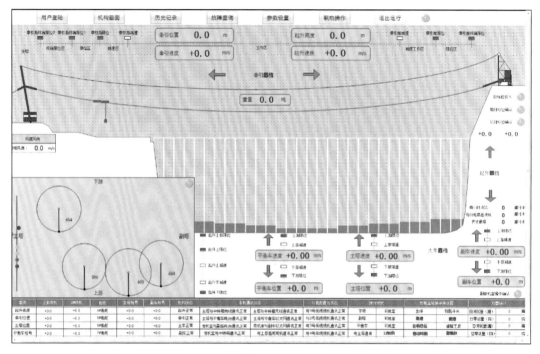

图 7.3-4　缆机显示屏运行界面

缆机运行强度高，连续施工，驾驶员精力高度集中，特别是夜间操作，易造成疲劳现象。开发缆机司机防疲劳监视系统，时刻监视司机精神状态并做好提醒，可有效降低因司机疲劳而引起的安全风险。

操作人员在夜间值班极易疲劳，较多情况下操作人员对自身疲劳状况认识不准确，容易在不经意间困倦。该系统投用后，既保证了缆机操作人员注意力的集中，也为操作人员的精神状态提供了参考，便于操作人员在疲劳时及时调整状态或申请换班，如图 7.3-5 所示。

缆机目标位置保护系统可实现如下功能：

（1）当大坝混凝土仓面浇筑时，对该仓混凝土首次取料点和首次下料点进行定位。以定位坐标点作为起点和终点，设定安全运行限位区，实时显示吊罐与前目标位的水平、垂直距离，如图 7.3-6 所示。

（2）当混凝土吊罐接近限位区时，向缆机驾驶员语音播报减速的提示。驾驶室显示屏上的安全限位区由绿色变为黄色，同时开始闪烁。随着吊罐的缓慢靠近，闪烁频率逐渐加快。当吊罐进入该安全限位区时，向缆机驾驶员语音播报停机的提示，缆机大钩及小车强制减速直至停止。

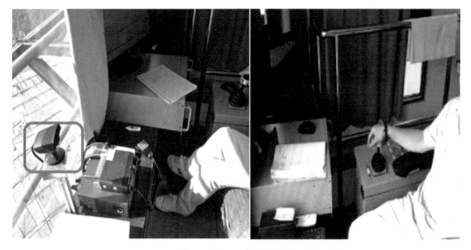

图 7.3-5　基于人脸识别的防疲劳预警系统

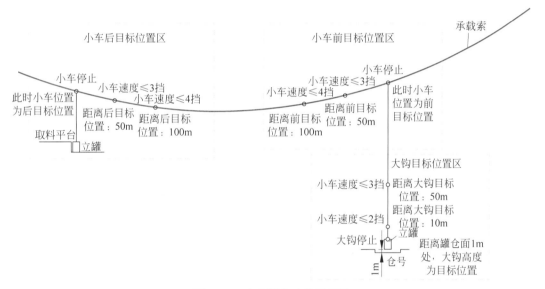

图 7.3-6　安全限位功能示意图

（3）因前目标位和后目标位形成的矩形吊罐安全运行区中，各坝段高度不一，现场模板及施工机具布置情况复杂。为避免在此区域因操作失误造成事故，程序中设定，在距仓面 50m 范围内，重罐时（卸料前）吊钩可正常运行，小车速度限制在 2 挡以内；轻罐时（卸料后）只能运行吊钩，小车被程序锁定限动。当吊钩高度提升至高于 50m，小车限速或限动锁定解除，恢复正常运行状态。

## 7.4　应用效果

缆机防碰撞、目标位置保护、缆机司机防疲劳监视等系统的投入，极大程度地保证了缆机运行的安全。从原有的全依靠肉眼的"主观指挥、主观操作"，到现有的"主动保护，准确指挥，规范操作"，满足白鹤滩工程建设的"安全第一，效率兼顾"的原则，为缆机完成在建世界第一水电工程的任务提供坚实保障。有效降低了操作人员、指挥人员的工作强度，缆机运行安全得以保障，效率方面显著提高。大型缆机群安全运行智能管理实现了对人员、缆机、环境、管理的相互匹配与智能闭环控制。①人员：缆机驾驶员，一旦出现疲劳现象则立即报警，同时人员安全准入系统的配合使用也确保了缆机驾驶员具备安全操作的条件；②缆机：大型缆机群，一旦缆机群中有缆机运行超出安全位置或者与其他交叉作业机械设备等有碰撞风险时，则立即报警；③环境：保证了仓面施工人员、仓面设备、仓面建筑以及缆机综合工作环境的安全，一旦有交叉碰撞的风险，则立即触发报警系统；④管理：组建专业运行团队，全面负责缆机运行维护相关管理工作，同时针对缆机不同运行工况，制定了相应的安全管理制度和应急保障措施。

自缆机防碰撞系统投用以来，缆机与缆机之间未发生碰撞与干扰，缆机与塔机之间预警次数逐步减少，避免了 6 次碰撞风险；目标位置保护系统投用以来，有效地控制了缆机运行区域，有效避免了误操作发生的安全事件，提高了缆机运行效率，未发生因误操作造成的安全事件；防疲劳监控系统投用后，除了实际检测操作人员的疲劳状态，还进一步规范了缆机操作人员的行为。

（1）缆机防碰撞系统投用后，避免了缆机与塔机发生碰撞，安全得以保障，并为缆机与施工仓面塔机的管理提供了数据支撑，改善了仓面指挥人员全靠肉眼判断缆机与塔机距离的情况。在施工设备林立的大坝浇筑仓面，保障了缆机作为大坝混凝土主要浇筑设备的地位，实现了安全优先、兼顾效率的有序管理方式。

（2）缆机驾驶员防疲劳监视，缆机驾驶员在夜间值班极易疲劳，较多情况下对自身疲劳状况了解不准确，容易在不知不觉中困倦，该系统投用后，既保证了驾驶员注意力的集中，也为其精神状态提供了参考，便于其在疲劳时及时调整状态或申请换班。此系统于 2018 年 11 月首先在 1# 缆机试用，经 1 个月试用后效果良好，于 2018 年 12 月在 7 台缆机全面使用，至 2021 年 12 月系统预警提示 210 次，有效地起到了对驾驶员的疲劳提醒和警示作用。

（3）缆机目标位置保护，该系统通过对取料点及卸料点位置进行确认，从而限定了缆机大钩及小车运行范围。对卸料点和取料点进行了安全区域的设定，通过程序对目标位设定和限位功能进行联合运行，使缆机运行速度和范围标准化、程序化。缆机对驾驶员及指挥人员的误操作、误指挥拒绝执行，达到了"想误操作都难"的目的，有效避免了人为误操作和误指挥引起的安全风险，减轻了操作司机的精神压力。该系统于 2017 年 11 月开始研发，2017 年 12 月投入使用，至 2022 年 9 月部分缆机拆除，多次避免了驾驶员"误操作"可能导致的安全事故。且系统运行稳定，使用状况良好。

（4）提升混凝土运输效率，缆机群运行效率有了明显的提升，吊罐的吊运环节平均时间由原 3.09min 减少到 1.51min，平均小时浇筑混凝土的吊罐数由 4.60 罐/h 提高到 7.33 罐/h，最高达 8.87 罐 /h，效率平均提升 23.8%，平均利用率超过 70%，缆机使用高峰期月平均利用率达到 86%。2019—2020 年白鹤滩大坝浇筑高峰期，单台缆机的浇筑效率基本稳定在 10 罐 /h 左右。2018 年 10 月—2021 年 4 月，缆机运行效率如图 7.4-1 所示。

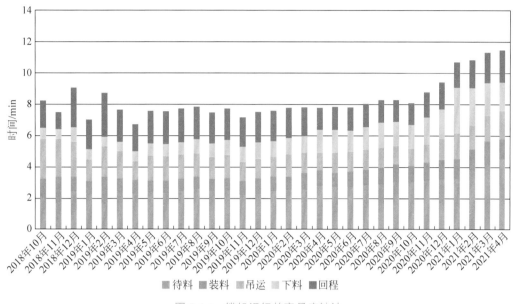

图 7.4-1 缆机运行效率月度统计

# 第8章 环境安全智能管理

水电工程大多分布在偏远的高山峡谷地区,施工过程面临复杂的环境挑战,如有害气体、液氨、泥石流、地下通风、围岩支护等。准确识别施工现场面临的各类环境安全要素,按照"全面感知、真实分析、实时控制、持续优化"的闭环安全管理控制理念,对各要素的特点及管控措施进行分析。结合传感器、视频监控等智能技术,提出不同安全要素的智能管理系统,如泥石流监测预警系统、地下洞室群通风散烟系统、围岩支护控制预警系统等。这些系统的开发和成功应用,极大提高了水电工程环境安全管理的智能化水平,并在白鹤滩水电站取得了较好的应用效益。

## 8.1 管理难点及要素

### 8.1.1 管理难点

大型水电工程一般位于深山峡谷地区和高地震烈度区,水文、地质、地形条件复杂,气候和生态环境挑战大(郑琳,2014)。我国西南水电工程所在地多为干热河谷地带,区域内气候炎热少雨,水土流失,生态脆弱,寒、旱、风等自然灾害突出(陈浩 等,2019)。环境安全管理难点主要包括:

(1)泥石流、洪水等自然灾害对工程施工的影响。水电站坝址近场区地质条件复杂,极端气候突出,河流水系发达,大多支沟在地质历史上都曾发生过泥石流,部分沟道还经常面临泥石流活动依旧活跃,泥石流灾害会对当地居民的生命财产构成严重威胁,并制约着社会经济的发展(罗龙海 等,2019)。

(2)金沙江下游的 4 座巨型电站的地下厂房系统洞室均具有水文地质环境复杂、洞室群布置紧凑、跨度大、边墙高、工作环境恶劣、安全风险高等特点,如表 8.1-1 和表 8.1-2 所示(樊启祥 等,2020,2022)。乌东德主厂房开挖高度 89.8m,世界第一;白鹤滩主厂房顶拱跨度 34m,世界最大;溪洛渡两岸地下厂房顶拱跨度 31.9m、高 75.6m、长 439.7m,

规模世界第一；向家坝地下厂房跨度仅次于白鹤滩。

表 8.1-1　金沙江下游梯级水电站主要地质背景及运行环境特征

| 名称 | 区域地质构造 | 地震基本烈度 | 地层岩性 | 主要岩石力学问题 | 运行环境特征 | | | |
|------|------|------|------|------|------|------|------|------|
| | | | | | 坝高/m | 边坡高度/m | 泄洪功率/MW | 主厂房尺寸/m（长 × 高 × 跨度） |
| 向家坝 | 扬子准地台四川台坳川中台拱的南部 | Ⅶ | 三叠系厚层中粗粒砂岩，细、粉砂岩，泥岩 | 缓倾角岩层大跨度地下洞室开挖过程顶拱围岩稳定问题；软弱泥岩夹层，膝状挠曲核部破碎带，含煤地层等影响下的围岩稳定问题 | 162 | 240～290 | 42 000 | 255.4 × 85.2 × 33.4 |
| 溪洛渡 | 扬子台褶带 | Ⅷ | 二叠系玄武岩 | 岩流层层间及层内错动带影响洞室围岩稳定；裂隙岩体渗流问题；动荷载作用下洞室群围岩稳定问题 | 285.5 | 350～490 | 98 300 | 439.74 × 75.6 × 31.9 |
| 白鹤滩 | 上扬子台褶带与康滇地轴过渡带 | Ⅷ | 二叠系玄武岩 | 柱状节理玄武岩高应力下脆性破坏、破裂松弛问题，左岸深部长大卸荷拉裂隙，层间层内错动带张剪变形破坏问题 | 289 | 600～800 | 90 000 | 438 × 88.7 × 34 |
| 乌东德 | 川滇菱形地块 | Ⅶ | 前震旦系厚层灰岩、大理岩、白云岩等 | 层面小夹角洞室高边墙稳定，局部剪切带、顺层断层、顺层溶蚀等强度弱化区稳定，洞群交叉部位稳定 | 270 | 830～1 036 | 53 000 | 333 × 89.8 × 32.5 |

表 8.1-2　金沙江下游四座梯级电站工程特性及关键技术

| 工　程 | 主　要　指　标 | 关键技术与管理问题 |
|------|------|------|
| 高陡边坡 | 天然边坡高一般 500m 以上，白鹤滩右岸 700m，乌东德左岸最大 1036m；工程开挖边坡高 500m 左右，上部自然边坡 300～500m | 天然高陡边坡地质勘探、高陡边坡地震动力响应、泄洪雾化环境下高陡边坡综合治理措施、高排架全天候施工安全监控、高陡边坡稳定个性化综合治理等 |
| 300m 级特高拱坝 | 300m 级高坝；基本烈度为 7～8 度；白鹤滩地震动加速度最大，达设计 451gal、校核 534gal | 高地震烈度下特高坝抗震安全、大流量高水头坝身泄洪安全、大体积混凝土温控防裂、复杂水文地质条件坝基基础处理、大坝区谷幅变形机理与安全分析。重点做好混凝土温控防裂、坝坝结构全过程性态安全、拱坝基础防渗帷幕质量、岩体精细开挖等四大问题 |

续表

| 工　程 | 主要指标 | 关键技术与管理问题 |
|---|---|---|
| 高流速大泄量岸边泄洪洞 | 溪洛渡最大泄洪流量达 48 926m³/s、功率近 10⁸kW；最大流速一般在 40～50m/s，溪洛渡泄洪洞达 50m/s | 高水头大泄量高流速泄洪洞群集中布置、大断面高速水流掺气防空化空蚀、泄洪雾化冲刷、高标号衬砌水工混凝土温控防裂、高流速过流面体型精确控制、大尺寸大吨位高启闭力弧门制造安装 |
| 巨型机组特大地下厂房洞室群 | 单机容量 770～1000MW，白鹤滩水电站单机 1000MW；地下厂房最大跨度均超过 30m、最大高度超 75m，乌东德厂房最大高度达 89.8m，白鹤滩最大跨度达 34m；1km 范围内数百条纵横交错的平洞、竖井、斜井相互关联 | 近坝库岸地下厂房系统布置、高地应力与复杂地质条件下大跨度高边墙洞室群围岩稳定、大埋深长隧洞多洞室群通风散烟、有毒有害气体环境下建设运行安全；800MPa 高强度蜗壳、700MPa 级磁片，高性能铸锻件，大电流、高绝缘、高电压电气设备等关键技术难题 |
| 移民搬迁安置 | 川滇两省界河，约 32 万移民，移民安置与地方经济社会发展诉求强烈紧迫，扶贫任务艰巨。水电资源开发成果共享体制，两省移民发展及地方经济协调发展利益机制等问题 | 土地容量有限的农村移民多渠道安置方式问题，移民政策与利益相关者发展诉求的协调决策机制，移民发展及地方经济社会协调发展的利益机制，移民安置规划与新农村、新集镇相结合的创新机制 |
| 生态环境保护 | 长江上游珍稀特有鱼类保护区、泄洪雾化减免技术、环保三同时落实机制；标准高、要求严是在高坝大库建设中坚持生态优先、环境友好的标准，严格科学主动落实生态环保措施，建设绿色水电 | 流域梯级综合性累积性环境问题如低温水、气体过饱和、水生生物连通性技术；枢纽布置、工程结构及水库调度的生态优先的绿色水电建设技术（如叠梁门分层取水措施）；大坝、机组及泄洪洞的组合运用技术（如生态调度）；水土保持技术、建设期环境保护生产废水、植物恢复技术 |

（3）大型水电站地下洞室群规模巨大，隧洞纵横交错，开挖相互干扰，洞室间重分布应力场叠加易引起塑性区扩展、贯通，强开挖扰动下洞室群易出现时空联动变形破坏，层间错动带更加剧了洞群效应影响。如白鹤滩尾水管检修闸门室下部开挖引起了厂房和主变室围岩变形联动变化，大跨度厂房洞室开挖诱发相邻小洞室围岩强烈响应与局部破坏，主变室开挖完成后，厂房开挖引起主变围岩变形缓慢增长等。

（4）水电站地下洞室群自然通风通道少，空气置换通道长，施工期开挖支护钻孔、爆破、焊接作业频繁，大型设备尾气排放量大，通风散烟矛盾非常突出。以白鹤滩水电站为例，受高地应力、硬脆玄武岩、大型层间层内错动带等不良地质条件及洞室群规模共同影响，地下洞室群开挖支护过程中围岩局部大变形、岩爆、片帮及松弛垮塌等安全隐患突出。

（5）施工区也存在较大的环境安全隐患，如氨的储存和运输，通常将气态的氨气通过加压或冷却得到液态氨。液氨，又称为无水氨，是一种无色液体，有强烈刺激性气味。液氨在工业上应用广泛，水利水电工程行业主要利于其物理特性，即吸热性能良好，广泛应用于制冷领域，是预冷混凝土生产常用的制冷剂。其具有易燃、易爆、有毒、有腐蚀性等特性，当发生泄漏会造成人员中毒、灼伤及爆炸等安全事故。

## 8.1.2　闭环管理参数

针对大型水电工程环境安全管理的难点，结合白鹤滩工程实践，按照智能安全闭环控制理论，总结环境安全管理要素如表 8.1-3 所示。

表 8.1-3　环境安全智能管理要素分析

| 管理对象 | 泥石流 | 通风散烟 | 围岩支护 | 液氨 |
|---|---|---|---|---|
| 全面感知 | 降雨量、孔隙水压力、泥位、振动等 | 风量、风压、粉尘、烟雾浓度、氧气含量、风扇运转状态、爆破污染物（$CO_2$、$CO$、$N_xO_x$ 等） | 裂缝分布及发展情况、位移变形值、应力值等 | 液氨的压力、温度、流速、物理状态、操作规范、周边环境等 |
| 真实分析 | 地震动参数与泥石流发生时间和规模的定量关系等 | 施工烟雾、粉尘的消散情况，洞室空气质量、通风效果等 | 围岩支护效果，围岩变形趋势预测、围岩变形机理等 | 液氨泄漏风险，处置结果是否及时有效等 |
| 实时控制 | 泥石流发生提前预警，提前转移人员、设备，对周边交通实行警戒，保障人员和设备安全 | 对通风效果的分析，为洞室开挖作业提供保障 | 对支护不及时的围岩进行预警，将支护结果及时反馈 | 若监测到液氨泄漏，及时疏散施工人员，并启动应急措施 |
| 持续优化 | 降低泥石流灾害带来的损失 | 改善洞室供风条件 | 优化围岩支护工艺、掌握围岩破坏机理 | 实现液氨运输—储存—使用的全流程管理 |

# 8.2　泥石流安全风险管控

## 8.2.1　管理技术与方法

结合基础调查、成灾指标研究，揭示地震、极端气候和人类活动等内外动力对水电工程泥石流灾害的综合控制机制。针对水电工程区域内的泥石流灾害，通过对影响研究区泥石流的有效地震事件进行统计与分析，研究地震动参数（主要为有效峰值加速度 EPA）与泥石流发生时间和规模的定量关系。通过对研究区干旱事件的统计与分析，建立干旱指标、暴雨指标与泥石流发生时间和规模的定量关系。总结分析物源砾石土颗粒组成对泥石流启动的影响机制、松裸黏性土体失稳启动泥石流的力学机理。在泥石流暴发前的地震活动与极端气候和人类活动背景研究基础上，揭示内外动力联合控制水电工程泥石流灾害的机制。

## 8.2.2　管理系统

以白鹤滩水电站泥石流监测预警系统为例，坝址区其排查出的主要灾害性泥石流沟共有 9 条，其中规模及危害最大的泥石流沟为大寨沟、矮子沟，如发生泥石流将危及施工区范围内的人民生命和财产安全，对工程建设造成危害及不良影响。为保障人民生命和工程建设安全，针对性采取了多种工程治理措施，如拦挡坝、排水洞、排水明沟等，以消减、降低泥石流带来的损害，同时为能实时监控泥石流发生情况，并及时预警预报，在大寨沟、矮子沟开展了泥石流监测预警系统的研究工作。

泥石流监测预警系统主要包括三个部分：

第一部分数据采集，主要任务是采集处理现场的雨量和泥位、孔压等监测数据。

第二部分数据传输，是将现场数据通过有效的通信方式将数据传回。

第三部分监测预警平台及预警系统，也即数据中心，通过对监测现场传回的数据进行存储、分析，通过对灾害发生阈值进行对比，进而按灾害预报等级对泥石流灾害发出警报。

数据采集主要任务是将现场的雨量和泥位、孔压等采集处理。其中矮子沟包括雨量监测站 5 个、泥位监测站 2 个、孔隙水压力及含水量监测站 1 个、振动监测站 1 个；大寨沟包括雨量监测站 3 个、泥位监测站 2 个、孔隙水压力及含水量监测站 1 个、振动监测站 1 个，共完成 16 个站点建设工作，如图 8.2-1 所示。

图 8.2-1　矮子沟雨量及泥位站示意图

根据不同沟道条件应对不同设备要求，采用北斗通信卫星以及 GPRS 无线通信两种方式实现数据传输。监测预警平台及预警系统主要组成有计算机硬件系统、计算机软件系统、预警设备及通信系统。数据中心建设在白鹤滩水电站建设管理中心，同时在三峡集团成都基地建立分中心，并通过网络与中国科学院成都山地所监测预警平台相连接，实现数据共享和技术支持。

白鹤滩工区泥石流监测系统共 16 个监测站点（8 个雨量监测站，4 个泥位监测站，2 个孔压含水监测站，2 个振动监测站）的监测数据均可在系统上查询到，如图 8.2-2 所示。

泥石流预警系统功能主要有四项：报表查询、预警信息、设备状态、系统管理。

### 1. 报表查询

报表查询功能主要查询雨情、含水率、泥位、孔压及振动等实时监测数据，同时以曲线图及数据列表两种方式显示指定测站某段时间的监测成果，如图 8.2-3 所示。

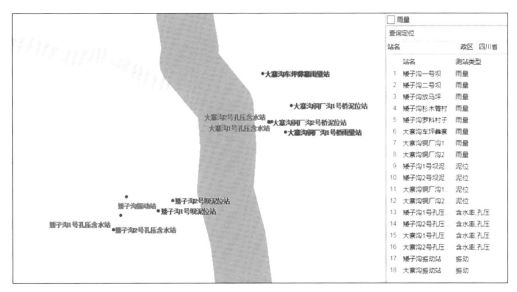

图 8.2-2　系统主界面

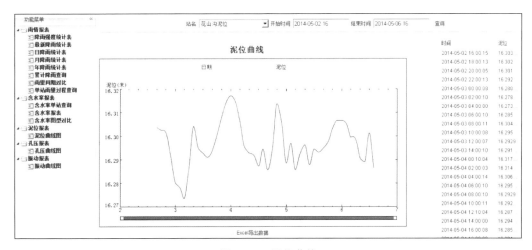

图 8.2-3　泥位曲线

### 2. 预警信息

根据不同站点对雨量、泥位、孔隙水压力、含水率等参数的报警规则，来编辑预警短信的接收人员名单。当雨量和泥位监测值达到预警阈值时，系统会自动响铃报警，并将测站名称及预警级别显示在报警列表，同时报警测站将在地图中高亮闪烁定位显示，如图 8.2-4 所示。

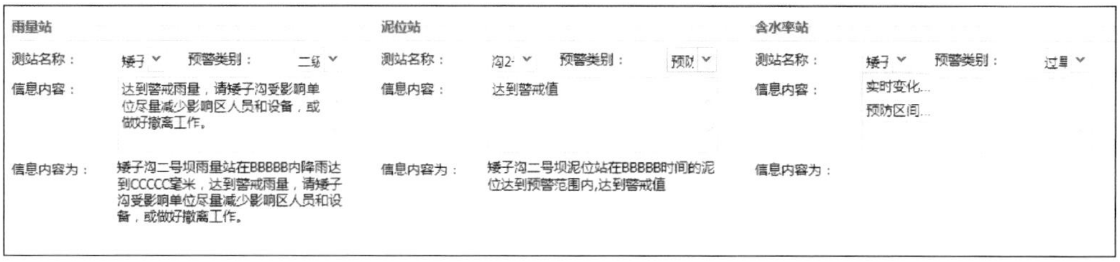

| 雨量站 | | 泥位站 | | 含水率站 | |
|---|---|---|---|---|---|
| 测站名称: 矮子 ∨ | 预警类别: 二级 ∨ | 测站名称: 沟2- ∨ | 预警类别: 预报 ∨ | 测站名称: 矮子 ∨ | 预警类别: 过量 ∨ |
| 信息内容: 达到警戒雨量,请矮子沟受影响单位尽量减少影响区人员和设备,或做好撤离工作。 | | 信息内容: 达到警戒值 | | 信息内容: 实时变化…<br>预防区间… | |
| 信息内容为: 矮子沟二号坝雨量站在BBBBB内降雨达到CCCCC毫米,达到警戒雨量,请矮子沟受影响单位尽量减少影响区人员和设备,或做好撤离工作。 | | 信息内容为: 矮子沟二号坝泥位站在BBBBB时间的泥位达到预警范围内,达到警戒值 | | 信息内容为: | |

图 8.2-4 报警短信配置

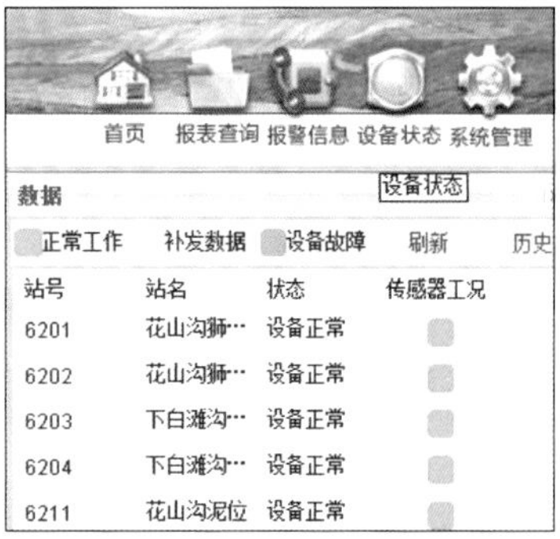

图 8.2-5 设备状态工作列表

### 3. 设备状态

设备状态功能主要是显示测站当前工作状态相关信息,及对单站设备的历史运行状况进行详细查询,如图 8.2-5 所示。

### 4. 系统管理

系统管理主要包括菜单管理、组织结构管理、角色管理及授权、用户管理及日志管理等,如图 8.2-6 所示。

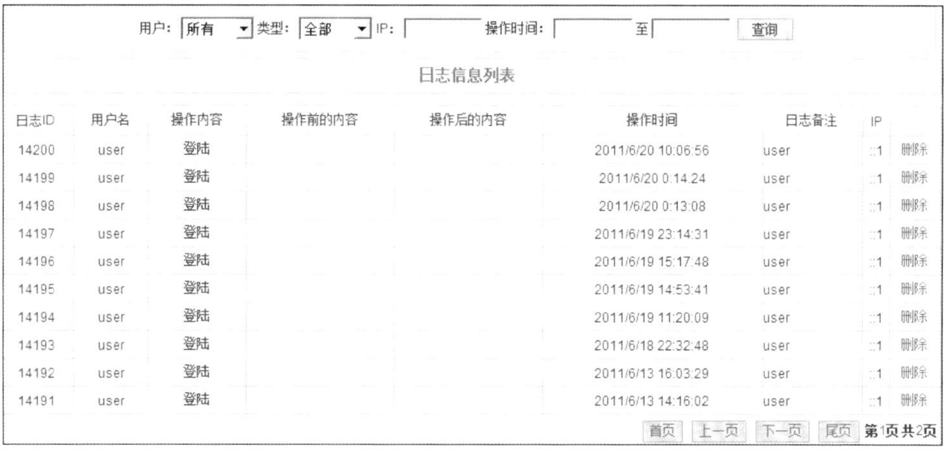

| 用户: 所有 ▼ | 类型: 全部 ▼ | IP: | 操作时间: | 至 | 查询 |
|---|---|---|---|---|---|

日志信息列表

| 日志ID | 用户名 | 操作内容 | 操作前的内容 | 操作后的内容 | 操作时间 | 日志备注 | IP | |
|---|---|---|---|---|---|---|---|---|
| 14200 | user | 登陆 | | | 2011/6/20 10:06:56 | user | ::1 | 删除 |
| 14199 | user | 登陆 | | | 2011/6/20 0:14:24 | user | ::1 | 删除 |
| 14198 | user | 登陆 | | | 2011/6/20 0:13:08 | user | ::1 | 删除 |
| 14197 | user | 登陆 | | | 2011/6/19 23:14:31 | user | ::1 | 删除 |
| 14196 | user | 登陆 | | | 2011/6/19 15:17:48 | user | ::1 | 删除 |
| 14195 | user | 登陆 | | | 2011/6/19 14:53:41 | user | ::1 | 删除 |
| 14194 | user | 登陆 | | | 2011/6/19 11:20:09 | user | ::1 | 删除 |
| 14193 | user | 登陆 | | | 2011/6/18 22:32:48 | user | ::1 | 删除 |
| 14192 | user | 登陆 | | | 2011/6/13 16:03:29 | user | ::1 | 删除 |
| 14191 | user | 登陆 | | | 2011/6/13 14:16:02 | user | ::1 | 删除 |

首页 上一页 下一页 尾页 第1页共2页

图 8.2-6 日志管理

## 8.2.3 应用效果

白鹤滩泥石流监测预警系统在工程建设期实现了泥石流实时监测监控,预警信息的及时发布,有效地为泥石流沟下游影响区域的工程建设提供了适当的安全保障。泥石流监测预警系统是泥石流防治工作的有效创新,有利于泥石流早发现、早预警,确保人民生命财产健康安全,具有重大的社会价值。

泥石流预警系统针对各个具体站点的雨量、泥位、孔隙水压力、含水率等参数设置报警规则并编辑预警短信的接收人员名单。在泥石流预警系统整个运行期间,发布预警信息

7000 多人次，见图 8.2-7。

| 发送状态 | 发送时间 | 短信内容 |
|---|---|---|
| 发送成功 | 2017/9/28 2:09:10 | 大寨沟铜厂沟2号桥雨量站在1小时内降雨达到20.4毫米，达到 |
| 发送成功 | 2017/9/28 2:09:10 | 大寨沟车坪寨雨量站在10分钟内降雨达到9.0毫米，达到临 |
| 发送成功 | 2017/9/28 2:09:10 | 大寨沟车坪寨雨量站在10分钟内降雨达到10.0毫米，达到临 |
| 发送成功 | 2017/9/28 2:09:10 | 大寨沟车坪寨雨量站在10分钟内降雨达到14.4毫米，达到临 |
| 发送成功 | 2017/9/28 2:09:10 | 大寨沟车坪寨雨量站在1小时内降雨达到21.9毫米，达到临 |
| 发送成功 | 2017/9/28 2:09:10 | 大寨沟车坪寨雨量站在1小时内降雨达到67.0毫米，达到累 |
| 发送成功 | 2017/9/28 2:09:10 | 大寨沟车坪寨雨量站在1小时内降雨达到20.6毫米，达到临 |
| 发送成功 | 2017/9/28 2:09:03 | 大寨沟车坪寨雨量站在1小时内降雨达到20.6毫米，达到临 |
| 发送成功 | 2017/9/28 2:09:03 | 大寨沟车坪寨雨量站在1小时内降雨达到67.0毫米，达到累 |
| 发送成功 | 2017/9/28 2:09:03 | 大寨沟车坪寨雨量站在1小时内降雨达到21.9毫米，达到临 |

图 8.2-7　历史短信报警记录界面

## 8.3　围岩变形支护预警及管理

### 8.3.1　管理技术与方法

从生产效益考虑，施工单位为防止在施工组织安排上"重开挖，轻支护"思想导致了开挖部位坍塌及掉块现象。为了保证锚喷支护及时跟进，督促施工单位及时进行支护施工，确保洞室群施工安全；同时，减少现场管理人员工作量、避免人为经验尺度不统一的影响，有必要利用智能化装备、系统及技术（姚添智 等，2021）。通过信息化技术建立支护自动预警控制系统，实现对所开挖洞群的支护情况实时监控和自动预警，及时准确地提醒工程管理人员及时组织支护施工。因此，遵循闭环安全管理的理念，白鹤滩水电站地下洞室围岩智能支护遵循"认识围岩 - 利用围岩 - 保护围岩 - 监测反馈"的工作方法，如图 8.3-1 所示。

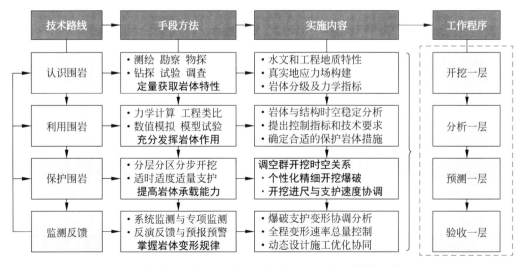

图 8.3-1　"认识围岩 - 利用围岩 - 保护围岩 - 监测反馈"工作方法

（1）认识围岩是围岩支护的基础，对现有测绘、勘察、物探等机械设备进行智能化升级，研发凿岩、钻探等地下洞室智能施工设备；通过测绘、勘察、物探等手段对支护及附近区域的地质条件进行全面了解，包括水文条件、工程地质缺陷等；开发动态感知和实时传输围岩物理特征的智能技术，快速完成洞室地质编录、围岩状态精细化感知。

（2）利用围岩要保证围岩完整性，结合地质数据围岩级别、埋深、岩石类型、施工水平等参数及隧道设计参数数据库，采用设计参数智能匹配推荐及校核优化算法，开发复杂地质条件围岩支护参数智能优选系统；建立模拟仿真分析设计系统，实现地下洞室群开挖及支护定制化、智能化设计；最终，结合理论计算、数值模拟、模型及现场试验等方法充分发挥岩体自身承载作用，在满足施工期爆破开挖以及运行期安全稳定的需要的同时，充分发挥围岩自身承载能力，确保安全的同时节约大量资金和工期。

（3）保护围岩的重点在于整体施工设计和关键区域处理两个方面，基于"认识围岩 - 利用围岩"两个环节，在人机协调、自主学习的智能装备支撑下，研究开挖及支护优化技术，在既定的时空范围内通过功能互补的智能施工装备完成开挖及支护工艺智能操作，切实保证地下工程围岩的安全与稳定。

（4）监测反馈环节通过建立基于开挖 - 支护 - 变形的精细深埋长大隧洞信息反馈数值模型，结合安全监测信息、智能优化算法、高精度数值模拟等方法，实现地下洞室群岩体力学参数智能动态反演；开展开挖过程中地下工程围岩的整体与局部稳定性分析，基于安全监测数据，通过数据挖掘、机器学习等人工智能算法预测洞室变形趋势等安全稳定状态；采用围岩劣化折减法等方法确定洞室群不同开挖阶段、不同开挖部位的安全预警标准，提出一套适用于地下洞室群围岩稳定安全动态反馈预警的体系和方法，实现洞室安全的动态预警与反馈控制。

具体实施中，按照开挖一层、分析一层、预测一层、验收一层的工作程序，成立了分层开挖监测成果分析和阶段验收专家组，通过分层专项验收把关与技术咨询、动态试验检测体系、现场试验检测管理系统、爆破开挖动态监测与反馈信息系统、施工期安全监测自动化与管理信息系统、支护自动预警控制系统等共同组成的地下洞室群建造和管理一体化技术体系，对建造过程中地下洞室群监测数据和问题及时反馈建设各方，按照如图 8.3-2 所示的技术路线图开展全程跟踪的反馈分析工作，以便于动态调整各项措施，为玄武岩洞室群围岩时空变形全过程调控技术与方法的实施提供支持。

## 8.3.2　管理系统

白鹤滩水电站不仅具有庞大的地下洞室群，还受到高地应力及柱状节理地质条件影响。主副厂房、主变室等多个大型洞室在开挖过程中经常出现严重的岩爆、片帮、围岩

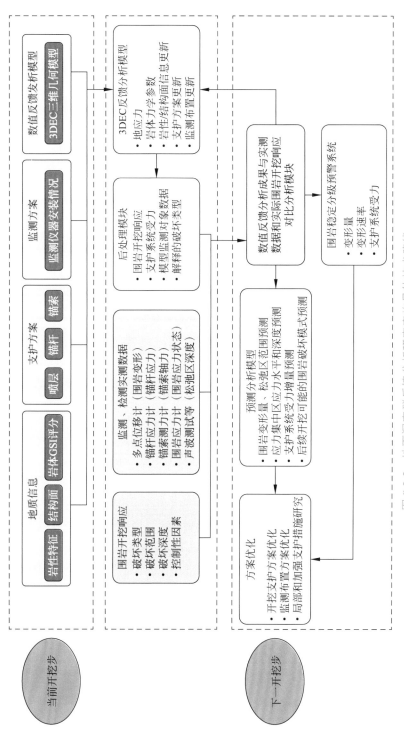

图 8.3-2  地下洞室群反馈分析研究实施具体技术路线

变形及松弛垮塌等危险现象，安全隐患突出。因此，为进一步提高地下洞室开挖、支护施工安全性，确保人员生命及财产安全，建立开挖支护全过程的安全监测、支护预警与不良地质预警机制，开发围岩支护预警系统，并在地下洞室开挖支护过程中成功应用。系统以提前感知、动态分析、及时控制、保证安全为原则，形成监测、科研、设计、管理和施工一体化的反馈分析体系。结合科研计算分析成果，提出围岩安全监测管理标准，如表 8.3-1 所示。当地下洞室群安全监测数据变化达到"预警 / 危险"等级时，发出预警，加密观测，并分析数据，查找原因，制定措施。

表 8.3-1　围岩安全监测管理标准

| 左岸厂房第Ⅵ层开挖围岩稳定管理标准值 | | | | | | | |
|---|---|---|---|---|---|---|---|
| 部　位 | 安　全　等　级 | | 预　警　等　级 | | 危　险　等　级 | | 备　　注 |
| | 变形增量 $\Delta$/mm | 变形速率 $\delta$/（mm/d） | 变形增量 $\Delta$/mm | 变形速率 $\delta$/（mm/d） | 变形增量 $\Delta$/mm | 变形速率 $\delta$/（mm/d） | |
| 顶拱 | ≤3 | ≤0.2 | 3<$\Delta$<8 | 0.2<$\delta$<0.4 | ≥8 | ≥0.4 | 表中变形速率指开挖爆破卸载 24h 后，每 7d 内的平均变形速率 |
| 上游边墙 | ≤15 | ≤0.3 | 15<$\Delta$<25 | 0.3<$\delta$<1.0 | ≥25 | ≥1.0 | |
| 下游边墙 | ≤25 | ≤0.3 | 25<$\Delta$<35 | 0.3<$\delta$<1.0 | ≥35 | ≥1.0 | |

从监测数据采集、预警预报、反馈分析和动态设计四个方面对地下工程的各个部位进行全过程的安全监测（图 8.3-3）。形成了一套从仪器埋设、数据采集、预警预报、反馈分析、动态设计的施工期全过程安全监测管理及预警体系，起到了工程安全的眼睛和哨兵的作用；对关键部位采用自动化监测技术，实现实时监控，并自动发出预警信息，及时指导施工；根据各建筑物的设计参数，结合地质情况和现场施工要求，分部位确定适宜的预警指标。

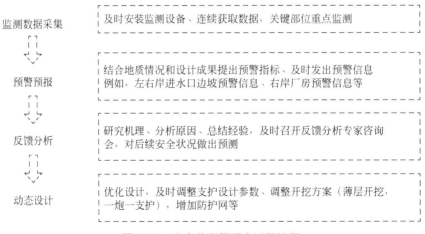

图 8.3-3　安全监测管理全过程流程

同时，考虑到白鹤滩地下工程洞室群总长超过 200km，交错布置且地质条件复杂，开发了地下工程支护预警系统。如图 8.3-4 所示，根据每日录入的开挖、支护进度数据和预先设置的支护预警距离，由系统自动判别支护跟进距离是否满足设计要求，并对支护滞后工作面发出预警，管理人员根据预警机制发出的预警信息采取相应的措施，督促支护跟进。可见，支护预警系统在施工安全、施工质量、施工进度、投入成本、信息传递效率等方面都具有一定的优势。在支护预警系统运行中，由人工定期将各洞室开挖支护数据输入 Excel 表格，其他过程全部交由系统自动完成，减少了人力投入。支护预警系统将人工输入的数据根据设定的预警判定标准处理后得到各洞室的开挖支护情况，若支护符合安全要求，则将开挖支护报表上传网站，供参建各方随时查看现场施工状况；若支护不符合安全要求，则系统会将红色危险预警信号发布到网站上，并在报表中显示支护滞后具体部位及距离，提醒施工单位停止开挖，及时进行洞室支护施工。在较多洞室同时开挖的情况下，支护预警系统也能够保证所有洞室的开挖支护情况受到持续监控，能够快捷准确地通过网络的方式将开挖支护信息传递给参建各方，使之在办公室也能及时了解现场施工动态。根据预警信息，参建各方能够及时下达支护跟进指令，保证洞室开挖安全。

| 金沙江白鹤滩水电站左岸地下厂房工程支护预警系统（BHT/0416、0416-1） | | |
| --- | --- | --- |
| 返回主页 | 更新时间： | 2015-7-11 10:22 |
| 部位 | 预警显示（支护预警判定标准说明） | |
| | 初喷混凝土 | 系统锚杆支护 |
| 主厂房 | 初喷已跟进 | 系统锚杆已跟进 |
| 主变室 | 初喷已跟进 | 系统锚杆已跟进 |
| 尾水管检修闸门室 | 初喷已跟进 | 系统锚杆已跟进 |
| 尾水调压室 | 初喷已跟进 | 有1个工作面系统锚杆滞后 |
| 尾水管 | | |
| 尾水隧洞 | 初喷已跟进 | 系统锚杆已跟进 |
| 施工支洞 | 初喷已跟进 | 系统锚杆已跟进 |
| 交通洞 | 初喷已跟进 | 系统锚杆已跟进 |
| 出线竖井 | | |
| 排风竖井 | | |
| 进风竖井 | 初喷已跟进 | 系统锚杆已跟进 |
| 置换洞 | 初喷已跟进 | 系统锚杆已跟进 |
| 进口明挖支护 | | 系统支护已跟进 |

图 8.3-4　支护自动预警控制系统二级界面

此外，建立了如图 8.3-5 所示的安全监测管理及预警体系，通过自动化数据管理软件对监测数据进行初步整编，将有效数据自动发送到白鹤滩安全监测管理系统，系统内预警预报模块对数据进行预警分析判断，对达到预警等级的监测成果和重要部位监测成果信息自动发送给参加单位和人员。当地下洞室群安全监测数据变化达到"预警/危险"等级时，由监测中心分析判断后发出预警并加密观测，必要时由工程建设单位组织设计院、反馈分析科研单位、监测单位、监理、承包人查勘现场，分析数据，查找原因，制定措施。

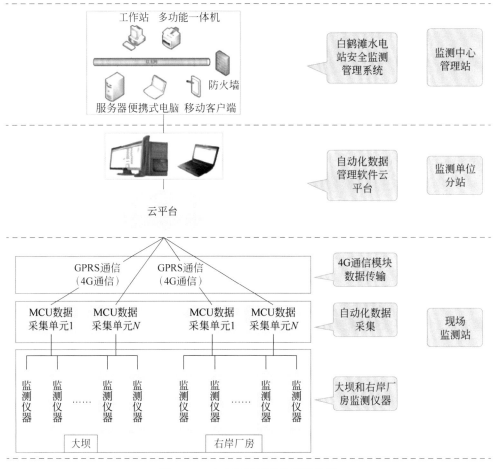

图 8.3-5　安全监测管理及预警体系

### 8.3.3　应用效果

通过围岩支护预警系统的实时监控，参建各方可通过互联网即时查询各作业面支护进展情况。同时，系统会根据支护跟进情况及时进行判定，对洞室开挖支护滞后的部位及时、准确预警，提醒管理人员采取措施，保证支护及时跟进。从 2014 年支护自动预警控制系统研发完成并在白鹤滩地下厂房洞室群推广使用后，已预警超过 300 次。各参建单位通过支护自动预警控制系统，可实时查询支护滞后情况，解决了支护及时性统计工作量大、预警不及时的问题。针对支护滞后部位，及时发出监理指令，提醒施工单位尽快启动支护施工，甚至要求施工单位暂停开挖、及时支护，待跟进至支护预警控制范围内后再恢复开挖施工。如此，地下厂房围岩变形得到了有效控制，以左岸主副厂房开挖完成后沿轴线的围岩变形特征（图 8.3-6）为例，通过使用支护预警系统，水电站地下工程洞室开挖支护情况得到了有效监控，提高了工程安全、进度和质量，保障了人员生命及财产安全，达到全面提高社会效益和经济效益的目的。

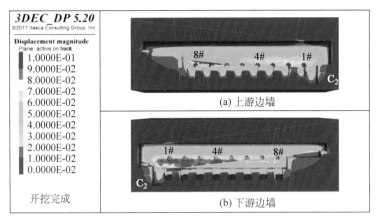

图 8.3-6　左岸主副厂房开挖完成后沿轴线的围岩变形特征

通过应用支护预警系统及时准确地提醒工程人员对洞室进行支护,减少了水电站地下洞室开挖过程中岩爆、片帮等现象的发生,降低了钻爆台车等施工设备的损坏率,保障了工程施工安全,提高了洞室开挖的外观质量,从而进一步提高了工程的施工进度和经济效益。在支护预警系统的指导下,工程参建各方能随时了解各个洞室的开挖支护情况,及时下达各类指令,使工程处于受控状态,效果良好。

## 8.4　地下洞室通风管控

### 8.4.1　管理技术与方法

白鹤滩水电站地处高山峡谷,主厂房、主变室、尾水管检修闸门室、尾水调压室、引水洞、尾水隧洞、灌排廊道、不同高程需求的交通洞、施工支洞等众多洞室组成了复杂的洞室群,在施工期具备多种不利于通风散烟的工程难题:①洞室群规模宏大。洞挖总量 25 000 000m³,洞室群总里程达 217km;主厂房长达 438m,最大宽度 34m,高 88.7m。②开挖强度大。月最大开挖强度超过 50 000m³。③埋深大。水平埋深 800~1050m,垂直埋深 420~540m。④洞室密集。洞室纵横交错,布置密集,厂房区域不到 1km² 的范围内布置了近百条洞室,自然通风通道少,空气置换通道长。⑤施工周期长。开挖施工总工期长达 103 个月。为解决上述施工通风问题,本节将从控制标准、设计理念、方案优化、仿真计算以及变频动力匹配等方面,对洞室群通风散烟的技术及管理展开系统研究。

1. 控制标准

为了实现白鹤滩水电站地下洞室高标准通风要求,根据《铁路隧道施工规范》(TB 10204—2002)和《水工建筑物地下开挖工程施工规范》(SL 378—2007)规定,参考欧盟地下洞室开挖通风控制要求，提出了以下通风控制标准：

（1）地下厂房、主变室和尾水管检修闸门室三大洞室采用从两端同时压入新鲜空气、顶拱排风竖井强制排风的方式，要求洞室内的空气置换速度不低于 1 次 /h；

（2）引水隧洞、尾水隧洞、尾水连接管和尾水调压室各工作面回风速度不小于 0.3m/s；

（3）第一层至第七层灌浆排水廊道、截渗洞等小洞室各作业面回风速度不小于 0.5m/s；

（4）按照 $3m^3/$（$kW \cdot min$）的标准计算柴油设备消耗空气量，各工作面的通风量大于工作面配置所有柴油设备的总空气耗量；

（5）设计强制排风量大于进风量，并避免主交通洞受爆破污染物污染。

2. 设计理念

国内埋深较大的大型水电站地下洞室群施工期通风多采用单独风机抽出式或独头压入式机械通风方式，通风效果很难保证。根据白鹤滩水电站地下洞室群的工程特点、各洞室之间在平面布置及高程差异上的特性，提出了"三结合""分期设计""进 + 排"混合式通风理念，实现空气有效、快速置换。

（1）"三结合"即自然和机械通风相结合，永久和临时竖井相结合，通风和施工通道相结合。机械通风与土建通风平洞、竖井布置相结合，共同承担地下洞室群施工期的通风散烟；左、右岸各布置一条与地下洞室群主要部位均能连通的专用排风平洞，以尾调通气洞为主通道，向外辐射出多条排风支洞和排风竖井与地下厂房、主变室、尾水管检修闸门室、尾水隧洞、3#/4# 公路隧道相连通，组成了一个系统的排风洞室群；压风机全部布置在露天洞口外以获取新鲜空气，排风机全部布置在洞室顶拱设置的排风竖井井口以便抽排施工废气。其中，为了将正压送入的新鲜空气与负压抽排的施工废气完全分离，避免废气在小区域内循环，提高风机的排风效率，实现各工作面空气快速、有效置换，在排风竖井与专用排风平洞间各设置一道封闭的挡风墙，排风机安装在挡风墙中间并使用橡胶条密封，保证负压不损失，通过排风机将污染空气强排至专用排风平洞内，进而排到洞外。

（2）"分期设计"即分三期针对性地规划通风方案：一期通风解决开挖阶段的通风需求，在地下洞室群主体工程开工前，提前实施并形成专用排风平洞，为主体工程开工后的施工期通风做好前期准备工作，该时期各部位与专用排风平洞连接的排风支洞和竖井还未实施完成，负压通风未形成，主要采用正压通风方式，从上层施工支洞两端正压进风，竖井或竖井 + 排风洞排风；二期通风解决混凝土及金结施工阶段通风需求，各部位与专用排风平洞连接的排风支洞和竖井已经连通，中层施工支洞两端正压进风，竖井排风；三期通风解决运行阶段的通风需求，四大洞室、引水隧洞、尾水系统之间相互贯通，且通至地面的洞（井）及辅助排风支洞、竖井均已贯通，基本形成自然通风，并保留前期布置的一部分正负压风机辅助通风设备，属于厂房永久通风系统。

（3）"进 + 排"即施工期机械通风采用混合式通风方式，即通过正压送入新鲜空气和负压抽排施工废气，如图 8.4-1 所示。

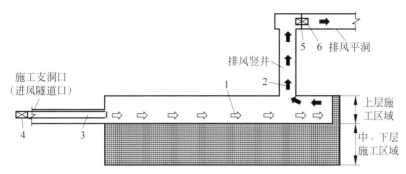

1—新鲜空气；2—污浊空气；3—风管；4—供风机；5—挡风墙；6—排风机。

图 8.4-1 地下洞室通排风系统示意

3. 方案优化

通风方案计算优化包括通风系统参数计算、风机布设及风机设备选型等。

（1）参数计算。确定各工作面上的通风流量 $Q_1$ 即风带末端流量，$Q_1$ 按各工作面的最大体积除以每排炮爆破后炮烟置换完成时间进行计算，炮烟置换完成时间根据工程进度松紧来确定，一般 30 ～ 60min，最后通过下式可反算出各个风机出口空气流量 $Q_0$：

$$Q_1 = Q_0 \times ( 1 - \text{Leakage} / 100 )( L / 100 ) \tag{8.4-1}$$

式中，$Q_1$ 为风带末端流量；$Q_0$ 为风机流量；$L$ 为风带长度（m）；Leakage 为漏风率，通常钻爆法条件下，漏风率介于 1.0 ～ 2.0。

（2）风机布设。白鹤滩水电站地下洞室群出露洞口少，各交通洞无法满足风带布置的空间要求，需将正负压风机分别布置在不同的部位。据此，将正压通风的风机布置在露天洞口外距洞口至少 20m 远的位置，在洞外取新鲜空气，通过风带输送至各施工工作面。负压通风的风机布置在各排风竖井井口，通过排风支洞将废气排至专用排风平洞内。

（3）风机选型。白鹤滩水电站地下洞室群埋置深度深，致使通风路径长，最长约 3.8km。如采用国产风机需在洞内接力通风，由于正压通风的通道均为交通主干线，在洞内布置接力风机需占用部分通道影响道路的交通安全；同时白鹤滩地下洞室群开挖施工周期长、风机数量多，风机选择时需兼顾考虑运行期间的经济性。经对比，选择瑞典生产的进口变频风机及风带，该风机优点是风压大、送风距离长（风机在洞口串联后送风距离最长可达 4.0km 左右）、耗能小、噪声小等；风带优点是阻力小、漏风少、易修补等。以左岸地下洞室群开挖为例，最终确定施工期通风布置示意如图 8.4-2 所示。

4. 仿真计算

施工工序中以爆破散烟为最不利排烟工况，变频风机按照爆破散烟（50Hz）、出渣及喷混凝土（40Hz）、钻孔（30Hz）控制开度供风，因此，选取爆破通风为例进行散烟效果

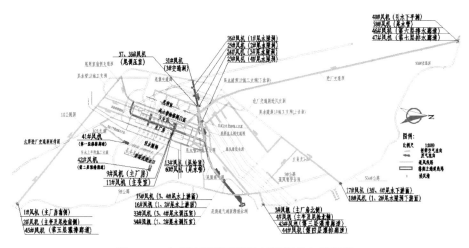

图 8.4-2　左岸地下洞室群施工期风机布置示意

模拟计算研究。白鹤滩水电站左、右岸地下洞室对称布置，洞室形式和规模类似，为简化计算，以左岸地下洞室群为对象，采用计算流体力学法建立三维数值模型，以左岸地下洞室群为例，分别对地下厂房、主变室、尾调室和尾水隧洞等四大洞室施工期不同爆破工况下的各个作业面通风效果进行模拟验证。体型和通风布置最为复杂的左岸地下厂房和尾水调压室网格划分如图 8.4-3 所示。

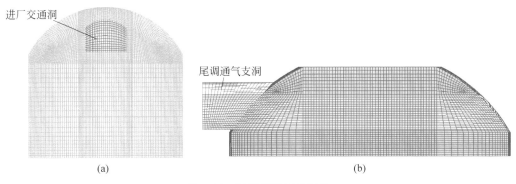

图 8.4-3　计算模型网格划分

（a）左岸地下厂房计算网格；（b）左岸尾水调压室计算网格

分别对地下厂房、主变室、尾调室和尾水隧洞等四大洞室施工期不同数量作业面爆破设计工况，如表 8.4-1 所示。

表 8.4-1　计算工况

| 编号 | 爆破作业情况描述 |
| --- | --- |
| 工况 1 | 四大洞室任意 1 个作业面爆破 |
| 工况 2 | 四大洞室任意 2 个作业面爆破 |
| 工况 3 | 四大洞室任意 3 个作业面爆破 |
| 工况 4 | 四大洞室所有 16 个作业面同时爆破 |

计算模型边界条件设置包括四类，分别为隧道入口、隧道壁面、作业面、风机进风口及出风口。其中，隧道入口主要包括各进风口、排风口、隧道口，采用 pressure 边界，定义压力为大气压力；隧道壁面定义为 wall 边界，考虑壁面粗糙度的影响，阻力系数 $\lambda = 0.098$，粗糙高度 0.1m；作业面爆破污染物的释放以 velocity-inlet 方式定义，释放量及种类计算折合为 CO，根据炸药种类，CO 量按 40L/kg 计算；风机进风口及出风口设置为 velocity-inlet 边界，速度大小按照满足人员呼吸、爆破散烟、稀释机械设备尾气、排尘等所有情况下的需风量进行计算，各洞室最大需风量如表 8.4-2 所示。

表 8.4-2　左岸四大洞室施工期最大需风量

| 洞　　室 | 最大需风量 / ($m^3 \cdot min^{-1}$) | 爆破作业部位 |
| --- | --- | --- |
| 地下厂房 | 480 | 第二层 |
| 主变室 | 4 000 | 第二层 |
| 尾水隧洞 | 1 500 | — |
| 尾水调压室 | 6 000 | 穹顶 |

以地下厂房、主变室、尾水调压室、尾水隧洞最大排风量为指标，分析各工况送排风量是否满足要求，判断爆破后的污染物流入排风洞的通风散烟效果。仿真计算结果如表 8.4-3 所示，满足通风要求。

表 8.4-3　左岸四大洞室爆破通风最大排风量

| 洞　　室 | 最大排风量 / ($m^3 \cdot min^{-1}$) | | | |
| --- | --- | --- | --- | --- |
| | 1 个作业面爆破 | 2 个作业面爆破 | 3 个作业面爆破 | 4 个作业面爆破 |
| 地下厂房 | 5 300 | 4 300 | 4 250 | 4 090 |
| 主变室 | 8 500 | 9 500 | 10 000 | 9 570 |
| 尾水调压室 | 6 050 | 6 000 | 6 000 | 6 000 |
| 尾水隧洞 | 1 300 | 2 400 | 2 900 | 3 500 |

爆破后的污染物均能顺利地流向排风竖井，在排风竖井顶部排风机作用下流入排风洞内，最终排至洞外，无倒灌，通风散烟效果较好。以工况 4 中所有 16 个作业面同时爆破为例，污染物气体流径如图 8.4-4 所示。

### 5. 变频动力匹配

变频风机通过变频器根据工作面环境条件改变转速，控制风机风量。其核心器件——变频器利用电力半导体的通断改变工频电源频率，实现对交流异步电机的软启动、变频调速、改变功率等功能。由于风机风量与电机转速成正比，风机风压与电机转速的平方成正比，则风机的轴功率等于风量与风压的乘积，即风机的轴功率与风机电机转速（供电频率）的三次方成正比。白鹤滩水电站地下洞室群 32 台变频风机每小时耗电量随变频数变化曲线如图 8.4-5 所示。

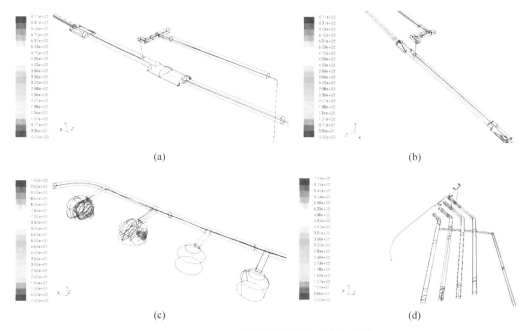

(a)
(b)
(c)
(d)

图 8.4-4　工况 4 各主要洞室污染空气流线

（a）地下厂房污染空气流动情况；（b）主变室污染空气流动情况；

（c）尾水调压室污染空气流动情况；（d）尾水隧洞污染空气流动情况

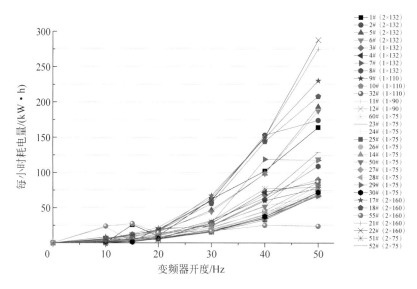

图 8.4-5　变频风机每小时耗电量随变频数变化曲线

对 32 台变频风机每小时耗电量取平均值，其随变频数变化曲线如图 8.4-6 所示，对曲线进行拟合可得到变频风机每小时平均耗电量 $W$ 与风机变频器开度 $H$ 的关系式

$$W = 10^{-4}H^3 + 0.047H^2 - 0.31H + 0.15 \tag{8.4-2}$$

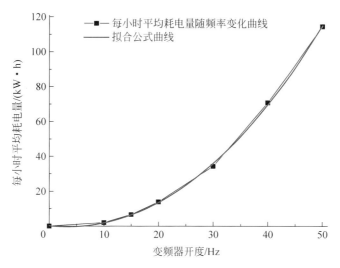

图 8.4-6　变频风机每小时平均耗电量随变频数变化曲线

其电耗增速随频率变化的关系式为

$$W' = 3 \times 10^{-4}H^2 + 0.094H - 0.31 \qquad (8.4\text{-}3)$$

风机工作频率区间为 10 ~ 50Hz，在该区间即风机电耗增速随风机频率增加而不断增大，因此根据不同工序调节风机开度，能有效减少能耗。

按开挖支护每班进尺一个循环计算电耗如下：每班 8h，各主要工序耗时分别为爆破散烟 0.5h，出渣及喷混凝土 4h、钻孔 3.5h，每小时电耗为爆破散烟 114.50kW·h，出渣及喷混凝土 70.86kW·h，钻孔 34.35kW·h，则每班变频风机电耗为：(3.5 × 34.35 + 4 × 70.86 + 0.5 × 114.50) kW·h = 460.92kW·h；若采用恒频风机，风机需要按照爆破散烟配置，其电耗恒为 114.50kW·h，每班风机电耗为 8 × 114.50kW·h = 916.00kW·h，变频风机能够节省电能 49.6%，节能效果明显。

## 8.4.2　通风效果

### 1. 漏风率监测

正确安装通风系统、减小风管漏风率是保证通风效果的重要因素，为避免风机设置随意、风管安装扭曲褶皱、风管修补不规范等问题，在施工现场采用双吊点规范安装，吊点提前使用全站仪放样，采用 M16×140 膨胀螺栓，入岩 90mm，布置间距 3m。插筋端部安装钢丝绳，使用三角挂钩把风管悬挂到钢丝绳上，每悬挂 3 ~ 5 个挂钩，用力向前拉伸一次风管，保证其安装平、顺、直。风管安装完成后四方现场验收，采用专业仪器检测漏风率，满足后投入使用。各主要洞室施工通风系统风管漏风率测试结果见表 8.4-4，可看出主要通风路线风管漏风量均小于 9.5%，安装管理效果明显。

表 8.4-4　主要洞室施工通风系统风管漏风率

| 风机编号 | 通风部位 | 风管直径 /m | 进口端风量 / ( m³/s ) | 出口端风量 / ( m³/s ) | 漏风量 /% |
|---|---|---|---|---|---|
| 1# | 主厂房南侧 | 2 | 49.3 | 46.29 | 6.11 |
| 2# | 主变及尾水管南侧 | 2 | 50.55 | 47.84 | 5.36 |
| 3# | 主厂房北侧 | 2 | 45.03 | 42.82 | 4.91 |
| 4# | 主变及尾水管北侧 | 2 | 52.6 | 47.61 | 9.48 |
| 17# | 尾水隧洞 | 2 | 69.05 | 64.14 | 7.11 |
| 33# | 尾水调压室 | 2 | 59.91 | 57.27 | 4.41 |

### 2. 污染物浓度监测

为了实测通风效果，分别组织在左、右岸地下厂房二期通风期间对开挖工作面污染物进行测试，测点分别设置在距离风带出风口 30m、60m、90m、120m 和开挖工作面，供风机和排风机处于最大功率状态下，对爆破前和爆破后 20min、30min 的主要污染物（$CO_2$、CO、$N_xO_x$、$PM_{10}$）浓度进行测试。测试结果分析表，各工作面在爆破后 30min，主要污染物浓度能达到《铁路隧道施工规范》（ TB 10204—2002 ）和《水工建筑物地下开挖工程施工规范》（ SL 378—2007 ）要求，部分洞室符合或接近 PIARC—2007 标准（世界道路协会）要求，通风排烟效果较好。具体测试结果如表 8.4-5 所示。

表 8.4-5　地下厂房污染物测试分析

| 测试指标 | 规范要求 | PIARC2007 要求 | 实测浓度 | | |
|---|---|---|---|---|---|
| | | | 爆破前 | 爆破后 20min | 爆破后 30min |
| $CO_2$ 浓度 /$10^{-6}$ | 5 000 | — | 620 ～ 694 | 622 ～ 892 | 620 ～ 792 |
| $N_xO_x$ 浓度 /$10^{-6}$ | 2.5 | 1 | 0.65 ～ 0.75 | 0.72 ～ 3.76 | 0.71 ～ 1.08 |
| $PM_{10}$/( mg · $m^{-3}$ ) | 10 | 0.15 | 1.5 ～ 2.1 | 2.1 ～ 45.0 | 1.5 ～ 2.2 |

同时，在专用排风平洞内选取 3 个测点，监测 $CO_2$、CO、$N_xO_x$、$PM_{10}$ 等浓度指标。监测结果显示专用排风平洞内污染物均超规范标准 2 ～ 7 倍，说明各开挖部位的污染空气大部分通过布置在辅助排风竖井井口的负压风机抽排至专用排风平洞内，专用排风平洞完全发挥了排放废气的作用。

### 3. 风速监测

风速监测方面，根据现场不同施工工况，结合变频风机特点及现场试验，在爆破散烟工况下风机按照 50Hz 全开度运行，经测试地下厂房等主要洞室内中部风速可达到 3.0m/s 以上；出渣及喷混凝土工况下风机按照 40Hz 开度运行，工作面风速可达到 2.0m/s 以上；钻孔工况下风机按照 30Hz 开度运行，工作面风速可达到 1.5m/s 以上；其他工况下按照 20Hz、15Hz 开度运行，工作面风速可达到 1.0m/s 以上。

　　白鹤滩水电站厂房洞室群通风系统受限技术发展和工程需求，虽然没有做到智能通风，但是制定了国内领先、国际看齐的通风控制标准，并结合工程实际，提出了"三结合""分期设计""进＋排"混合式通风理念，实现了世界规模第一位的地下洞室群空气质量有效、快速置换。从系统风量、风机布置及选型方面优化了系统设计，左、右岸各布置一条与地下洞室群主要部位均能连通的专用排风平洞，组成一个系统的排风洞室群，有效改善了洞室群施工期的通风散烟效果，压风机布置在露天洞口外，排风机布置在洞室顶拱，排风竖井井口设置挡风墙，有效提升了通风散烟效率；并以爆破散烟为最不利排烟工况进行了仿真计算校验通风效果；在系统动力匹配上，引入了耗能低、通风效果好、长期经济效益好的变频风机及风带，在保证通风效果的同时，降低了通风系统能耗，为国内同类工程提供了引领和示范作用。

## 8.5　液氨监控预警

### 8.5.1　管理技术与方法

　　液氨一旦发生泄漏，便立即变成气体状态。白鹤滩液氨系统应用的气体探测器为 ASD5300C 有毒有害气体探测器。ASD5300C 有毒有害气体探测器能够快速探测到氨气。ASD5300C 气体探测器（图 8.5-1）具有以下特点：

　　（1）探测器外壳采用加厚防爆铝合金外壳，加厚防爆玻璃面板，能够在工业防爆环境中长期稳定工作；

　　（2）2.1 寸高亮彩色 LED 显示屏，4 位 8 段数字＋图形显示；

　　（3）具备红外遥控功能；

　　（4）探测器采用进口高精度气体传感器；

　　（5）具有智能控制传感器高浓度淹没保护功能。

图 8.5-1　ASD5300C 气体探测器

　　气体探测器探测到氨气时，将信息反馈至报警控制器，报警控制器根据预设的不同浓度状态，将控制信息反馈至其他处理系统。白鹤滩水电站液氨系统应用的报警控制器为 JB-TB-ASD5100 气体报警控制器，具有以下特点：

　　（1）可扩展通信 485 模块实现控制系统进行远程通信组网；

　　（2）低线报警和高线报警两种方式可设置成联动；

　　（3）8/16/32/64 多点位配置，可扩展至 128/256 位；

　　（4）可连接 ABUS 四总线，ABUS 二总线。

　　液氨车间安装声光报警器，与气体报警控制连接，当探测到氨气浓度达到 $20 \times 10^{-6}$ 时，自动发出报警声音，闪烁灯光。液氨车间四周均安装防爆排风扇，与气体报警控制器连接，当氨气浓度达到 $40 \times 10^{-6}$ 时，立即启动，将氨气快速抽排至车间外，降低车间浓度。

氨气具有能够快速溶于水的特性，在液氨车间安装喷淋系统，与气体报警控制器连接，当氨气浓度达到 $100 \times 10^{-6}$ 时，车间自动断电，并启动喷淋设施，快速降低氨气浓度。喷淋装置如图 8.5-2 所示。

图 8.5-2  液氨车间喷淋系统

### 8.5.2  管理系统

当氨气发生泄露时，气体探测器能够立即探测其浓度，报警控制器根据预设浓度标准启动各级控制措施。液氨监控预警系统控制结构如图 8.5-3 所示。

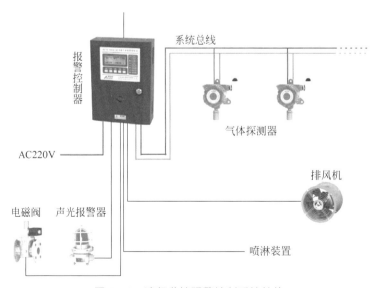

图 8.5-3  液氨监控预警控制系统结构

　　在制冷车间重要的压力容器、阀门、管道等部位以及外部可能影响的区域安装视频监控系统，将视频集中在操作室内，由专人 24h 监控。发现异常情况及时处理，避免突发情况扩大化，如图 8.5-4 所示。

图 8.5-4　制冷车间视频监控

　　制冷系统车间采用封闭式管理，所有进入通道布置监控系统和静电消除装置，对出入人员进行严格管控。当操作人员、检查人员、管理人员进入车间时，双手放到静电消除装置面板上，消除静电后方可进入车间内部，有效保证不因静电而造成事故。制冷车间进出口设置红外报警器，对进入制冷车间的人员实施严格管控。制冷车间工人进入车间后启动红外报警器，当其他人员通过制冷车间进出口时，即触发红外警报，防止无关人员进入车间造成安全事故，如图 8.5-5 所示。

图 8.5-5　制冷车间红外报警系统

### 8.5.3　应用效果

（1）液氨系统全覆盖。白鹤滩水电站在施工高峰期间共有 4 座混凝土拌和系统，共 7 个液氨制冷车间，累计储存液氨超过 340t，所有液氨制冷车间均安装了气体探测与报警控制系统，液氨车间内部各个部位均安装探头和喷淋设施等，有效保障了液氨系统运行安全。

（2）快速精准定位。氨气探测与报警控制系统能够精准检测制冷车间内部各点的氨浓度，并且定位氨泄漏的部位，便于迅速排查故障并处理。如 2019 年 8 月大坝高线液氨制冷车间液氨管道连接处因焊缝质量缺陷导致液氨泄漏，液氨监控预警系统立即发出声光报警并显示了泄漏具体位置，运行值班人员立即前往查看了泄漏部位，按照应急操作规程进行了补漏处置。

（3）减少运行人员，提高安全性。安全监控系统的安装可以大幅减少液氨系统监控值守人员，每座液氨车间仅需配备两名值守人员，结合监控系统的应用，定期开展制冷车间的巡查，当监控系统发出报警时可以结合视频监控、现场查看等方式进行应急处置，显著提高了液氨制冷车间本质安全水平。

# 第9章 安全隐患排查系统与数据学习

当前大型水电工程施工安全生产信息采集和安全风险控制，存在两个关键的问题：一是多源信息识别、表征和定位问题，隐患上报时间长，过程烦琐，缺乏有效的监察管理机制；二是相应的工作流重构问题，传统的现场安全管理往往责任落实不明确，安全管理制度在贯彻和执行方面效率低，往往呈现管理层特别重视，安全制度逐层传达时效力递减，施工人员安全意识淡薄等问题。通过对水电工程建设过程中"人、物、环、管"等四要素的安全行为、安全状态、安全因素和安全缺陷等信息采集、安全风险控制分析和数据学习挖掘，我们研发了基于微信的水电工程安全隐患排查治理系统，建立了实时交互闭环的微安全评价体系，在白鹤滩、乌东德等大型水电工程的建设中取得成功应用，支撑了两座大型水电站的精品工程建设和智能安全管控。

## 9.1 微安全管理理论与系统

### 9.1.1 微安全管理理论

重大水电工程施工现场地形环境复杂，且建设规模大、施工周期长、交叉作业复杂，业主、施工、监理各方作业人数众多，施工现场各类事故易发多发。由于各工程、各单位信息化应用水平不一，很多单位仍使用手工记录整理存档施工现场的各种信息，不仅保管不便，而且会产生数据失真等问题。也有单位投入了大量的人力、物力和财力，开发了一系列的信息管理系统，但这些系统要么基于PC端，现场作业条件下使用不便；要么基于移动端App，存在适配机型困难、版本管理复杂、用户培训任务重、使用效率低等问题（严飚 等，2020；张园，2020；崔永青 等，2016；李尊龙 等，2015；田宏，2015）。还有部分企业建立了工作用的社交群，但这种方式会导致信息散乱，数据缺乏整理和利用，主观性影响因素多等问题。杂乱的聊天信息降低了安全管理的效率，无法满足大型企事业单位信息化管理的工作要求。

腾讯公司在 2011 年推出了基于移动互联网的即时通信平台——微信，得到了广大用户的认可。一方面，微信装机量大，可以存储大量信息；另一方面，用户已习惯使用微信进行日常交流。微安全管理的概念就是现场每一个建设者发现每一个安全隐患点，实时、科学地给出隐患描述和整改要求，推送给相关的个人、单位，并且跟踪整改。在施工现场，每一个人既是建设者也是安全隐患的发现者、安全整改的监督者。

微安全理论（林鹏 等，2017）依托当今的科技手段建立在海印里希法则基础之上，认为事故的发生过程是一个反应链导致的小概率事件，这个反应链上任一环节得到实时交互闭环控制，就可以很好地遏制事故的发生，如图 9.1-1 所示。微安全的理论包含三个方面：①精益（实时采集），对水电工程中的隐患排查治理精确到具体的执行、计划和监督者以及隐患发生的位置，以符合施工建设精益安全管理要求；②快捷（反馈驱动），隐患提出上报与整改执行者、监督者实现交互实时反馈机制，避免在隐患排查的错误方向上越走越远，消除人力和物力浪费，通过反馈不断找到正确的控制策略；③扁平（闭环控制），从隐患发现、识别、整改到数据挖掘和利用一体化持续循环，扁平化闭环管理控制使安全隐患排查治理得到真正落实。

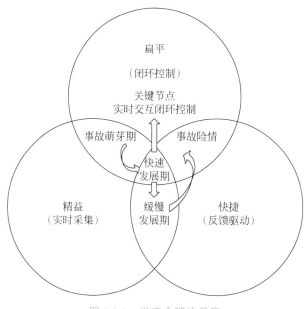

图 9.1-1　微安全理论示意

## 9.1.2　Wesafety 系统研发及架构

我国水电工程建设单位有关安全管理的信息化建设长期大多停留在 PC 端，存在开发成本高、周期长，隐患上报操作复杂，信息系统处理能力弱等原因，最后都成为了信息积累库，成效性不高（夏景辉 等，2019；刘志涛，2019）。对于水电这类环境复杂、办公环境不理想的施工行业，在施工现场通过计算机操作十分不便。

近几年来，采用移动端 App 进行安全生产管理也得到了迅速发展，尤其充分利用智能手机普及的硬件基础，结合微信、钉钉等社交软件的输入前端，整合后台云计算，开发企业安全信息管理系统是十分必要的。基于以上微安全理论，通过研发创建的基于微信的安全隐患排查治理平台 Wesafety（林鹏 等，2017），采用扁平化交互闭环控制结构（图 9.1-2）及时发现隐患并采取有效措施从根本上治理，建立起公开透明的责任落实和追查机制，大大降低了施工建设过程中事故发生的可能性，保证施工顺利进行，相比以往的施工管理制度，具有及时性、有效性、公开性等特点。

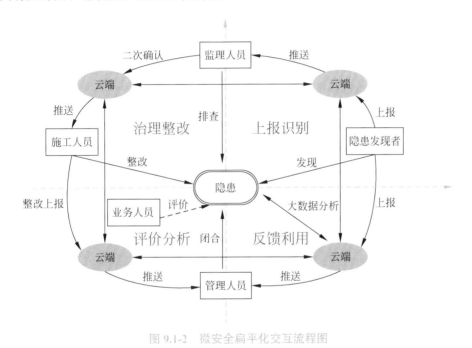

图 9.1-2　微安全扁平化交互流程图

如图 9.1-2 所示，将整个微安全管理分为上报识别、治理整改、评价分析、反馈利用四个象限。

### 1. 上报识别

隐患发现者通过 Wesafety 客户端上报的施工现场的安全隐患信息，云端服务器解析所述安全隐患信息，以识别所述安全隐患信息的类型和来源，并将解析后的安全隐患信息推送给监理人员和管理人员的 Wesafety 客户端，根据信息所描述的类型、位置要素等进行排查。

### 2. 治理整改

监理人员通过排查，经过二次确认后确立隐患整改方案上传云端至指定施工人员，云端服务器解析信息后同时传送给施工人员 Wesafety 客户端，施工人员接到整改要求后按照整改方案对隐患进行整改。

### 3. 评价分析

施工人员将整改治理过后的隐患信息上传至云端，云端解析后将隐患整改信息推送至管理人员 Wesafety 客户端，管理人员对隐患进行评价，进行评价及选择性闭合，隐患闭合后，相应权限的业务人员可对隐患进行分析评价。

### 4. 反馈分析

随着隐患的发现、整改的治理、闭合的不断循环，累计治理整改的隐患数量不断增加，云端服务器通过对大量隐患数据进行分析利用，统计相应指标，为日后安全管理工作提供指导。整个流程实现了人与人、人与物的深层交流，从不同角度、维度不断落实隐患治理情况，形成"大环套小环"的交互闭环监管模式。

系统识别上报人，通过系统内部关联的信息（微信 - 用户）表中的微信号识别到用户。系统识别整改信息，对于整改时间和整改内容进行整理分类，然后查询系统数据，得到该隐患相应的责任人列表；调用微信接口，推送给上一步骤中整理出来的责任人列表；对于推送未成功的消息列表，加入到延时推送列表，再次尝试推送；连续推送 3 次失败，不再尝试推送，系统通知系统管理员进行处理。发起人根据整改信息的结果进行评判，对该隐患进行闭合处理，从而结束一个隐患的闭环处理。如图 9.1-3 显示了微安全系统逻辑架构，本系统包含人机交互接口和后端云服务系统，人机交互接口提供使用者和系统使用的界面，后端云服务系统为人机交互接口提供系统服务。后端云服务系统包括数据采集模块，即利用 Wesafety 客户端上报现场的各种隐患信息；数据解析模块，即对上报数据解析，识别数据类型及来源，将解析后的数据发送到数据处理中心；数据处理中心，即集中存储各类信息，包括隐患和整改信息；用户管理模块，即管理用户白名单，维护微信号和用户号之间的对应关系并设置管理响应的权限；云推送模块，即将数据处理中心需要推送的信息分门别类地进行推送，提供个性化服务；数据分析和挖掘模块，即基于空间位置信息进行数据之间、空间位置信息及属性数据之间的关联分析与条件查询。

## 9.1.3　Wesafety 系统功能

Wesafety 平台实现水电工程施工过程中隐患排查、上报、整改和闭合的闭环安全管理。平台包含以下几大模块（图 9.1-4）。

（1）告警管理模块：对施工现场危险源和用户安全操作规范提供警示；

（2）流程管理模块：实现隐患上报、整改和闭合整个流程的推送并形成闭环；

（3）用户管理模块：设置平台内每个责任主体的相关权限；

（4）报表管理模块：通过对已有数据的汇总整合，形成一段时间内各个维度的隐患报表；

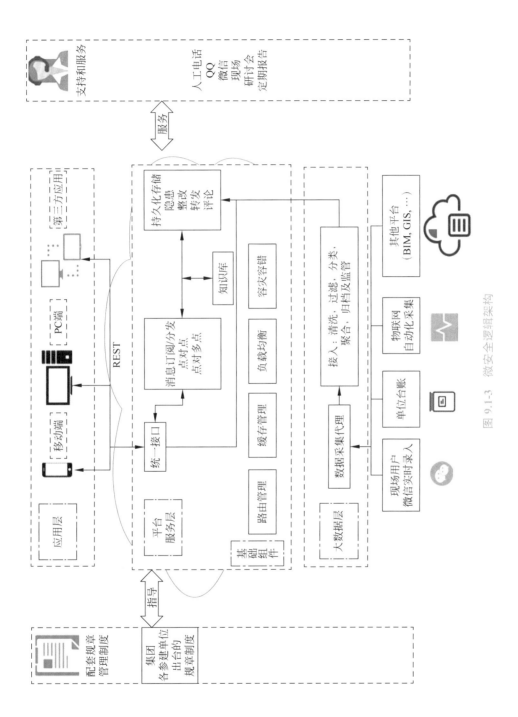

图 9.1-3　微安全逻辑架构

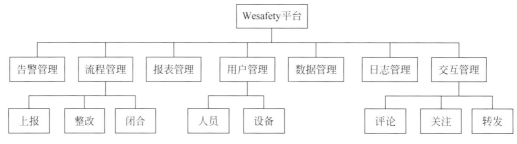

图 9.1-4　微安全平台模块组织

（5）数据管理模块：收集平台的录入数据，对已有的数据按不同的评价标准分类，分析和挖掘；

（6）日志管理模块：对当日的隐患整改情况以及管理人员的操作内容作详细记录并生成管理日志；

（7）交互管理模块：为平台内部员工相互交流提供包括评论、转发、关注等内容的交互式功能。

用户可以对隐患关键信息，包括隐患类型、接收人、建议整改时间、隐患等级、隐患部位、整改要求以及图片进行上传。安全隐患整改完成后，整改人通过平台提交整改结果，安全责任人对整改结果进行评价。用户对于感兴趣的隐患，可以进行关注、评论、转发。由于施工现场的环境复杂，输入文字相对不便捷，Wesafety 平台以表单的形式输入，尽可能精简隐患上报流程，包括地点、类型、责任人等隐患信息可以分类逐层选择条目，不需要进行文字输入。

为适应施工现场的多元化使用需求，Wesafety 平台还具有处理中心、动态查询、安全教育和个性化开发等功能。

（1）处理中心：可以查看今日上报隐患、今日上报整改、一周评论、一周未整改等，有助于安全管理员以及企业决策者对安全管理情况有全局性把握。还可以查看未整改总数、隐患总数、未闭合隐患总数等，方便用户了解安全管理的趋势发展和整体运行情况。

（2）动态查询：可通过隐患编号、关键字、隐患状态、隐患类型、上报单位、隐患部位和上报整改时间等查询到相关隐患，方便用户从多个角度快速提取带有某一特征的隐患。

（3）安全教育：安全员可以向用户推送安全教育内容，包括安全法律法规、工地安全状况和安全生产指南等，有助于提高用户的安全意识。

（4）个性化开发：用户可以按照自己的隐患上报需求，对常用联系人分组，方便以后直接推送。在个人管理界面也可以对自己上报、整改、闭合、评论的隐患内容持续跟踪和管理。同时系统实现基于 GPS 或北斗的施工区域分块定位功能，用户可以留存多个隐患排查的常用地址，当用户身处该区域时，通过 GPS 或北斗自动匹配该地点，一方面为安全施工提供保障，另一方面方便今后隐患的归类分析和趋势判断。Wesafety 平台的部分页面如图 9.1-5 所示。

(a)

(b)

(c)

(d)

(e)

(f)

图 9.1-5　Wesafety 平台页面展示

（a）隐患上报；（b）隐患查询；（c）处理中心；（d）分析汇总；（e）每日推送；
（f）隐患分析；（g）整改统计；（h）分享评论；（i）类型统计

(g)

(h)

(i)

图 9.1-5（续）

## 9.2 水电施工安全动态评价体系

### 9.2.1 工程安全管理层次分析法

通过隐患数据积累，总结水电施工过程中常见隐患类型，构建隐患类型层。对各大类隐患中隐患表现方式加以细分，构建子类型层。采用层次分析法和模糊评价法确定类型层和子类型层中各项权重，并根据隐患上报数量对不同工区、不同时段的安全施工状态进行动态评价。

层次分析法由运筹学家 T.L.Saaty 提出，是一种通过定量和定性分析对具体问题做出决策分析的方法，可以有效解决难以用定量方法分析的复杂问题（Saaty T L，1990），主要过程分为以下几步：

（1）将一个复杂具体问题分层处理，构造一个树状结构模型，如图 9.2-1 所示。

（2）通过专家经验，得出同一层级各个因素两两相对重要性关系。构建两两比较的判断矩阵。

（3）计算矩阵权向量，并做一致性检验。

（4）计算组合权重，并根据隐患上报类型数量确定施工安全状态。

图 9.2-1 中 Object 为目标；C 标识了准则，S 标识了子准则，如 C5S3S2 意思为准则 5 的子准则 3 的子准则 2，每增加一个 S 代表多了一层子准则。字母 P 标识了方案，如

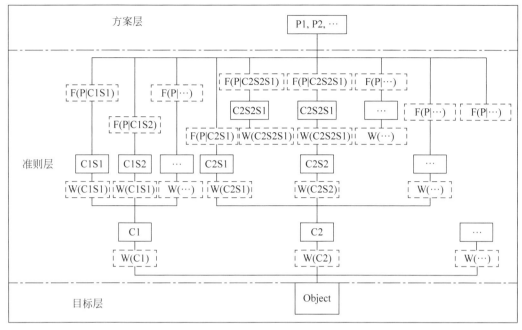

图 9.2-1　一般性 AHP 层次结构示意

P2 表示方案 2；规定一些特殊的说法，称 Object 为根节点，形如 C1 的为一级节点，形如 C1S2 的为二级节点，以此类推；称方案层为终结点；称某一准则层节点为末节点，当且仅当该节点没有子节点时；字母 F 标识了方案的得分向量，如 F（P|C1S1）表示方案在 C1S1 节点下的得分向量，依次为 P1、P2 等得分；字母 W 标识了准则权重，如 W（C5S2S1）表示 C5S2S1 节点的权重；隶属于同一节点的子节点构成一个节点组。

在上述层次分析模型中，需要确定两类参数，一类是末节点下方案的得分，另一类是节点组的权重分配。除了末节点外，节点下方案得分可以根据子节点下方案得分，由下式计算：

$$F(P|X) = \sum_{i=1}^{N_X} F(P|X_{Si}) \times W(X_{Si})\tag{9.2-1}$$

式中，$X$ 表示某一节点，如 C1S2 等；$X_{Si}$ 表示 $X$ 的第 $i$ 个子节点；$N_X$ 表示 $X$ 的子节点个数；F 表示方案得分；W 表示准则权重。

类似的形式，方案的最终得分由下式计算：

$$F(P) = \sum_{i=1}^{N_C} F(P|C_i) \times W(C_i)\tag{9.2-2}$$

式中，$C_i$ 表示某一级节点；$N_C$ 表示这一级节点个数；F 表示方案得分；W 表示准则权重。

## 9.2.2　水电工程隐患分层模型

通过对已有数据分析，构建隐患分析模型。将水电施工安全体系类型层（B 级）分为触电、高处坠落、物体打击、文明施工等 18 个类别。根据每个类别隐患发生特征具体细分，构成子类型层（C 级层）。水电工程分层模型分层如图 9.2-2 所示。

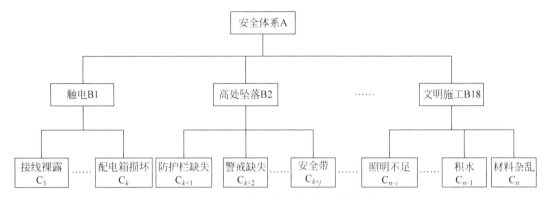

图 9.2-2　水电工程隐患层次分析法树状模型

通过微安全管理平台数据文本提取分析，组织施工人员和监理人员对隐患分类讨论，设置调查问卷等方法，归纳了水电工程施工过程中常见隐患类型，并对具体隐患类型进行细分，确立安全体系评价的类型层（B 层）和子类型层（C 层），基本囊括了施工过程中常见隐患问题，见表 9.2-1。

表 9.2-1　水电施工隐患分层

| 编号 | 类型层（$i$） | 编号 | 子类型层（$j$） |
|---|---|---|---|
| B1 | 触电（1） | | |
| | | B1C1 | 接线裸露（1） |
| | | B1C2 | 配电箱安置不规范（2） |
| | | B1C3 | 电缆线浸泡积水中（3） |
| | | B1C4 | 未安装 PE 线（4） |
| | | B1C5 | 配电箱无门、损坏（5） |
| | | B1C6 | 电线破皮（6） |
| | | B1C7 | 无配电箱检查表或无及时更新（7） |
| | | B1C8 | 配电箱一闸多接（8） |
| B2 | 高处坠落（2） | | |
| | | B2C1 | 作业平台、排架空当过大（1） |
| | | B2C2 | 防护栏缺失（2） |
| | | B2C3 | 防护栏不规范（3） |
| | | B2C4 | 未系安全带（4） |
| | | B2C5 | 临边警戒缺失（5） |
| | | B2C6 | 安全通道不规范（6） |
| | | B2C7 | 缺少扶手（7） |

续表

| 编号 | 类型层（$i$） | 编号 | 子类型层（$j$） |
|---|---|---|---|
| B3 | 物体打击（3） | | |
| | | B3C1 | 高处施工材料未及时清理（1） |
| | | B3C2 | 防护网处存在危石，危石清理不及时（2） |
| | | B3C3 | 踢脚板缺失（3） |
| | | B3C4 | 存在物体打击区域未设置警戒隔离（4） |
| B4 | 爆炸（4） | | |
| | | B4C1 | 乙炔瓶和氧气瓶混放，安全距离未达到要求（1） |
| | | B4C2 | 爆破后留存残药（2） |
| | | B4C3 | 氧气瓶、乙炔瓶压力表破损（3） |
| | | B4C4 | 无回火装置（4） |
| | | B4C5 | 火工材料胡乱堆放（5） |
| B5 | 车辆伤害（5） | | |
| | | B5C1 | 车载过满（1） |
| | | B5C2 | 车体未贴反光条（2） |
| | | B5C3 | 车灯破损（3） |
| | | B5C4 | 轮胎磨损（4） |
| | | B5C5 | 非机动车进入施工区域（5） |
| B6 | 火灾（6） | | |
| | | B6C1 | 未配置灭火器（1） |
| | | B6C2 | 占用消防通道（2） |
| | | B6C3 | 灭火器失效（3） |
| | | B6C4 | 油库等危险区域未设置火灾警示（4） |
| | | B6C5 | 灭火器检查记录表未更新（5） |
| | | B6C6 | 乙炔瓶接头老化（6） |
| B7 | 机械伤害（7） | | |
| | | B7C1 | 防护罩缺失（1） |
| | | B7C2 | 机械装置部分位置老化、磨损、锈蚀（2） |
| | | B7C3 | 作业机械无反光条（3） |
| B8 | 冒顶片帮（8） | | |
| | | B8C1 | 混凝土开裂（1） |
| | | B8C2 | 围岩松弛（2） |
| B9 | 起重伤害（9） | | |
| | | B9C1 | 起吊钢丝断丝严重（1） |
| | | B9C2 | 吊钩未固定（2） |
| | | B9C3 | 起吊作业时未设置警戒（3） |
| | | B9C4 | 吊运作业不规范（4） |

| 编号 | 类型层（$i$） | 编号 | 子类型层（$j$） |
|---|---|---|---|
| B10 | 三违行为（10） | | |
| | | B10C1 | 无证上岗（1） |
| | | B10C2 | 施工着装不符合要求（2） |
| | | B10C3 | 未戴安全帽（3） |
| | | B10C4 | 为穿着反光背心（4） |
| B11 | 坍塌（11） | | |
| | | B11C1 | 支护不到位（1） |
| | | B11C2 | 排架搭建过程中剪力撑、连墙件未及时跟进（2） |
| | | B11C3 | 岩石掉落（3） |
| B12 | 透水（12） | | |
| | | B12C1 | 水管漏水（1） |
| | | B12C2 | 路面积水（2） |
| B13 | 淹溺（13） | | |
| | | B13C1 | 集水坑、沉淀池等无防护（1） |
| | | B13C2 | 积水过深（2） |
| B14 | 中毒窒息（14） | | |
| | | B14C1 | 风带破损，供风不足（1） |
| | | B14C2 | 特殊作业环境，未使用口罩（2） |
| | | B14C3 | 风机未开启（3） |
| B15 | 灼烧（15） | | |
| | | B15C1 | 无防护面罩（1） |
| | | B15C2 | 着装裸露（2） |
| B16 | 文明施工（16） | | |
| | | B16C1 | 照明不足（1） |
| | | B16C2 | 路面积水（2） |
| | | B16C3 | 施工材料堆放混乱，施工垃圾未及时清理（3） |
| | | B16C4 | 施工现场淤泥未及时处理（4） |
| | | B16C5 | 扬尘过大（5） |

### 9.2.3 层次分析法构造对比矩阵

依据 T.L.Saaty 提出的相对重要性评价标度，将其相对重要性分为 1～9 共 9 个比例标度，通过 $u_{ij}$ 以表征同一层级 M 中因素 $r_i$ 相对于因素 $r_j$ 的重要程度。M 层级中含有 $n$ 个因素，$u_{ij}$ 具体含义见表 9.2-2。

表 9.2-2　标度定义

| 标度 $u_{ij}$ | 表 示 意 义 | 数学表达 |
|---|---|---|
| 1 | 因素 $r_i$ 与因素 $r_j$ 同等重要 | $r_i = r_j$ |
| 3 | 因素 $r_i$ 相对于因素 $r_j$ 稍微重要 | $r_i = 3r_j$ |
| 5 | 因素 $r_i$ 相对于因素 $r_j$ 比较重要 | $r_i = 5r_j$ |
| 7 | 因素 $r_i$ 相对于因素 $r_j$ 特别重要 | $r_i = 7r_j$ |
| 9 | 因素 $r_i$ 相对于因素 $r_j$ 极其重要 | $r_i = 9r_j$ |
| 2，4，6，8 | 因素 $r_i$ 相对于因素 $r_j$ 重要性介于上述重要性之间 | —— |

根据专家对于重要度 $u_{ij}$ 评分，建立 M 层级的两两比较的判断矩阵 $A_{nn}$：

$$A_{nn} = \begin{bmatrix} u_{11} & u_{12} & \cdots & u_{n1} \\ u_{21} & u_{22} & \cdots & u_{n2} \\ \vdots & \vdots & \ddots & \vdots \\ u_{n1} & u_{n2} & \cdots & u_{nn} \end{bmatrix}$$

矩阵 $A_{nn}$ 具有以下性质：

（1）$u_{ij} > 0$，$u_{ii} = 1$，（$1 \leqslant i \leqslant n$，$1 \leqslant j \leqslant n$）；

（2）$A_{nn}$ 为互反矩阵，$u_{ij} = 1/u_{ji}$；

（3）$u_{ij} > 1$ 表示因素 $r_i$ 的重要性大于 $r_j$ 的，$u_{ij} < 1$ 表示因素 $r_i$ 的重要性小于 $r_j$ 的，$u_{ij} = 1$ 表示因素 $r_i$ 的重要性与 $r_j$ 的相同。

## 9.2.4　权重确定

利用最大特征根法，通过计算判断矩阵最大特征根 $\lambda_{max}$ 及其对应的单位特征向量 $v$ 来确定该层（B 层）各因素的权重，具体步骤如下。

（1）计算矩阵的特征值和特征向量对：

$$(\lambda, V) = \text{eig}(A) \tag{9.2-3}$$

其中，$\lambda$ 为对角矩阵，对角元上的元素为 $A$ 的特征值，且从左上角至右下角由大至小排列；$V$ 的列向量为矩阵相应位置特征值对应的特征向量。

（2）提取最大的特征值及其对应的特征向量：

$$\lambda_{max} = \lambda[1, 1] \tag{9.2-4}$$

$$v = V[:, 1] \tag{9.2-5}$$

其中，$\lambda[1, 1]$ 表示 $\lambda$ 第一行第一列的元素，$V[:, 1]$ 表示 $V$ 第一列元素。

（3）归一化最大特征值对应的特征向量：

$$v = v/\|v\| \tag{9.2-6}$$

（4）一致性检验，检验步骤如下。

$$\text{C.I.} = \frac{\lambda_{\max} - n}{n-1} \qquad (9.2\text{-}7)$$

$$\text{C.I.} = \text{C.I.}/\text{R.I.} \qquad (9.2\text{-}8)$$

式中，C.I. 表示一致性指标；C.R. 表示相对一致性指标；R.I. 表示平均随机一致性指标，即对 $n$ 个因素构成的所有可能的判断矩阵的一致性指标求平均。

通过仿真实验，给出 $1 \sim 9$ 阶判断矩阵的 R.I.，如表 9.2-3 所示。

表 9.2-3　$1 \sim 9$ 阶判断矩阵的 R.I.

| $n$ | 1 | 2 | 3 | 4 | 5 | 6 | 7 | 8 | 9 |
|---|---|---|---|---|---|---|---|---|---|
| R.I. | 0 | 0 | 0.58 | 0.90 | 1.12 | 1.24 | 1.32 | 1.41 | 1.25 |

当 CR<0.1，表明该矩阵通过了一致性检验；如果 CR>0.1，则需要重新调整判断矩阵，直至矩阵满足要求。

得到类型层（B层）中各个因素相对于整体安全的权重分配，具体权重关系如下：

$$\overline{\boldsymbol{\omega}} = (\omega_{B1}, \omega_{B2}, \omega_{B3}, \cdots, \omega_{Bk})^{\mathrm{T}} \qquad (9.2\text{-}9)$$

类似地，可以计算子类型层（C层）相对于类型层的权重：

$$\overline{\boldsymbol{\omega_{Bn}}} = (\omega_{C1|Bn}, \omega_{C1|Bn}, \cdots, \omega_{Ck(n)|Bn})^{\mathrm{T}} \qquad (9.2\text{-}10)$$

于是，子类型层（C层）各因素相对于整体安全体系评价所占权重中即为

$$\omega_{BnCm} = \omega_{Bn} \times \omega_{Cn|Bn} \qquad (9.2\text{-}11)$$

根据微安全平台实时收录数据，统计某一时段 $T$ 内，某一工区 $\Omega$ 因素 $r_{BnCm}$ 发生的个数 $t_{BnCm}^{(T,\Omega)}$，并将其定义为时段 $T$ 内工区 $\Omega$ 安全体系在因素 $r_{BnCm}$ 下的得分，即

$$F^{(T,\Omega)}(s|BnCm) = t_{BnCm}^{(T,\Omega)} \qquad (9.2\text{-}12)$$

该时段内工地安全体系最终整体评分 $s^{(T,\Omega)}$ 表达式如下：

$$s^{(T,\Omega)} = \sum_{i=1}^{n} \sum_{j=1}^{m(n)} \omega_{BiCj} \times t_{BiCj}^{(T,\Omega)} \qquad (9.2\text{-}13)$$

$s^{(T,\Omega)}$ 越小，表示时间段 $T$ 内工区 $\Omega$ 安全状态越好。通过水电施工建设过程中不同工区实时动态安全评分，可以掌握工地施工安全状态，对现阶段施工安全状态给予评价。

## 9.3　基于隐患数据协作关系分析

### 9.3.1　个体协作网络

Wesafety 系统是典型的工业级信息系统，通过人员协作进行工地现场的隐患排查和整改。系统在白鹤滩、乌东德等工程积累了现场工作人员对全隐患管理的协作网络数据。以此为案例，对基于信息系统的隐患管理协作网络演化过程，及其对实践绩效和管理过程的影响进行研究，具有重要的管理意义和学术价值。

图 9.3-1 表示了隐患处理全过程的示意图。对隐患的处理构成了工作人员和各单位之间的协作网络。

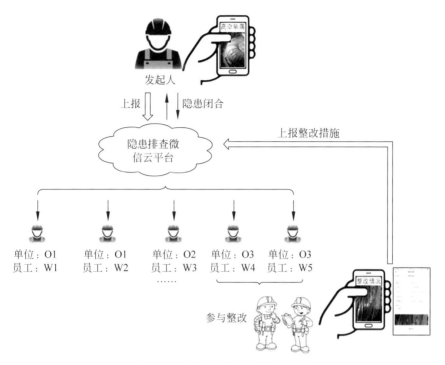

图 9.3-1　隐患协作处理全过程示意

以月为单位，以每个工作人员为节点，以隐患处理的协作关系为连接边，可以定义经典的协作网络，例如，如果 A 上报的隐患被 B、C 协作处理了，则在 AB、AC 之间各添加 1 条有向边，即 A → B 和 A → C。建立起协作网络后，可以计算出每个月所有节点的网络中心度指标，如中心度（degree）、度中心性（degree centrality）及其他描述社会网络的经典指标，以反映不同节点（即不同工作人员）在协作网络中的地位。其中，某节点的中心度代表与该节点建立联结的节点个数，度中心性是以网络规模标准化后的中心度。图 9.3-2 中（a）～（d）展示了 2015 年 11 月、2016 年 11 月、2017 年 11 月、2018 年 11 月 4 个月的协作网络。其中，节点的大小表示其在网络中的中心度。由图 9.3-2 可知，网络规模扩大的同时，节点之间的联系也越来越紧密，即隐患管理的协作程度在加强。

## 9.3.2　单位协作网络

类似于个体协作网络，可以建立单位之间对隐患处理的协作网络。图 9-10 中（a）～（c）分别展示了 2016—2018 年各单位之间的协作网络。在网络图中，节点的大小表示该节点（单位）的中心度，节点与节点之间的连线粗细表示节点（单位）之间联系的紧密程度。根据图 9.3-3，可形成对各单位在协作网络中的地位以及各单位协作模式的直观认知。相

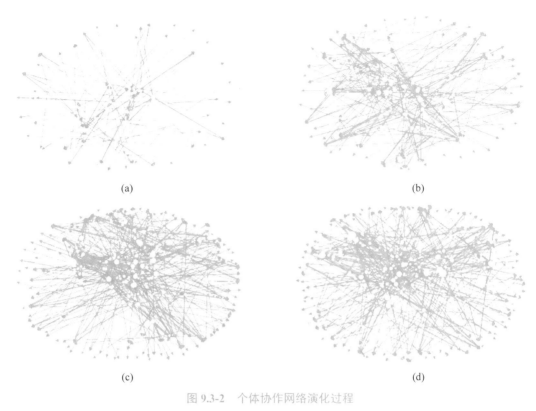

图 9.3-2　个体协作网络演化过程

（a）2015 年 11 月；（b）2016 年 11 月；（c）2017 年 11 月；（d）2018 年 11 月

比于 2016 年，2017 年和 2018 年各单位间的联系更加紧密，说明隐患管理信息系统有效地促进了各单位之间的协作。

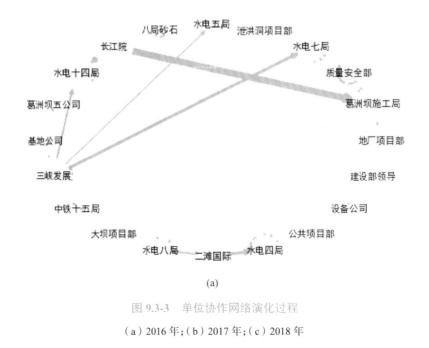

(a)

图 9.3-3　单位协作网络演化过程

（a）2016 年；（b）2017 年；（c）2018 年

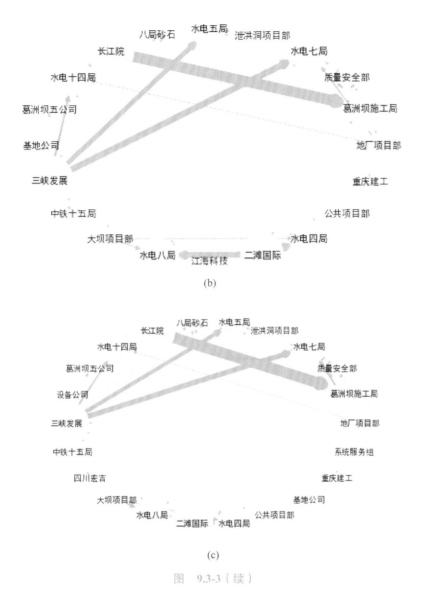

(b)

(c)

图　9.3-3（续）

隐患上报时，上报人员会根据自身经验和隐患的重要程度，给出要求整改的期限，而实际的隐患整改时间可能会超出整改期限。因此，超出整改期限的时间（按期整改完成为负，逾期整改完成为正）可以用来衡量该隐患处理的绩效。上报人员在协作网络中的地位（中心度特征）代表其与他人的协作程度，可能会影响隐患处理的绩效。因此，可以设计一个面板数据进行回归，以上一期（上一个月）上报人员的网络中心度指标作为自变量，超出隐患整改期限的时间（处理绩效）作为因变量，并控制相关变量的影响（注：之所以采用上一期的中心度指标，是为了规避采用当期指标可能产生的内生性问题）。回归结果如表 9.3-1 所示。

表 9.3-1　隐患处理绩效与网络中心度的回归结果

| 自　变　量 | 因变量：隐患处理绩效（逾期时间）/ h | | | |
| --- | --- | --- | --- | --- |
| | （1） | （2） | （3） | （4） |
| Degree<br>（中心度） | −1.54***<br>（0.09） | −0.87***<br>（0.10） | — | — |
| Degree_centrality<br>（度中心性） | — | — | −270.60***<br>（15.84） | −145.42***<br>（19.30） |
| Period<br>（周期） | No | Yes | No | Yes |
| Risk_class<br>（隐患类型） | No | Yes | No | Yes |
| Org_report<br>（上报单位） | No | Yes | No | Yes |
| Org_address<br>（处理单位） | No | Yes | No | Yes |
| 样本数 | 33 848 | 33 848 | 33 848 | 33 848 |
| 调节 $R^2$ | 0.009 | 0.086 | 0.009 | 0.085 |

注：括号内为回归系数的标准误差；*、**、*** 分别表示 5%、1% 和 0.1% 的水平下显著；下同。

结果显示，中心度和度中心性的系数均显著为负，这说明上报人员在网络中的地位越高，隐患处理的绩效越好，即逾期时间越少。控制了周期、隐患类型、上报单位、处理单位等变量后，影响系数有所下降，但依然保持显著，说明这些控制变量起到了规避内生性的目的，给出了对网络特征效应更准确的估计。

为进一步检验回归的健壮性，将中心度和度中心性均分为"出度"和"入度"（"出度"和"入度"分别对应工作人员发起隐患处理和协助他人进行隐患处理的中心度），分别进行回归，结果如表 9.3-2 所示。在控制周期、隐患类型、上报单位、处理单位等变量的情况下，得到的结果与表 9.3-1 中加入控制变量的结果具有高度的一致性，且说明"出度"的影响高于"入度"，符合对管理的直观认知。

表 9.3-2　隐患处理绩效与网络中心度（"入度"和"出度"）的回归结果

| 自　变　量 | 因变量：隐患处理绩效（逾期时间）/ h | | | |
| --- | --- | --- | --- | --- |
| | （1） | （2） | （3） | （4） |
| Degree_in<br>（入度） | −0.49**<br>（0.18） | — | — | — |
| Degree_out<br>（出度） | — | −1.08***<br>（0.12） | — | — |
| Degree_central_in<br>（入度中心性） | — | — | −107.05*<br>（44.12） | — |
| Degree_central_out<br>（出度中心性） | — | — | — | −170.81***<br>（22.57） |

续表

| 自　变　量 | 因变量：隐患处理绩效（逾期时间）/h | | | |
|---|---|---|---|---|
| | （1） | （2） | （3） | （4） |
| Period（周期） | Yes | Yes | Yes | Yes |
| Risk_class（隐患类型） | Yes | Yes | Yes | Yes |
| Org_report（上报单位） | Yes | Yes | Yes | Yes |
| Org_address（处理单位） | Yes | Yes | Yes | Yes |
| 样本数 | 33 848 | 33 848 | 33 848 | 33 848 |
| 调节 $R^2$ | 0.084 | 0.086 | 0.084 | 0.085 |

除了隐患上报人员在协作网络中的地位，隐患自身的某些特征可能也会影响隐患的处理绩效。隐患的构成要素主要有：隐患内容文本、整改要求文本、隐患类型、隐患图片等。

表 9.3-3 中展示了隐患文本长度对处理绩效的回归结果。其中，隐患内容的文本长度系数显著为负，加入控制变量后仍然保持稳健，说明内容文本越长，隐患处理就越及时；而整改要求文本长度的影响系数不够稳健，在加入控制变量之后不再显著，这可能是因为整改要求的文本长度方差不够，无法进行有效区分，进一步的研究有赖于对文本内容进行更深入的挖掘。

表 9.3-3　隐患处理绩效与隐患文本长度的回归结果

| 自　变　量 | 因变量：隐患处理绩效（逾期时间）/h | | | |
|---|---|---|---|---|
| | （1） | （2） | （3） | （4） |
| Length_txt（隐患内容长度） | −0.47***（0.18） | −0.32*（0.19） | — | — |
| Length_require（整改要求长度） | — | — | 0.88***（0.22） | −0.19（0.24） |
| Period（周期） | No | Yes | No | Yes |
| Risk_class（隐患类型） | No | Yes | No | Yes |
| Org_report（上报单位） | No | Yes | No | Yes |
| Org_address（处理单位） | No | Yes | No | Yes |
| 样本数 | 33 848 | 33 848 | 33 848 | 33 848 |
| 调节 $R^2$ | 0.000 | 0.084 | 0.000 | 0.084 |

协作网络的演化不仅可能影响隐患处理绩效，也可能影响工作人员隐患上报的积极性。表 9.3-4 的回归结果展示了工作人员的隐患上报数量与其上一期协作网络中心度之间的关系。控制了上报周期和上报单位后，中心度和度中心性的系数依然正向显著，且大小基本不变，说明工作人员在协作网络中的地位越高，其上报积极性越高。

表 9.3-4　隐患上报数量的回归结果

| 自变量 | 因变量：隐患上报数 / 条 | | | |
|---|---|---|---|---|
| | （1） | （2） | （3） | （4） |
| Degree（中心度） | 0.29***（0.29） | 0.30***（0.01） | — | — |
| Degree_centrality（度中心性） | — | — | 60.13***（1.72） | 66.37***（1.89） |
| Period（周期） | No | Yes | No | Yes |
| Org_report（上报单位） | No | Yes | No | Yes |
| 样本数 | 4 616 | 4 646 | 4 616 | 4 646 |
| 调节 $R^2$ | 0.207 | 0.251 | 0.210 | 0.262 |

## 9.4　基于 CNN 的典型安全隐患数据学习

### 9.4.1　CNN 学习与挖掘方法

在工程施工现场，涉及人、机、物、环及管的安全隐患，如不排查治理，常会导致安全事故的发生；如不加强安全隐患排查治理经验的学习，更会导致同样的安全隐患反复出现、同样的安全事故再次发生。结合人工智能和工业 4.0 的发展，在大型基础设施的建设中，安全管控从传统的依靠人去判断识别隐患危险转向利用机器自动挖掘分析，实时高效地降低事故发生的可能性，提高建设现场本质安全水平。因此，开展工程施工现场安全隐患排查数据学习研究，特别是典型安全隐患数据机器学习具有重要的意义。

数据挖掘就是从海量、随机、真实、模糊且有噪声的数据中提取出人们感兴趣，且事先不知道的有价值信息的过程（张晓辉，2011）。国内外数据挖掘方法可分为以下四大类：

（1）基于统计的数据挖掘方法，包括非机器学习方法中的模糊集、粗糙集，传统的回归分析，判别分析，主成分分析，聚类分析等。傅韬等验证了回归分析在数据挖掘中的重要作用与良好效果（傅韬 等，2009），在工程现场与企业安全管理等领域都有应用（李智录 等，2006）。

（2）基于传统机器学习算法的数据挖掘方法，具体包括遗传算法、决策树、聚类算法、支持向量机等。国内外学者分别完成了医疗诊断数据挖掘原型系统（Li X C et al.,

2019），提出解决时序多维气象预测的方法（Zhong D H et al.，2018）。

（3）基于数据库的数据挖掘方法，提出基于通用空间数据库的数据挖掘方法，大部分空间信息抽取过程直接在底层数据库中进行，大大提高了计算效率。

（4）基于神经网络的数据挖掘方法，大大减少了子网的递归分裂次数。基于 Wesafety 平台实时统计出的某大型水电站现场安全隐患数据，分析施工现场高处坠落、物体打击、起重伤害、触电、坍塌、机械伤害、"三违"行为等典型安全隐患特征，提出基于卷积神经网络 CNN 的安全隐患学习与挖掘过程模型，定义模型结构的组成，并开发相应的程序。研究结果对建设工程安全隐患自动分类分析具有参考意义，为大型基础设施建设现场安全智能化管理提供了崭新的思路。

CNN 具有强大的特征学习与分类能力，具有局部连接、权值共享、多层结构及池化操作的特点，有效地降低了网络的复杂度，减少了训练参数的数目。CNN 模型进行安全隐患数据挖掘，包含文本的预处理、卷积神经网络、训练和测试等部分，具体如下。

1. "有价值"信息的预处理

通过去除隐患文本非中文字符等、分词、生成词向量 3 个步骤，将数据集预处理为机器便于处理的形式（见图 9.4-1）。如去掉文本描述中的非汉字字符串，得到由汉字组成的字符串。先采用 jieba 分词工具进行分词处理，再采用 Word2vec 工具对整个文档的单词序列进行处理，一条文本记录就可以用一个 $B \times h$ 的矩阵表示。其中 $B$ 为每个单词处理出来的向量的维度，$h$ 为该记录中包含单词的个数，$h$ 为非定值，可取 $H$ 为 $h$ 的最大值，小于 $H$ 的记录，在后面用 0 补齐，此时所有的记录都可以使用 $B \times H$ 的矩阵表示，作为模型下一部分的输入。

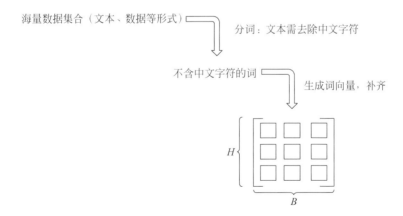

图 9.4-1 "有价值"信息预处理生成矩阵流程

2. 卷积神经网络

通过卷积神经网络，输入预处理生成的固定大小的矩阵，依次经过卷积层、池化层、全连接层，得到最后的结果（见图 9.4-2）。如采用基于 Python 语言在 TensorFlow 框架下实现的卷积神经网络等均可。

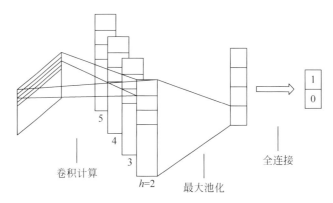

图 9.4-2　CNN 分析典型隐患流程

1）卷积层

对于二维矩阵 $X$ 和 $Y$，定义其卷积表示如下：

$$s(i,j)=(X\times Y)(i,j)=\sum_{m}\sum_{n}x(i-m,j-n)y(m,n) \tag{9.4-1}$$

卷积神经网络中的卷积为方便运算，与数学意义上的卷积不完全相同，但形式与意义相似，如神经网络中二维卷积定义如下：

$$s(i,j)=(X\times Y)(i,j)=\sum_{m}\sum_{n}x(i+m,j+n)y(m,n) \tag{9.4-2}$$

其中，$Y$ 为卷积核；$X$ 则为输入。

得到的卷积结果为矩阵 $S$，则 $s(i,j)$ 为 $S$ 矩阵的第 $i$ 行第 $j$ 列的元素。

卷积层使用不同的卷积核，将所关注的"有价值信息"的不同特征提取出来。采用由一系列固定列宽、维度与词向量相同、高度分别为 $h_k=2$，3，4，5 等的矩阵组成的卷积核 $Y$ 对安全隐患文本集进行处理，处理的步长为 1，第 $i$ 次卷积运算表示文本集的矩阵中的第 $i$ 行到第 $(i+h_k-1)$ 进行卷积运算。对每条文本记录，可使用高度为 $h_k$ 的卷积核进行卷积运算后生成维数为 $H-h_k$ 的向量，再将向量通过非线性激活函数的处理得到最终结果。每条文本记录经过卷积层，会生成多个维数不同的向量，作为后续池化层的输入。

2）池化层

通过卷积获得特征之后，需利用这些特征去做分类。当用所有提取到的特征去训练分类器时，需要极高的计算量，并且容易出现过拟合，故可以计算某个特定特征的平均值（或最大值），不仅具有低得多的维度，同时不容易过拟合，这种操作就称为池化。

本文的 CNN 安全隐患挖掘模型中，池化层的输入一般为一组不同维数、不同的向量，代表了对应的文本记录中不同词语之间组合的特征值。对于每个向量，可采取最大池化的方式提取特征，即将每个向量中的最大值提取出来作为最后的特征，并将其组合成一个新的多维向量（维度与卷积层的生成的向量个数相同），得到最后全连接层的输入。

3）全连接层

池化层生成的多维向量为全连接层的输入，向量的每一维代表该条文本记录对应某一尺度上的特征。最后的全连接层相当于对输入向量进行一次线性运算 $\boldsymbol{Ax}+\boldsymbol{b}$。最后将线性运算的结果经过激活函数，得到的就是模型的输出。可取其中较大的值将其置 1，较小的值置 0。如果输出的第一维为 1 则代表该条隐患记录对应"有价值信息"，否则为"无价值信息"，即并非机器想挖掘学习的信息。

3. 模型训练

在训练阶段，程序会对模型中的参数进行调整，不断优化损失函数（模型输出和实际结果的差距），分为正向传播和反向传播两部分。正向传播利用模型得到输出，然后计算损失函数。反向传播对网络中所有权重计算损失函数的梯度，这个梯度会反馈给最优化方法，用来更新权值以最小化损失函数，反向传播要求人工神经元的激励函数可微（图 9.4-3）。

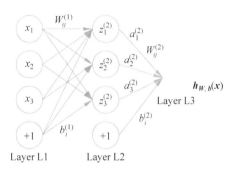

图 9.4-3　反向传播示例

可以用链式法则对每层迭代计算梯度。

$$z_i^{(l)}=\sum_{j=1}^{n} W_{ij}^{(l-1)}\cdot a_j^{(l-1)}+b_i^{(l-1)} \tag{9.4-3}$$

其中，$W_{ij}^{(l)}$ 表示第 $(l-1)$ 层第 $j$ 个神经元和第 $(l)$ 层第 $i$ 个神经元相连的权重；$a_j^{(l)}$ 表示第 $(l)$ 层第 $j$ 个神经元的输出；$b_i^{(l)}$ 表示第 $(l)$ 层第 $i$ 个神经元的偏置。用向量形式可表示如下：

$$\boldsymbol{z}^{(l+1)}=\boldsymbol{W}^{(l)}\cdot \boldsymbol{a}^{(l)}+\boldsymbol{b}^{(l)} \tag{9.4-4}$$

$$\boldsymbol{a}^{(l+1)}=f(\boldsymbol{z}^{(l+1)}) \tag{9.4-5}$$

这也就是正向传播模型，表示的是神经网络的输出过程。其中 $\boldsymbol{z},\boldsymbol{W},\boldsymbol{a},\boldsymbol{b}$ 是式（9.4-5）中的变量表示为矩阵和向量的形式。

与之相反的是神经网络的训练过程。设有一个包含 $m$ 个样例的固定样本集 $\{(\boldsymbol{x}^{(1)},\boldsymbol{y}^{(1)}),\cdots,(\boldsymbol{x}^{(m)},\boldsymbol{y}^{(m)})\}$，使用批量梯度下降法来求解神经神络。具体来说，单个样例 $(x,y)$，那么整体的代价函数为

$$J(\boldsymbol{W},\boldsymbol{b})=\left(\frac{1}{2}\times \sum_{i=1}^{m} \boldsymbol{h}_{\boldsymbol{W},\boldsymbol{b}}(\boldsymbol{x})-\boldsymbol{y}^2\right)+\frac{\lambda}{2}\times \sum_{i=1}^{n_l}\sum_{i=1}^{s_l}\sum_{j=1}^{s_{l+1}}\left(W_{ij}^{(l)}\right)^2 \tag{9.4-6}$$

其中 $J(\boldsymbol{W},\boldsymbol{b})$ 表示优化目标，第一项是均方差项，第二项是一个正则化项，目的是减小

权重的幅度，防止过拟合；$n_l$ 为神经网络层数，$s_l$ 为第（$l$）层神经元个数；梯度下降法中每次迭代都按以下两式对（$\boldsymbol{W}$，$\boldsymbol{b}$）进行更新：

$$W_{ij}^{(l)} = W_{ij}^{(l)} - a \cdot \frac{\delta}{\delta W_{ij}^{(L)}} J(\boldsymbol{W}, \boldsymbol{b}) \tag{9.4-7}$$

$$b_i^{(l)} = b_i^{(l)} - a \cdot \frac{\delta}{\delta b_i^{(l)}} J(\boldsymbol{W}, \boldsymbol{b}) \tag{9.4-8}$$

通过此方法，结合链式法则，反向将每层的参数更新，即可完成神经网络的训练。其算法格式为：

输入：训练集 $D = (\boldsymbol{x}_k, \boldsymbol{y}_k)_{k=1}^m$；学习率；

过程：

（a）在（0，1）范围内随机初始化网络中所有连接权和阈值；

（b）repeat；

（c）for all（x_k，y_k）∈D do；

（d）根据当前参数计算当前样本的输出；

（e）计算输出层神经元的梯度项；

（f）计算隐层神经元的梯度项；

（g）更新连接权与阈值；

（h）end for；

（i）until 达到停止条件。

## 9.4.2 白鹤滩典型隐患学习分析

通过卷积神经网络模型进行典型安全隐患的机器学习。利用 R 语言中的中文文本工具包与汉语分词系统（natural language processing & information retrieval，NLPIR）对隐患文本进行处理，梳理出高频词汇与高权重词汇，然后针对现场专业安全管理人员标定的典型隐患，基于 CNN 进行模型训练的整体流程如图 9.4-4 所示。所建立的 CNN 结构及整体训练流程具体如下。

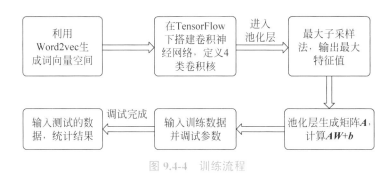

图 9.4-4 训练流程

1. 预处理

读取隐患数据文档，按照 9.4.1 节方法对全部隐患记录进行"有价值"信息的预处理，将每个词语都处理成具有相同维度 $B$ 的向量。为了取得较为理想的效果，本模型中选取的 $B$ 值为 183。为所有的隐患记录都构建对应的 $B \times H$ 矩阵，找出词语数目最大的句子设计矩阵，长度不足的句子矩阵的空白处设 0。

2. 卷积层

利用宽度均为 $B$，高度分别为 $h_i$（$i = 1$，2，$\cdots$）的卷积核，分别对预处理生成的矩阵进行卷积操作，提取词语之间的关联信息。利用 $B \times h_i$ 的卷积核处理，可以生成长度为 $(H - h_i)$ 的向量。实验中，模型选取的 $h$ 的值分别为 {2，3，4，5}，故经过卷积操作后，生成四个不同的向量，其长度分别为 {$H-2$，$H-3$，$H-4$，$H-5$}。生成的四个向量都经过激活函数 ReLU，即 $f(x) = \max(x, 0)$ 处理后，得到卷积层的输出，将其记为 {$X_1$，$X_2$，$X_3$，$X_4$}。

3. 池化层

对于卷积层输出的向量，分别对其进行池化，得到该向量对应的四个特征值 {$v_1$，$v_2$，$v_3$，$v_4$}，将其组合成一个新的四维向量 $x' = (v_1, v_2, v_3, v_4)$，作为池化层的输出。利用 TensorFlow 搭建卷积神经网络，定义相关的输入参数，采用长度为 183，宽度分别为 2、3、4、5 的四种卷积核对每个句子进行处理，卷积层的输出特征进入池化层，然后采用最大子采样法，捕捉池化层的最大特征值作为输出，由此每个句子将输出一个 $1 \times 4$ 的矩阵。

4. 全连接层

对于池化层输出的向量，将其对应到全连接层的输入神经元中。为确定需要的结果是否为典型隐患，采用一个二维向量表示，若第一个维度为 1，则表示为典型隐患，若第二个维度为 1，则表示非典型隐患，将其对应到全连接层的输出，故全连接层的输出包含两个神经元。全连接层的所有输入神经元和所有输出神经元都要建立连接，每条连接都带有一个权重，输入神经元的值以该权重加权求和后的结果加上偏置，再经过激活函数（实验中采用和卷积层相同的 ReLU 函数）就得到了输出神经元的结果。故可以用 $f(x') = $ ReLU$(Cx' + b)$ 来表示全连接层的输入输出关系，其中 $C$ 为权重矩阵，$b$ 为最后的偏置。这样就得到了模型对于该条隐患的预测值 $y_{predict}$。对上述所得 $1 \times 4$ 的矩阵乘以一个 $4 \times 2$ 的矩阵 $C$，再加上一个 $1 \times 2$ 的向量 $b$，最终可得用来判断是否为典型隐患的 $1 \times 2$ 向量。其中矩阵 $C$ 和向量 $b$ 均通过训练现有的隐患语句所生成。

### 5. 模型训练

将已选出的典型隐患数据和非典型隐患数据输入模型进行训练，调试参数至合适状态，使计算机实现自动识别典型隐患的功能。有了模型对于该条隐患的预测值 $y_{predict}$ 和专家对于该条隐患的标记 $y_{real}$，计算损失函数，并通过反向传播算法，反向逐层更新神经网络中的参数，完成对模型的训练。

### 6. 运行测试

完成了模型的训练后，用相似的方法进行测试。在运行和测试中，只需要完成 1～5 中的步骤，不需要进行反向传播来训练模型。最后利用预测值 $y_{predict}$ 进行准确率等指标的计算，或将其应用到工程中。对系统内的所有隐患数据进行识别，测试其中典型隐患所占比例并与实际情况做比较分析。

以现有的 2 000 多条典型隐患和 2 000 多条非典型隐患数据挖掘案例为例子（分为两组）。输入第一组 1 000 条典型隐患语句和 1 000 条非典型隐患语句进行训练。待训练完成后，输入第二组的 1 000 条典型隐患和 1 000 条非典型隐患进行测试。模型训练过程中的训练准确率、验证准确率、损失函数如图 9.4-5 所示。

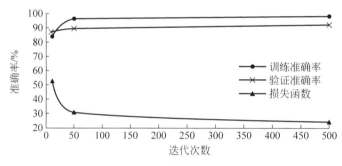

图 9.4-5　训练主要结果

在 1 000 条典型隐患中，954 条被识别为典型隐患，46 条被识别为非典型隐患，正确率为 95.4%；在 1 000 条非典型隐患中，971 条被识别为非典型隐患，29 条被识别为典型隐患，正确率为 97.1%。在水利工程中，施工现场从大量隐患中高效、准确地识别典型隐患，可以大大地降低事故率，提高现场安全管控效率。随着训练迭代次数的增加，准确率在逐渐上升。随着上报数量的增加，在后续的训练过程中精度与识别效率将会进一步提高。本学习方法在现场应用过程中，初期需要配合经验丰富的工程师，但是相比于传统的人工识别，效率已经大为提高，隐患平均整改时间也由 1.73d（2016 年年初至 2017 年年底）降到 0.62d 左右，整改效率提升 63% 左右。由此可知，总体训练的效果较好，初步达到了机器学习典型隐患、智能识别的目的。

## 9.5　应用效果

### 9.5.1　安全隐患上报—整改情况

白鹤滩水电站安全隐患排查治理平台在 2015 年 8 月 26 日上线开始正式运行以来，包括监理单位、施工单位、工程建设单位、保险公司、集团内部子公司等 20 余家单位参与，共计 2 000 余人参与到平台的建设和运行中，截至 2022 年 10 月 31 日，共计上报隐患 17 万余条，隐患整改率达 98%。上报隐患类型包括触电、文明施工、物体打击、爆炸、火灾、起重伤害、机械伤害等，如图 9.5-1 所示。

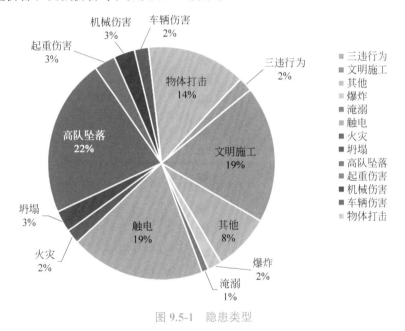

图 9.5-1　隐患类型

41% 的安全隐患在 1d 之内就能完成整改，17% 的安全隐患需要 1 ～ 3d 的时间完成整改，28% 的安全隐患需要 3 ～ 5d 的时间完成整改，不足 5% 的安全隐患需要 7d 以上的时间完成整改，如图 9.5-2 所示。

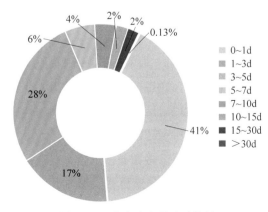

图 9.5-2　安全隐患整改时效性

### 9.5.2　参建单位行为及行为人分析

#### 1. 参建单位安全上报行为分析

从微安全隐患管理平台的应用情况来看，施工单位隐患上报数量占了一半以上，进一步说明微安全管理平台渗透率较高，排查面积大，摆脱了以往设立安全员进行全面排查的安全管理方法，充分发挥了人力资源，同时也有效培养了一线员工的安全意识，如图9.5-3所示。

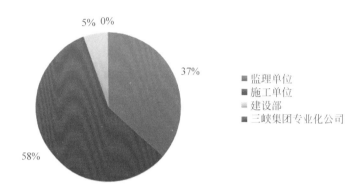

图 9.5-3　施工单位监理单位建设单位以及集团专业化公司上报数量百分比

#### 2. 参建单位安全上报行为人分析

通过对行为人上报隐患的时间分析，在众多上报者中找出五类具有典型上报行为习惯的工作人员，在此列为行为人 A、行为人 B、行为人 C、行为人 D、行为人 E。行为人 A、行为人 B 属于监理单位，行为人 C、行为人 D 属于施工单位，行为人 E 属于质量安全部。通过对五类行为人的上报时间间隔和行为人上报行为分析，总结五种常见行为人上报模式，针对不同的上报模式给予相应的建议安全排查方法。

1）行为人 A

上报轨迹呈现"山峰型"，前一阶段隐患上报数量不断增加，到某一顶峰时，隐患上报数量明显减少，该类型隐患上报人单日上报隐患较多，基本每日都在 10 条以上，隐患上报时间间隔较长，一周左右进行一次统一上报。这一类型的工作人员对新鲜事物较为敏感，同时疲倦期也相对来得较快，隐患上报人在某种程度上是新鲜感的追求者，上报隐患存在突击性、间隔性的特征，不符合隐患发现发生的规律，在一定程度上也与其工作环境、工作性质有关，行为人隶属于监理单位，不能每时每刻驻扎在施工一线，导致行为人的上报行为轨迹呈现上述特征，如图9.5-4所示。

2）行为人 B

隐患上报轨迹呈现"驼峰型"，隐患上报密度呈现两个高点，两次起伏，整体上报连续性较强，上报时间间隔相对较短。平台运用初期单日上报数量不断上涨，之后出现下

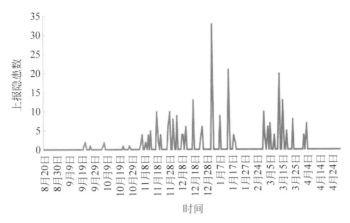

图 9.5-4　行为人 A 上报行为时间分布特征

降，后再一次升高后又一次下降，行为人 B 同属于监理单位，相对于行为人 A，对施工现场的隐患排查频率明显加强，单日上报量相比较平均，但从整体上仍存在上报密度的起伏（图 9.5-5）。

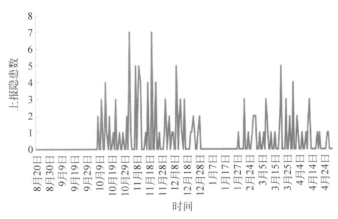

图 9.5-5　行为人 B 上报行为时间分布特征

3）行为人 C

隐患上报属于"缓慢上升型"，该类行为人在每天或者隔一天就会进行隐患上报，上报周期频率和上报数量比较符合一般施工人员对隐患排查的行为特征。与该类行为人在平台运行初期单日上报量基本维持在 2～4 条，随着平台不断成熟，传统安全管理方式向微安全管理转变，该类行为人日均上报隐患数不断增加，维持在每日 4～8 条。该类行为人属于平台应用的基础型用户，相对能够真实反映隐患排查平台的应用情况（图 9.5-6）。

4）行为人 D

隐患上报特点呈现"阶梯型"，在春节以后该类行为人日均隐患上报量是春节以前日均隐患的 2～3 倍，并且在春节过后呈现陡增趋势。这与春节后对隐患上报排查制度的改革有关，春节过后对上报隐患的个人给予红包奖励，进一步说明有效的激励机制可以调动员工隐患上报的积极性（图 9.5-7）。

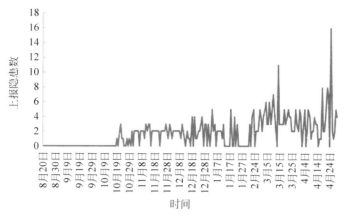

图 9.5-6　行为人 C 上报行为时间分布特征

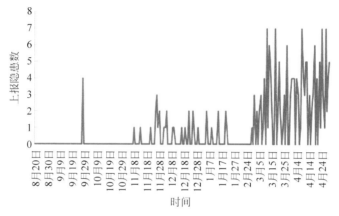

图 9.5-7　行为人 D 上报行为时间分布特征

5）行为人 E

隐患上报特征呈现"锯齿状"（图 9.5-8），该类行为人属于建设单位质量安全部门，对施工质量以及隐患状态整体把关。某一特定时期集中对隐患发现汇总上报，隐患上报时间间隔较大，并呈现规律性，每日上报隐患数比较集中，均在 2～4 条，符合工作性质特征。

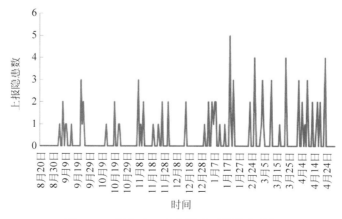

图 9.5-8　行为人 E 上报行为时间分布特征

### 9.5.3 现场安全管理效果

2015 年 8 月，安全隐患微信排查系统首次在白鹤滩水电站上线运行，多措施并举鼓励参建各方推广使用，采取了"以奖代罚"的激励措施，制定使用考核管理制度，每月制定考核量化指标，定期统计分析使用情况，将情况纳入安全考核范畴。通过隐患整改闭合和定额奖励，充分调动全体参建者对隐患排查整理工作的主动性和积极性，保障隐患查改工作规范化开展和高标准推进。

系统推广至今，覆盖了工程建设的各参建单位，实现了安全、质量、技术、生产四体系人员全覆盖，年均点击量高达 200 万次，通过全面收集和二次挖掘隐患上报、隐患整改和隐患闭合等海量数据，为施工前开展安全风险辨识提供了可靠依据，为促进安全技术、管理、制度创新提供了有力指导，促进了安全网格化管理、"每周一查"集中整治、"每周一案"典型剖析、"分级处罚"违规治理等一系列强有力措施的落地，不断强化施工现场精准管控，有效将事故隐患遏制在萌芽状态，创新解决典型问题重复发生。相比以往，隐患排查率提高31%，整改及时率提高 30%，单个隐患平均整改时间持续缩短并维持在 2.5d 左右，显著提高工程安全管理水平。

# 第10章　智能安全管理文化

智能安全管理文化是工程安全管理软实力建设不可或缺的部分，尤其对水利水电、交通等重大基础设施工程智能建造的发展具有重要意义。围绕工程智能安全管理为，从原则、特性、指标和内容四个方面构建智能安全文化内涵式发展框架，回答了建设怎样的智能安全文化、消除文化泛化发展和与工程管理相剥离的矛盾现象。提出基于要素分析的智能安全文化内涵式的构建方法，回答了怎样建设智能安全文化，使构建过程更加科学和规范，能够顺应重大基础设施工程智能安全管理趋势，有效地分析行业背景、时代需求、发展制约等方面关键因素之间的矛盾关系。形成了集理念层、行为层和视觉层于一体的智能建造安全文化体系，实现文化引领、技术支撑、政策约束、措施管控。最后，基于白鹤滩水电站智能安全文化内涵式建立实践，创建智能化技术助推的"重源头、强过程、全覆盖、正激励"的智能安全文化，验证了科学的智能安全文化是驱动工程项目建造活动安全、优质高质量发展、管理水平显著提高的重要方式之一。

## 10.1　智能安全文化背景与特点

在新一代信息技术的推动下，建筑、能源和信息技术深度融合，我国工程建设面临产业智能化升级。工程建设的复杂性也经历着由"量"到"质"的提升，隐患多源、事故频发、管理滞后等原因，导致安全风险形势依然严峻。面对挑战，工程企业迫切需要把握工程智能化的量度演变规律，形成与智能安全相适应的文化载体，融合先进管理理念、技术方法和工程实践，伴随智能安全的动态发展，创新形成文化、技术和管理相结合的新型安全管理模式。

建造行业属于传统行业，随着行业体系智能化的不断完备，智能安全如何注重文化理念，构建科学合理的文化体系，实现行业安全文化的平稳转型，是国内外学者和行业管理者关注的热点。建造文化作为一种管理形态和概念，于1984年引入中国，并引起了文化建设的热潮，构建完整的文化体系成为管理系统的最高层次。为适应我国建造业的快速发展，简约、实用和高效原则成为建造文化的发展趋势，并在项目应用中取得了较好效果。但在行业融合方面表现不足，存在与行业管理理念和时代建造技术快速发展脱节的现象，传统建造安全文化在现代重大工程应用和研究中，越显发展滞后、形式呆板、转化薄弱。文化研究与工程管理相互剥离更为明显，文化作为管理学的重要基础，越来越局限于文化本质层面的分析，很少将学科成果转化应用于管理实践，同时，工程管理也很少关注文化背景。

## 10.2　内涵式文化新理念

安全文化是一个多元、动态和综合性概念，贯穿于工程建造活动各个环节。基于建筑行业特色，形成了一系列安全文化理论研究，如安全文化弹性模型、韧性模型、成熟度、模糊评价以及安全文化与安全绩效、建造项目复杂程度、建造人员流动性之间的影响关系等。但传统安全文化在智能化工程的应用中，略显发展滞后、形式呆板、转化薄弱，与安全管理相剥离。经济学中"内涵式发展"是一个崭新的视角，建立智能安全文化内涵式发展体系是走出安全管理困境的必由之路（林鹏 等，2021）。

内涵在哲学上指事物本质属性的反映，外延是对事物量的描述。内涵式发展和外延式发展的理论也出现在经济领域，马克思在《资本论》中针对企业扩大再生产的方式的论述中指出，"如果生产场所扩大了，就是在外延上扩大；如果生产资料效率提高了，就是在内涵上扩大"。内涵式和外延式都能实现生产的进步和企业的发展，但两者在途径和特点上各有侧重（见表 10.2-1）。内涵式发展是以事物内部因素相互关系的"涨落"作用为动力所推动的发展模式，要求规模适度、效率增强和结构优化，更强调"质"的发展，首先认清本质"是什么"，然后通过映射关系，找到反映该本质的事物"有哪些"，即由对"质"的规定性延伸到对"量"的范围界定。

表 10.2-1　企业发展模式

| 发展模式 | 内　涵　式 | 外　延　式 |
| --- | --- | --- |
| 目的 | 企业做强 | 企业做大 |
| 途径 | 技术进步、效率提升、挖掘潜力、降低成本、优化结构 | 扩张规模，依赖外部投入 |
| 特点 | 把握发展主动权，实现可持续发展 | 受外部影响较大，自身控制力弱 |

就智能安全文化而言，也存在内涵式发展和外延式发展两种模式。注重文化内涵式发展，首先要认清智能安全本质"是什么"，然后通过映射关系，找到反映该本质的事物"有哪些"，即由对智能安全"质"的规定性延伸到对安全文化"量"的范围界定（图 10.2-1）。"质"即为工程风险管控，通过整合智能安全所属的理念、技术及管理等内部

资源，映射到"量"，即"人、物、环、管"四个方面，形成原则、特性、指标和内容四大板块范围，利用智能化技术，优化智慧管理结构，凸显风险管控本质。

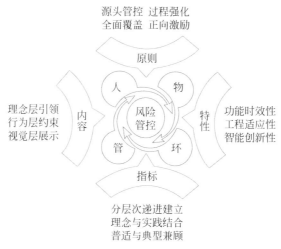

图 10.2-1　智能安全文化内涵式发展框架结构

## 10.2.1　构建原则

智能安全文化是安全管理的精神体现，也是与智能安全特性相适应的管理制度和结构。在传统建造文化选择性扬弃的基础上，以提高工程建设的风险承受能力为风险控制方式，来降低建造风险的不良影响，而非一味地弥补损失或躲避风险，并形成以"源头管控、过程强化、全面覆盖、正向激励"为原则的智能安全文化体系。

在工程建设"人、物、环、管"四要素中，人是最关键的因素，决定着对品牌、资源、技术、管理等资源的利用程度。在第 5 章人员安全智能管理中也详细论述了针对人员行为的安全管理系统的建立。在智能安全文化体系中，人也是推动文化演化的核心动力机制。一方面，人作为最基础的个体文化单元，其文化观念和文化行为受到工程外部环境、所属单位或个人信仰等内外因共同影响。另一方面，众多的文化个体单元在文化观察、文化交互、文化学习等过程中不断调整和完善自己的文化观念和行为，并逐渐形成新的文化基因群落，最终表现为文化主体中涌现的新文化特征。因此，人不仅是文化的重要载体和传播者，更是文化的创造者、推动者，也是工程文化存在的最终意义所在。

### 1. 源头管控

智能安全文化，应最大程度发挥人的价值。在追求技术和管理创新的同时，坚持以人为本，做好源头管控，人性化发展，为人创造更安全的生存和发展环境。一个运作良好的文化系统必然是对环境开放，具备吐故纳新能力，能够适应环境动态变化、可持续发展的。智能安全文化本身就是一个异质的、非均匀的和非平衡的系统，是多种文化观点碰撞、博弈、排斥和融合作用的结果。由于参建单位的企业文化的独立性和多样性，工程组织需要通过文化协同机制对各种文化基因进行整合，通过跨组织边界的文化学习和交流，增加文化资本。

### 2. 过程强化

智能安全文化应融合传感技术、通信技术、数据技术、建造技术及项目管理等多方面条件，针对多要素安全问题，形成监督进展、规范流程、检查纠正、记录分析和量化目标等全要素覆盖和强调过程的文化。

### 3. 全面覆盖

随着大型工程尤其是大型基础建设工程在改善民生、振兴经济和提高行业竞争力等方面扮演了越来越重要的角色，以及施工技术现代化和建造智能化程度提高，智能安全管理也越来越受到工程参与主体的重视。因此，智能安全文化应结合与工程品质相关的质量、进度、环保、成本等因素，形成以追求卓越为目标的价值体系，不仅表现为精品工程、精尖技术、绿色环保、安全高效及高质量发展，同时也包括追求卓越、平等的竞争氛围，用文化价值强化每位个体追求卓越的内在驱动力，形成不断进步、平等和谐竞争的氛围，实现员工的共同进步、行业的共同繁荣。

### 4. 正向激励

注重数据资源的共享性是智能安全文化的重要内容，在智能安全文化中，以开放的心态面向社会，将自身利益与整个行业的生态利益相结合，保证对文化资本的公平利用和有效利用为文化协同基础，伴随信息沟通和协调机制，形成"人 - 人""人 - 机""机 - 机"之间的博弈互信关系，伴随着智能安全文化的展开，文化交流方式和文化传播网络处于动态调整和平衡状态，从而推动智能安全文化的有序进步发展，以期促进过程规范、结果优化和持续改进，实现工程安全建设和按期交付。

## 10.2.2 文化特性

智能安全文化是在工程安全管理智能化发展的背景下应运而生，利用技术与管理的深度融合，对传统文化的传承、发展和革新，是工程建造与项目管理发展过程中的进步和选择。智能安全文化特性应是一种以"人"为载体的文化现象，同时适应"工程"建设的时代要求，逐步积累、演化创新，具备功能时效性、工程适应性和智能创新性。

### 1. 功能时效性

文化的建设周期长，演化过程复杂，与行业收益的时效性为一对突出矛盾。智能安全文化需贯穿各个建造全生命周期和项目管理全环节，尤其是针对重大基础设施工程，工程项目过程具有鲜明的阶段性，安全文化在建造过程中也表现出更强的阶段波动性和动态变化特征，需要根据工程项目建设管理的全周期特性进行积累调整。安全文化本身是一个复杂的演化系统，如果在其演化过程中缺乏强有力的文化传播和控制机制进行系统运作状况的及时反馈，文化系统将很难发挥作用；同时，由于工程建设中的项目人员组成复杂且流动性强，组建、磨合、规范、成熟和解体现象发生频繁，人员的更迭导致团队不信任程度和团队文化冲突模糊性增强，不利于文化价值的固化传播和文化冲突风险的管控。因此，智能安全文化的成果固化体现和有效传承传播，是凸显文化功能时效性的关键。

### 2. 工程适应性

工程组织构架是管理理念和经营氛围的直接体现，也是重要的文化载体之一，包括管理幅度、集权水平、规范化程度等多个方面，不仅决定了权利分配程度、组织成员之间的相互关系，同时影响着人们的价值观、思维模式、行为交往和文化交流。随着信息技术的进步，组织构架正由传统的塔式组织结构向扁平化联盟型组织结构演化（胡斌 等，2020），更加强调全方位信息交流和横向沟通。各部门在行政上相互独立平等，不存在隶属关系。同时，工程各参与方远离其公司总部而集中于工程现场，这种空间分布极大地减少了传统文化中"官本位、迷信权威、一元化"等要素引起的扼杀文化创新和阻碍文化变革的惰性障碍。因此，智能安全文化应具有文化多样性，对多种文化个体所具有"史前性"及彼此之间的不对称性具有包容能力，同时适应工程组织构架的发展趋势，满足不同时期、不同类型的组织结构文化需求。

### 3. 智能创新性

安全管理智能化发展本身是一个不断创新优化的过程，包括培养创新型理念、建立创新型制度、提升创新型科技、引进创新型人才和优化创新型管理组织等。智能安全文化的建立必须顺应智能安全不断创新、持续优化的特性，并关注工程中各参与方对文化创新的相关度影响，如当工程管理者表现出强烈的技术和管理创新欲望时，往往需要对业主所期望的技术创新方向加强了解，同时更重视对员工创新积极性的调动和对灵活创新的管理氛围培育。因此，为保持自身活力，安全文化的建立必须具备不断创新、持续优化的特性，并关注工程中各参与方对文化创新的相关度影响，以文化理念创新为先导，技术和管理深度融合，突破传统文化定式；以文化战略创新为方向，紧跟智能技术发展趋势；以文化制度创新为手段，匡扶管理决策，形成以信息化、网络化、智能化为基础的创新文化机制。

## 10.2.3　文化指标

在文化的建设指标上，围绕智能安全为核心，将建造风险划分为建造物和建造过程两部分，并进一步分解为"人、物、环、管"四个要素，凸显时效性、适应性和创新性，分层次建立文化指标。

形式上，指标体系的建立应定量与定性相结合，体现指标的科学性和准确性；理论与实践相结合，以先进的适应时代发展的理念来指导和引领实践，同时在智能技术应用和智慧管理的实践中不断完善理念，体现指标的可持续发展和可操作性。

在指标体系的结构上，应以普适性和典型性相结合，既能够兼顾文化体系的通用性和安全管理智能化的专属性，避免指标之间的交叉和重复，做到既简明扼要，又系统完整。坚持以人为本，以安全事故控制为导向，以人机协同为辅助手段，转变安全风险监控理念，利用建造技术和管理的智能化方式构建科学高效的安全风险监控和管理系统，增强过程管控分析和结果评价，提高安全风险的控制能力。

## 10.2.4　文化内容

文化是很抽象的概念符号体系，承载着不同人群对所处世界的不同认识。传统文化延伸到工程智能安全，可表现为结合外部战略环境、建造性质及智能技术水平，逐渐培育形成反映团队主体思想、共同认可遵循的一系列观念和准则的合集，包括价值观念、技术资质、管理模式、质量控制、资源投入、工作作风、安全健康、生态环保等。相比于概念符号学，智能安全文化更凸显功能属性，是一种实用性的管理工具，如在工程建造中对遇到的基本问题的解决方案选择，正是智能安全文化的自我展示。将智能安全文化由内及外可划分为理念文化、行为文化和视觉文化三个层面，强调了"全程"和"全面"属性。"全程"即文化贯穿工程建设的始终，最终上升为工程精神，凝聚在工程的成果之中。"全面"即文化会持续地影响所有人员的思想、意识和行为。

理念文化层为智能安全文化建设的核心层，贯穿发展战略、行业宗旨、行业愿景、行业精神等，通过精神层面建设，触发人员忘我的奉献精神和强烈的责任使命，固化价值取向。行为文化层是智能安全管理过程中，对工程人员的行为产生规范性、约束性影响的部分，它集中体现了理念文化层文化对工程组织中各参建方群体行为和成员个体行为的要求，是文化精神外化于行的动态体现。行为文化层的要素包括规章制度、组织机构、管理机制、管理水平、行为规范和组织风俗（典礼、仪式、纪念节日、活动）等。视觉文化层是文化最直观、最外露的静态表现形式，是智能安全文化的外在物质载体，包含办公环境、功能设计、文化设施、图形图案、服装标识等。

## 10.3　文化创建途径

在安全风险管控上，我国政府相继制定并颁布了一系列的法规和标准，工程的设计、施工与科研人员围绕风险管理理论、风险评估分析、风险监控预警、风险管理信息化等技术问题，提出了一系列创新型研究成果，为降低我国大型工程建设风险作出了突出贡献。但由于工程建造活动比一般生产活动具有更强的不确定性和不安全性，仍是世界公认的高风险行业之一，风险管控方面仍存在一系列的问题，如何借助已有技术研发及创新管理模式，开展文化建设，使安全管理体系更加完善、安全能力建设更加高效是亟待解决的一个问题。

在内涵式发展的理念下，基于要素分析的方法（曾勇 等，2008，2019）是一种建立智能安全文化的新途径。该方法是一种以设计递归逻辑为基础，基于设计建模的公理化理论推导出的设计方法（图10.3-1），包含对设计目标系统所处工程环境分析、系统对工程环境的结构需求分析和系统对工程环境的性能需求分析三个方面。其中，工程环境分析是获取优质需求的源泉，结构需求和性能需求关系紧密相连，均由工程环境分析导出。

以内涵式发展理念为框架，通过对工程环境本身以及文化与工程之间在结构与性能方面的需求和制约关系进行分析和优化，形成递归逻辑关系（图10.3-2），在不断循环往复的过程中，建立和完善文化体系，包括"环境分析、冲突识别、矛盾解决"三个阶段。

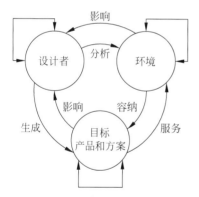

图 10.3-1　基于要素分析方法的理论基础

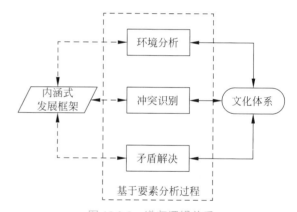

图 10.3-2　递归逻辑关系

### 10.3.1　环境分析

环境分析即分析工程建造环境组成要素以及各要素之间的关系。利用语言分析法建立递归对象模型（recursive object model，ROM），通过提问和回答的方式，运用知识、信息、书籍和标准等储备，满足设计需求的过程（图10.3-3）。

在环境分析阶段，将内涵式智能安全文化体系构建描述为"设计者设计内涵式文化体系来助力智能安全"，并形成最初的 ROM（图10.3-4）。

对 ROM 中逻辑关系最简单的对象如"智能安全、文化体系、内涵式"等建立求解理论需求系统（表10.3-1），并不断更新循环，优化 ROM 模型。

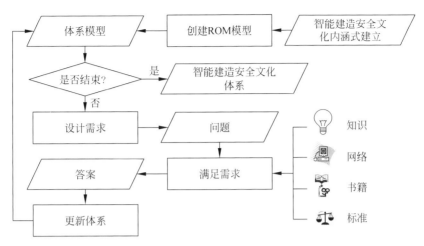

图 10.3-3　基于要素分析的智能安全文化体系设计环境分析流程

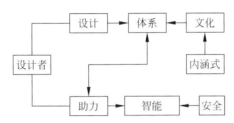

图 10.3-4　智能安全文化体系设计最初 ROM

表 10.3-1　求解理论需求系统

| 次序 | 问　题 | 答　案 |
|------|--------|--------|
| $Q_1A_1$ | 什么是"智能安全" | 集成融合传感技术、通信技术、数据技术、建造技术及项目管理等知识，对建造物及其建造活动的安全内容进行感知、分析、控制和优化的理论、方法、工艺和技术的统称 |
| $Q_2A_2$ | 什么是"文化体系" | 一个多层次的综合体，代表人类社会所有的物质、精神、制度等方面的才能、习惯、传统等，包括精神层、行为层和物质层 |
| $Q_3A_3$ | 什么是"内涵式" | 抓住事物的本质属性，强调事物"质"的发展，是一种以事物的内部因素作为动力和资源的发展模式 |
| $Q_4A_4$ | 如何"设计文化体系助力智能安全" | 导入组织识别系统（CIS），从理念识别系统（MIS）、行为识别系统（BIS）和视觉识别系统（VIS）进行理念、行为和物质等方面的要素整合、统筹策划和精心设计；<br>MIS 是 CIS 的决策层，包含使命、价值观和宗旨等；BIS 是 MIS 的动态表现形式，包括制度、机制以及文化传播方式；VIS 为 MIS 的静态表现形式，包括广播、标语和办公物品等工程环境建设 |

　　根据已有知识储备，进一步分析工程建造环境中与智能安全管理相关的组成要素以及各要素之间的关系，并形成智能安全文化体系框架（ICSCIS），如图 10.3-5 所示，包括风险、管控、智能建造、文化体系、内涵式等对象，分层次对每个对象进行问答求解过程，制定出技术水平、创新能力、感情倾向、抗压能力、共享互联、操作规程、机械性能、预

警系统、施工环境、地质环境、能源消耗、价值创造、风险管控、制度标准、智能伦理十五项指标准则，为冲突识别和矛盾解决建立基础储备。

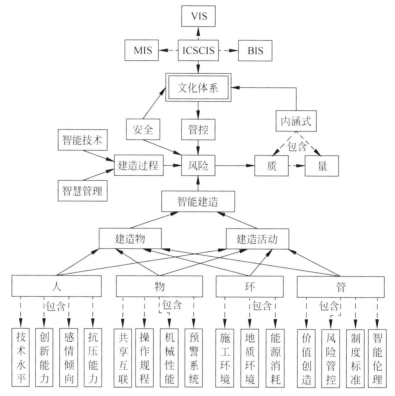

图 10.3-5　智能安全文化体系框架设计

## 10.3.2　冲突识别

冲突识别阶段，即分析指标准则之间的约束矛盾并归类（表 10.3-2），包括主动型矛盾和反应型矛盾。

表 10.3-2　智能安全文化体系设计过程中的重要冲突

| 矛盾类型 | 序号 | 冲突识别 | | 矛盾解决 |
|---|---|---|---|---|
| 主动型矛盾 | 1 | 共享互联 | 智能伦理 | 突出数据互联共享理念；<br>创造良性竞争的文化环境，加强数据隐私管理和正义使用 |
| | 2 | 价值创造 | 风险管控 | 创新能力是工程建设的外在提升方式，以创新为途径，促发展；<br>增强风险承载力，提升工程建设竞争优势，保发展 |
| | 3 | 规范操作 | 技术水平 | 注重源头教育，全员互动、自主融入；<br>"要知道"到"要做到"，提升规范操作的安全准入 |
| | 4 | 风险管控 | 预警系统<br>机械性能 | 用智能安全技术来感知、分析与控制 |

| 矛盾类型 | 序号 | 冲 突 识 别 | | 矛 盾 解 决 |
|---|---|---|---|---|
| 反应型矛盾 | 5 | 制度标准 | 感情倾向 | 弹性管理，正向激励，奖惩结合 |
| | | | 抗压能力 | |
| | 6 | 施工环境 | 地质环境 | 全要素、多维度管控 |
| | | | 能源消耗 | |

### 1. 主动型矛盾

主动型矛盾为工程环境中限制文化体系建立的关键条件缺失，包括：智能安全中大数据使用安全问题，即"共享互联"与"智能伦理"之间的矛盾关系；建造过程中由不确定因素引发的风险对绩效产生冲击的问题，即"价值创造"与"风险管控"之间的矛盾关系；人员主观及客观原因与操作规范性之间的对立，即"规范操作"与"技术水平"之间的矛盾；机械系统的智能化水平与风险承载力之间的关系，即"风险管控"与"预警系统"和"机械性能"之间的矛盾关系。

"共享互联"与"智能伦理"之间的矛盾关系为在智能安全中大数据的使用问题。在智能安全中大数据是战略性基础资源，是科学决策的关键因素，数据的共享互联蕴藏着巨大的科学研究价值、公共管理与服务价值和商业价值，对推进工程科学的发展，提升行业的融合协作具有重要意义。各领域在享受建设智能化带来恩惠的同时，也承受着风险的冲击，包括大数据时代对个人隐私的泄露（金元浦，2021）、智能技术使用的道德基础及法治问责等。因此，在文化的建设中首先要突出数据互联共享理念，增进行业协作，同时需要创造良性竞争的文化环境，在源头上加强对数据的隐私管理和正义的使用。

"价值创造"与"风险管控"之间的矛盾关系为建造过程中由不确定因素引发的风险对绩效产生冲击的问题。重大工程建造环境中的不确定性空前加剧，给工程的价值创造带来严峻挑战，这种建造风险是不可预估和难以控制的，覆盖施工行为、施工技术、施工环境以及施工管理等多方面。在文化建设中，为降低建造风险对工程价值创造的不良影响，最好的解决方式是提高工程建设的竞争优势，具备更高的风险承受能力，而不是一味地避免风险或控制风险，从而建立风险与绩效相融合的整体观，构建"风险管理 - 价值创造"一体化文化理念。

"规范操作"与"技术水平"之间的矛盾是操作人员主观及客观原因与操作规范性之间的对立问题。在重大工程建设中，规范操作是保证工程建设质量，降低建造风险最基本的保障；操作人员的规范化程度受知识储备和技术水平直接影响。在文化建设中，首先要明确规范操作的重要性，以此为目标，促进全员互动、自主融入，增强安全意识，形成全员安全文化，并开展安全学习培训，提高规范操作的安全准入。

"风险管控"与"预警系统"和"机械性能"之间的矛盾为建造系统及施工设备的智能化水平与由此引发的建造风险之间相平衡的问题。建造技术及装备自动化、智能化水平提升是提高工程建设管理水平和风险管控能力的基础,强化预警能力,提升机械性能,注重安全管理过程,实现感知、真实分析与控制于一体的智能化风险管控体系。

#### 2. 反应型矛盾

反应型矛盾为文化体系形成过程中对产生的不良影响,包括工程管理对人的影响以及工程建设对环境的影响,具体内容要素包括"制度标准"与"感情倾向"和"抗压能力"之间的矛盾,"施工环境"与"地质环境"和"能源消耗"之间的矛盾。建造业的快速发展将带来耗能偏高、环境污染等一系列问题,在文化建设中,强调智能安全以绿色发展作为追求效益的前提,是擘画国家中长期经济社会发展战略蓝图的重要举措,是对长远生态环保效益和工程长期服役环境保护互惠平衡的深入考量。

### 10.3.3　矛盾解决

矛盾解决阶段,即对主动型矛盾和反应型矛盾进一步解剖分析,提出创新型解决方案(表10-3),克服传统文化构建方法中难以同时满足结构需求和性能需求的困境,化解矛盾对立关系。解决文化中限制因素的矛盾问题的过程就是建立文化体系的过程。如何使智能安全文化具有独特的思想,并在此思想的支配下,表现出适应安全管理智能化的个性是文化体系的关键。智能安全文化体系是一项系统工程,内容和环节众多,既要立足于当前行业现实,又要着眼长远战略未来,既要结合技术及经济实际,从制度落脚,又要结合管理,实现人与文化的创新融合。

结合工程实际,通过组织识别系统,形成涵盖理念识别系统(mind identity system,MIS),行为识别系统(behavior identity system,BIS)和视觉识别系统(visual identity system,VIS)于一体的具体文化内容。各部分之间相互促进、相互依存,MIS是核心决策层,并通过VIS和BIS的形式表现出来,整个文化体系更加科学、明确和全面。

## 10.4　智能安全管理文化内容

白鹤滩水电站在建设过程中大量采用智能建造2.0技术(樊启祥 等,2019),全面实施生产智能化管控和创新发展智能安全文化建设,经济和社会效益显著。基于要素分析的智能安全文化内涵式建立方法得到成功实践,形成包括理念识别系统、行为识别系统和视觉识别系统一体的智能安全文化体系,如图10.4-1所示。

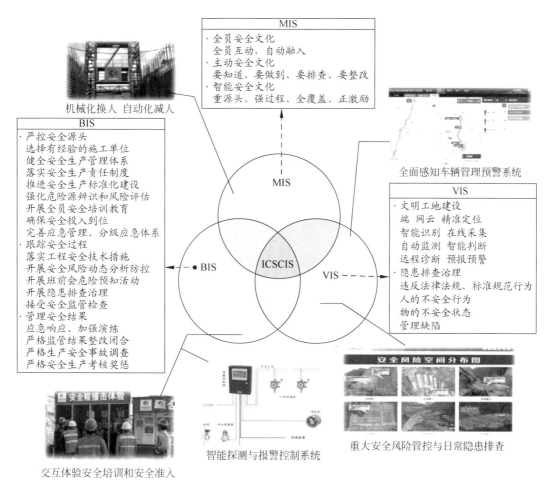

图 10.4-1　白鹤滩水电站智能安全文化体系

## 10.4.1　理念文化层

在文化理念上，以人为本，提出了全员互动、自主融入的全员安全文化，通过开展多形式的交互体验安全培训和安全准入。创新安全培训形式，增强施工人员防范意识。建设安全体验馆，通过安全帽撞击、安全带体验、用电安全、电击、洞口坠落、灭火器使用、钢丝绳使用、现场急救等项目的体验式培训使施工人员亲身体验、真实感觉各种安全防护用品的使用及发生危险时瞬间感受，入脑入心，解决习惯性违章难题。

采用安全培训工具箱开展安全培训，通过观看安全动画，使培训对象易于理解和掌握；培训时间灵活，适用于水电工程施工人员流动性大的特点，实现施工人员培训全覆盖；培训资料电子化，及时整理归档，便于查询和检索。同时，结合人员定位及隐患排查治理系统，延伸形成"要知道、要做到、要排查、要整改"的主动式安全文化，并且基于"感知、分析、控制"智能建造闭环控制理论的"人、物、环、管"安全技术，助推形成"重源头、强过程、全覆盖、正激励"的智能安全文化。

## 10.4.2 行为文化层

在安全文化行为方面，以零伤亡、零事故为目标，以源头严格管控、过程全程跟踪和结果高效管理为抓手，形成闭环管理制度体系，监督检查和风险评估等职责机制。

### 1. 注重源头管控

开发应用建筑市场管理信息系统，创新分包单位、作业人员和设备设施管理。通过建筑市场管理信息系统，实现合同分包及市场准入的网上登记与审批，系统本身的唯一性确定了一家分包单位只能在一个总承包单位承揽分包任务，锁定了现场负责人必须在场负责，明确了分包类型和分包部位，杜绝了层层分包和转包现象，分包单位经济纠纷逐年大幅下降；建立全员"统一用工、统一食宿、统一支付、统一培训、统一劳保、统一表彰、统一体检"（即七统一）的信息数据库和设备设施信息档案库，并动态更新，保证了人员进场可查询，数据可追溯。对不满足要求的进行清理登记，对严重违反管理要求的实施清退并纳入黑名单，实现在系统上可查询。为保证施工人群的安全性，筛除防范治安隐患，对务工人员身份信息报送公安系统进行筛除，对有犯罪前科人员特别关注。对进场体检身体有严重疾病（传染病）不适合集体工作的务工人员实施清退，确保施工区务工环境的健康和安全。

作业人员安全培训信息录入在建筑市场管理信息并定期更新，该信息与人员定位及轨迹跟踪系统对接，实时动态更新，并配套建立信息化识别安全管理系统（图 10.4-2），作业人员佩戴的信息化设备与现场入口通道识别系统对应，查验进场人员信息，核定准入资格，对非施工人员及安全培训考试不合格施工人员，不予准入；在现场手动再次核定，通过人脸识别感知或扫码对应的二维码图像识别，核对作业人员信息，对该系统中作业人员信息不存在或不准确或未进行安全教育培训的予以预警，督促信息完善或重新安全培训合格。同时，数据上传云端后，可实现对数据过程追溯和二次开发，形成"人员 - 系统 - 数据"协作模式，不仅人人可当安全员，系统也是安全员，数据也是安全员。

### 2. 强化过程跟踪

强化安全管理过程，实现人员与设备定位及轨迹跟踪，建立隐患排查微信系统、缆机防碰撞与司机防疲劳监控预警系统、骨料运输车辆 GPS 管理系统、泥石流预警系统及液氨智能监控预警系统等，创新管理实践，实现全面感知、真实分析、实时控制，减少事故发生概率。

人员与设备定位及轨迹跟踪方面，白鹤滩人员定位系统地面区域采用差分卫星定位技术，洞室内采用抗干扰性较强的 ZigBee 定位技术，实现了对水电站建设期施工作业部位及交通路隧等复杂建设环境全面覆盖。同时，通过佩戴无源射频卡、定位终端、移动视

"人人"是安全员　　　"系统"是安全员

图 10.4-2　信息化识别安全管理系统

频记录仪等，对作业人员实行区域量化监控，对安全质量相关人员实现精确定位；不仅减轻了一般作业人员佩戴终端的负担，而且在实现全员管理的基础上突出强化了质量安全管控。

基于 Wesafety 平台构建了实时在线、交互扁平的全员安全文化，全员和各参建单位在线协作，有效地促进了各单位、全员之间的安全协作和互信，并将智能技术、管理和文化相结合，根据云端多源大数据汇总分析（图 10.4-3），查找高频隐患词汇，精准定位典型顽症，专项重点整治，逐项破解消除，开展"五防"责任工作。同时，针对机械设备等建立隐患数据库，分析隐患数量、隐患类别、隐患部位、隐患发生时间等数据规律，健全安全预警预报体系，增设缆机群安全调控、砂石骨料运输车辆管理和液氨智能监控预警等多个智能安全系统，实现全面感知、真实分析、实时控制，减少事故发生概率。

### 3. 高效结果管理

通过对安全状态和管理效果分析，反馈指导安全管理工作，有针对性实施处置或加强管控力度。

研发白鹤滩工程安全隐患排查治理微信系统，改变了传统隐患排查治理"以罚为主"的考核方式，建立"以奖代罚"管理模式。并建立微安全隐患管理机制，构建公开透明的隐患监督平台（图 10.4-4），实现隐患排查后监督、整改、验收同步进行的扁平化闭环实时管理控制。隐患信息可直接传递至施工现场具体责任人，对相关责任人形成无形的压力，促进隐患及时整改闭合，提高隐患排查率和整改及时率，大大降低了施工建设过程中事故发生的可能性。

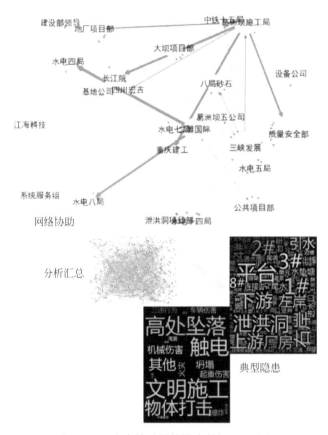

网络协助

分析汇总

典型隐患

图 10.4-3　安全协助网络及大数据词云分析

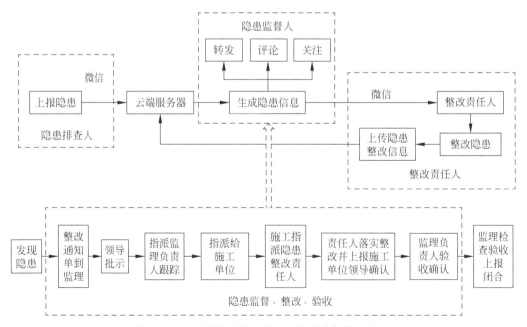

图 10.4-4　系统使用前、后，隐患排查与整改流程

创建了一套科学合理的安全评价体系，通过系统的使用与分析，从"人、物、环、管"四要素科学判定具体某个施工部位风险分级与隐患排查双重机制运行状态，全面评估施工现场安全风险控制水平，促进了"全员参与、人人要安全"的文化氛围。通过白鹤滩工程安全隐患排查微信平台（见第 9 章）"分析汇总"功能模块，对上报隐患进行统计、占比分析，反馈开展隐患顽症专项整治和本质安全建设，坚持问题导向，紧盯薄弱环节，排查治理更有针对性。

### 10.4.3 视觉文化层

在安全文化视觉识别方面，开展安全施工智能化工地建设，通过技术创新、管理创新、制度创新反馈本质安全工程建设。对高风险项目，除加强全过程安全管控外，实施"机械化换人、自动化减人"，加大安全投入，优化施工方法或选用更先进的设备，从源头消除安全隐患，从本质上保障现场施工安全。例如，大坝和进水塔混凝土浇筑采用液压自升式爬模，大坝导流底孔浇筑创新应用门槽云车和门槽一期直埋技术；深大竖井开挖采用 3.5m 的大口径反井钻机一次成型施工溜渣井方案替代人工手风钻爆破扩挖方案；采用门式起重机、桥式起重机、矿山绞车替代传统卷扬机垂直运输方案，引水隧洞使用液压伸缩万向移动衬砌台车，泄洪洞龙落尾应用自动化运料系统等。

利用"互联网 +"的思想，设计安全管理移动办公产品，革新隐患排查与治理工作方式，提升水电施工安全实时交互管理水平，建立全员安全互信文化阵地（图 10.4-5），做到人人都是工程建设者，人人都是隐患排查者，人人都是整改监督者。数据云端共享，全程在线监督，环节公开透明，结果闭环反馈。

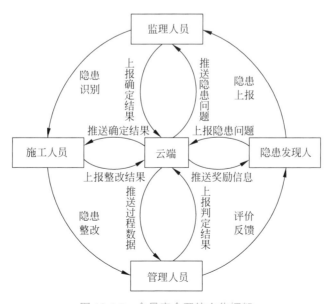

图 10.4-5 全员安全互信文化框架

面对我国未来基础设施工程逐步向高海拔、深海、深空开发,其建设安全管理的复杂性由"量"到"质"的提升,传统基础设施工程建设管理文化模式无法有效解决各利益相关方思想统一、多方组织协同精细管理的难题。创新以内涵式发展模式构建工程安全管理文化,建设"重源头、强过程、全覆盖、正激励"的智能安全文化为纽带,以精细协同智能安全管理为目标,强调内涵式发展及围绕工程安全管理功能,搭建了与基础设施工程建设安全管理内外部环境相的适应、协调、有序文化载体,对工程安全管理起到有效的引领、约束及宣传作用,不仅有效解决了类似白鹤滩水电站工程的综合技术及复杂组织管理的世界难题,凝聚参建各方人心、助力实现价值驱动的精品工程建设,也达到了文化引领发展、凝聚意志、塑造企业品牌的效果。

# 第11章  思考与展望

　　大型水电、交通等工程是关系国计民生的重要基础设施，是人类科技进步和社会文明的象征，如胡佛大坝、金门大桥、伊泰普大坝、三峡大坝、港珠澳大桥、白鹤滩大坝等，都是一个国家、一个民族和时代精神、创新技术和卓越管理的结晶，是精品工程的典范。在新一代信息技术的推动下，建筑、能源和信息技术深度融合，我国基础设施工程建设面临产业智能化升级。建造过程的复杂性也经历着由"量"到"质"的提升，多源隐患、事故频发、管理滞后等原因，导致安全风险空前加剧。面对挑战，迫切需要把握建造过程智能化的演变规律，形成与智能安全相适应的文化载体，融合管理理念、技术方法和工程实践，伴随智能建造的动态发展，创新形成文化、技术和管理相结合的新型安全管理理论、模式和价值创造体系。20年来，以金沙江下游河段为代表的我国大型水电工程的建设过程中，积极推进数字、信息、通信技术与建造活动各项管理要素的深度融合，其中基于数字化的智能安全理论、关键技术、交互式软件系统和安全文化建设等在溪洛渡、乌东德、白鹤滩等水电站的建设过程中得到了很好的研究和深度实践，有效解决了工程建造过程中面临的各类安全风险问题。回顾20年来这些生动的安全管控的研究与实践历程，主要有以下几点思考与展望。

## 11.1  思考

　　安全智能化管控是基础设施工程智能建造的重要延伸，主要体现为对安全管理理念、方法、系统的重塑以及数据资产的价值挖掘。根据安全管理流程、工程建设的生命周期和发展层次三个维度，将安全智能化管控的思考分为敬安、智安、本安、数智、数能和数值六个维度，如图11.1-1所示。

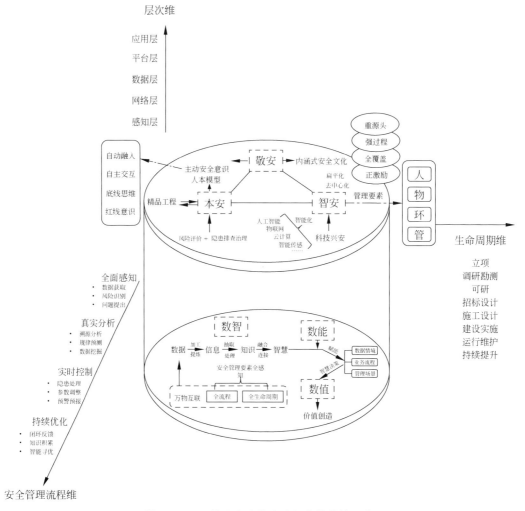

图 11.1-1　三维六角度的安全智能化管控思考

## 11.1.1　敬安——主动安全意识与内涵式安全文化

大型基础设施工程的安全工作千头万绪、横向到边、纵向到底，参建各方人人始终要有敬畏之心。形成自动融入、自主交互的安全理念、安全意识，既是企业在安全生产管理过程中，经过深思熟虑逐渐形成的安全管理的核心原则和目标，也是需要被员工广泛接受、指导员工的作业行为和文化。对参建人员而言，保持对安全的常敬常畏之心，具有良好的安全意识就能指导自己和身边的人遵守作业规程、规范安全行为，做到"不伤害自己、不伤害别人、不被别人伤害、提醒别人不受伤害"。在安全管理方面，凡是有先进超前安全意识和理念的企业，其安全生产管理绩效在业界也肯定是一流的。企业确定的安全理念时要有底线思维和红线意识，要深刻领悟安全发展理念的内涵，制定先进安全理念，回归本质安全、指引本企业内涵式安全文化的形成与落地生根。

安全文化是企业多年安全管理过程中积累传承下来的管理理念、安全行为规范、自我约束、自主管理和团队管理的安全管理氛围。安全文化建设是安全管理长效机制建设的重要基础，对企业安全生产管理起到重要支撑作用。基于长期的基础设施工程安全管理实践，白鹤滩水电站以工程智能安全管理为核心，从原则、特性、指标和内容四个方面构建了智能建造安全文化内涵式发展框架，形成了"重源头、强过程、全覆盖、正激励"的智能安全文化，参建各方的主动参与、自主融入，建设高峰期没有出现安全事故。

## 11.1.2　智安——智能安全闭环控制管理理论

安全智能管理理论的发展是更好实现"科技兴安"的基础，是利用创新技术提升安全管理效率和质量的有效保障。有别传统安全垂直、开环的制度化管理模式，基于"全面感知、真实分析、实时控制、持续优化"的智能安全闭环控制管理理论，更强调去中心化，实现扁平化和敏捷地进行安全隐患排查治理闭环管理，且整个智安系统注重安全管理的智能化，在实践中一定程度上具有"智能"特征，将移动互联网、大数据、机器学习等智能化技术与安全管理业务流程耦合，建立了基础设施工程安全隐患排查治理系统和扁平化、交互式、可追溯化、多方参与的沟通机制，可自动掌握、分析判断和有效处理复杂工程建造过程的各种安全问题的自动识别和应急措施自动推送、决策。

在实践中智安更注重以"人、物、环、管"四要素为基础，以"事前源头管理、事中过程管理、事后结果管理"三阶段为主线，研究工程建设安全管理要素"感知、识别、判断、推送、整改、闭合、改进"的智能化管控方法模型。目前的智能安全闭环控制管理理论基于 PID 算法原理，结合模糊控制理论，拆解工程安全管理流程。随着工程施工场景的复杂化，需要不断对控制算法进行创新与完善，改变传统的隐患排查手段，让进入施工现场的每个人都具备安全隐患排查的能力和途径。配合智能设备、新型施工工艺的改进，完善数据采集流程，同步进行控制算法的更新。进一步，依托人工智能技术对数据的深度挖掘分析，不断丰富完善智能安全闭环控制管理模型。如可借助社交自主网络等方式，对隐患整改结果进行跟踪，对现场不同人员之间不同类型的安全隐患进行学习、交流、评论，自动形成决策知识库；安全风险评价朝着智能学习的方向发展，改变传统的依靠规章制度、依靠少数人的经验等方式，通过机器学习的手段，将专家的经验转化为可实时动态调整的智能安全管理模型，实现现场的施工人员通过有效模型，及时得到准确的判断，包括隐患等级、隐患危害、隐患整改措施等。

## 11.1.3　本安——本质安全管理模式

本质安全的狭义概念指的是通过设计手段使生产过程和产品性能本身具有防止危险发生的功能，即使在误操作的情况下也不会发生事故。广义的角度来说就是通过严格管理、工程技术和企业安全文化建设等措施，杜绝或最大程度减少事故发生的可能性，达到生产经营活动全过程的安全。大型水电工程的安全生产是关系人民群众生命财产安全和工程质量的大事，也是一项复杂的系统工程，涉及工程建设时空全过程众多环节，尤其在建设精品工程过程中，更要统筹发展与安全，强化责任意识与忧患意识，打造工程全生命期本质安全。目前，我国各大流域的大型水电工程的本质安全理论、工艺、技术及应用方法等得到了长足的发展，从最初的设备、技术的本质安全向全系统、全管理要素层面的本质安全发展。本质安全是实现工程建设智能安全管理的重要模式，通过金沙江下游大型梯级水电工程的安全管控实践，总结提炼的基础设施安全管控人本模型是本质安全管理模式的具体实现路径。

首先，意识与理念是安全管理的"大脑"，必须确立良好的安全意识和正确的管理理念，用正确的意识和理念指导管理行动，如在实际建设中把安全的理念与其他管理要素结合，牢固树立安全是前提、质量是根本、进度是保障、效益是目标的观念；其次，过程管理是安全管理的"躯干"，工程建设安全管理必须严格遵循"事前源头管理、事中过程管理、事后结果管理"原则；再次，风险管控与隐患排查是安全管理的"左膀右臂"，构建风险分级管控和隐患排查治理双重管理机制，杜绝重特大事故发生；最后，科技兴安与安全文化是安全管理的"底座"，用科学技术手段和安全文化建设做支撑，构建本质安全长效机制。随着安全智能化的发展，安全管理需要以意识和理念为龙头，要严格事前、事中和事后三个阶段过程管理，同时，开展风险评价和隐患排查治理，充分利用现代先进的创新技术手段和安全文化建设支撑作用，不断丰富和完善人本模型的内涵，开展工程建设安全智能化管理，创建本质安全型工程。

## 11.1.4 数智——数据支撑智慧决策

第2章讨论了数据作为生产要素带来安全理念的变革，尤其在大数据时代，安全生产管理从数据形成智慧要经过数据—信息—知识—智慧的转变过程。在智能安全管理过程中，基于智安、本安和敬安，围绕"人、物、环、管"等安全管理要素，实现了对现场安全管理涉及的时空、成本、质量、行为、态度、氛围等硬软安全数据的采集；并通过数据关联、分类、计算、修正和压缩，以更为简明的形式得到归纳的安全数据分析，将安全数据上升为可供分析的信息，如在本书相关章节中提到的高精度室内（外）定位技术为安全管理提供了人员、车辆、设备等管理要素的移动轨迹与实时位置信息；隐患排查治理系统详细记录了安全隐患的类型、地点、上报人、上报时间、整改人等信息；运输车辆安全智能管理系统充分发挥车载终端、摄像头、图像识别等技术，记录车辆运输全过程信息等。

通过对信息的比较、推论、抽取、连接，从数据和信息中自动或半自动地获取知识，形成安全管理过程的知识图谱，建立智能安全知识的系统，帮助了解数据处理的情境，支持现场人员学习和安全管控决策和行动，特别是通过检测模式来建立模型，在最少的人为干预下改进安全管理决策。利用安全知识工程为数据添加安全管理的语义知识，使安全数据产生安全管控的智慧，模拟和模仿安全领域、操作或技能中的人类智力、技能或行为；模拟并实现人工任务自动化以支持企业安全管理流程。实际管理中，人们对于安全知识的充分认识和理解是有效开展安全组织知识管理的基础，从数据到智慧是一种紧密关联的层级关系，上层通常是下层经过加工、抽取、提炼和处理，从数据到安全智慧的利用价值越来越高，但隐性程度也越来越高，获取的难度也越来越大。数智的本质是智联万物，数智化时代更加强调全流程、全生命周期的数据采集、信息提取、知识构建，智慧决策模型形成，在数据管理过程中，数字技术能力和数据处理、抽取能力的深度嵌入改变了传统安全管理模式。

## 11.1.5　数能——数据赋能业务流程

数据赋能是安全智能化管理"真实分析、实时控制"的重要体现，基于数智规则和逻辑创建智能安全管控流程或流程集，使决策自动化，赋能整个施工现场参建各方建立流畅的数字化、扁平化安全工作流程，或安全管理工作流程的升级改造。首先，通过现场的移动、物联网实时交互、扁平化、动态反馈的数据流转方式，重新定义了安全管理活动中各参与方的角色与职能，将人员、设备、环境、物资等生产要素与工程建造活动相互关联，借助传感器、物联网，实现安全管理数据的相互连接，为用数据赋能安全工作流程提供支撑。其次，针对不同安全管理活动，开发相应的控制算法和模型，通过数据反馈，实时获取安全管理效果，并将分析结果用于完善或重构安全管理工作流程。

数据赋能安全智能化管理还体现在加强了安全管理要素间相互关系的可解释性，结合海量的安全管理数据，管理者可以利用机器学习、数据挖掘等技术开展分析。如在本书中，通过对安全隐患数据的分析，解释安全隐患和事故的发生特征，从机制上论述安全隐患发展与安全事故的内在演变关系，赋能现场安全管理隐患识别、排查、治理的扁平化闭环流程，隐患排查率提高31%，整改率大于98%，整改及时率提高30%，单个隐患平均整改时间持续缩短并维持在2.5天左右，显著提高了工程安全管理水平。数据赋能安全智能化管理要针对不同的管理场景和数据情境，综合考虑影响安全管理效果的变量或因素，解决传统安全管理中的知识定式、工具缺陷和片面分析等导致的认识不深入的问题。关系挖掘也是安全智能化管理的重要内容，通过分析不同安全隐患、不同参建单位等之间的关系，厘清参加各方在安全管理中的职责，并基于此构建扁平实时的交流方式，提高安全管理效率。数据赋能也加速了人机协同的安全管理的发展，将数据管理贯穿安全管理的全生命周期，将琐碎的安全管理业务交由机器负责，减少人的不安全因素的影响，提高安全管理的智能化水平。

### 11.1.6 数值 —— 数据创造管理价值

当从哲学的角度讨论工程价值是一种存在价值或本体价值，工程价值论就是一种存在价值论，思考研究工程智能安全价值论既应立足于对工程的一种新理解，也应立足于对智能安全中数据价值论的前沿探索，去搭建一种新的面向文明施工的智能安全价值论框架。在工程建设安全智能化管控实践中，积累大量"人、物、环、管"等多方面的安全管理数据，这些数据包括了安全隐患、安全事故、安全培训的发生地点、发生时间、内容、整改处理结果等，同时还包括智能设备、传感器采集的安全信息和构建的安全知识系统。安全数据价值体现在人的安全价值理念（敬安）对工程建造活动全生命周期的全面精细化管控，构建新的协作共享生产关系，让生产资料流动更高效，从而提高工程本体价值创造能力，也促进安全管理智能化水平的进一步提高。

安全管理数据价值创造主要包括基于人安全管理的经验的预测性分析与规范性分析。预测性分析中可以基于与关注的量可能相关的历史数据及其他变量，进行数据的分析预测、分类聚类等。预测结果可以为工程建设安全管理人员的决策提供参考，对现场施工条件、潜在风险进行预警，提高水电工程项目管理的水平。规范性分析则是在预测性分析的基础上更进一步，不仅预测可能的结果，还致力于揭示造成特定结果的影响因素。数据挖掘成果的准确性与可靠度是随着数据规模的增大而逐渐提高的。对工程建设而言，不同来源的安全数据资产可以累积并增加其价值。此外，数据挖掘对数据质量的要求较高，这也要求安全智能化管控的数据采集需要设计规范的数据接口，能够针对多种需求的挖掘项目提供整合优质的数据集，形成可变成智慧的信息和知识工程。

## 11.2 展望

随着科学技术和安全管理的不断发展，基础设施工程安全智能化管控也将持续创新。展望未来，安全智能化技术的应用将进一步拓宽数据边界，安全智能化管控将朝着全面数据化的方向发展；安全智能化管控将摆脱对现实场景的单一依赖，知识驱动与虚拟仿真的价值逐渐显现；智能机器设备的大规模使用将加速人机协同安全管控的进程；工程全生命周期的智能安全管控将成为常态；数据隐私保护与治理也将成为安全智能化管控的基石，如图 11.2-1 所示。

### 11.2.1 基于数据的安全智能大模型管理是大趋势

安全智能化管理的发展必将导致安全管理数据量的增加，随着感应探测技术和移动通信技术的进步，以及智能终端的普及和深度应用，管理者将获取更多维、更密集、更全面

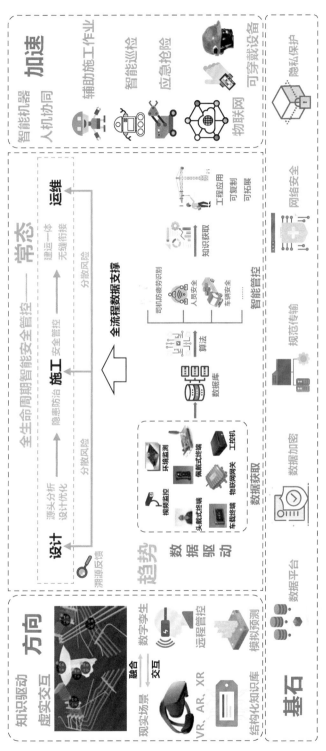

图 11.2-1 安全智能化管控发展路径

的安全管理数据。基于数据的工程安全管理大模型是大的趋势，其管控模式将更加注重对数据的挖掘分析和价值创造，数据将成为安全管理决策的重要依据。传统的安全管控经验难以复制、管理人员精力有限、管理效果难以量化等问题将逐渐得到解决。对于工程建设而言，不同来源的安全数据资产可以累积并增加其价值，数据挖掘成果的准确性与可靠度也将随着数据规模的增大而逐渐提高。随着安全智能化管理的发展，智能化技术与安全管理融合呈现出来的"数据化"跃迁，加快了安全管理知识的扩展提升和管控手段的技术迭代，为工程安全管控模式的变革提供了创新源泉。如利用安全隐患数据，建立工程安全管理知识图谱，构建基础设施安全管控大模型，揭示安全管控知识间关联和推理机制，解决数据多样、复杂，孤岛化的问题，更好地为安全培训、现场管控和动态应急方案的选择提供支撑。

## 11.2.2 知识驱动与虚实结合是新方向

知识获取在提高决策能力、优化资源共享和支持管理创新等方面具有较大的优势。随着预训练大语言模型（如 ChatGPT、ChatGLM、LLaMA 等）的迅速发展，借助提示词工程、微调等技术，可以在少样本或零样本场景下快速抽取信息，安全管控中异构的知识结构化，为安全风险评估、安全合规审查、事故预防和应急响应等提供解决方案。

传统工程建设需要大量的现场管理人员对"人、物、环、管"等安全要素进行管控，许多安全管理流程需要管理人员亲临施工现场。这种完全依赖于现实场景的管理方式，一方面加大了工程项目管理对于人员的需求，另一方面阻碍了安全管理效率的提升。此外，复杂、恶劣的施工环境也对管理人员的知识和技能提出了更高的要求，尤其是不同管理要素的流动性和相互关系随着工程进度不断变化，现有的安全管理模式和经验难以满足复杂建设环境的远程管控需求。随着拓展现实（VR/AR/MR）、5G、云计算/边缘计算、数字孪生、区块链等技术的发展，以虚拟原生、元宇宙、远程管控等为代表的虚实结合的管控方式获得了快速的发展。借助此次元宇宙技术变革与引领，工程建设安全管理迎来了新的发展机遇。虚拟空间模拟、虚拟空间和现实场景融合、安全管理措施模拟预测等发展方向，符合工程建设安全管理模式向智能化与远程管控变革的要求。如开发更加实用的传感器和分析算法，利用图像（视频）识别技术对现场人员、设备等开展行为、状态分析，并将分析结果映射到虚拟管控空间中，管理者可以远程查看不同管理要素的安全状态；利用拓展现实技术，开展沉浸式的安全培训或者安全知识科普，让现场施工人员身临其境地感知安全隐患带来的危害，提高安全意识；提前在虚拟空间中模拟安全管理措施，分析不同管理措施之间的差异，提前预知不同管理措施可能导致的结果，经过完善后的管理措施应用于现实场景中将有力保证安全管理质量，并减少不必要的资源浪费。

### 11.2.3　智能机器设备和人机协同安全管控是加速器

智能机器设备的使用让管理者可以获取关键工艺参数、实时分析设备安全状态和闭环控制生产流程，提高安全管理的效率。安全智能化管理的发展，将最大化地避免人为因素对安全管理质量的干扰。智能机器设备的使用能够更精准、更高效地反馈工程现场安全状态，配合物联网远程无线监控技术，将施工和运维人员从高危和恶劣环境中解放出来。通过视频监控、计算机视觉等技术，对设备运行环境进行实时监控，在隐患和事故发生之前就提出预警。更多的智能可穿戴设备（如智能安全帽、工服、手表等）也将加速人员安全智能化管理的进程，通过监测人员在不同施工区域的生理特征，借助数据分析算法可确保人员的健康状况，通过跟踪心跳、体温等指标，传感器可对处于危险状况的员工发出预警，及时预警人员不安全行为。智能巡检机器人、灭火机器人、应急抢险机器人等的快速发展，能够快速对安全隐患进行处理，降低人员操作可能导致的安全风险，避免安全隐患或事故造成二次伤害。

### 11.2.4　工程全生命周期的智能安全管控是常态

勘察、设计、施工、运维等不同阶段之间的安全管理协调对于工程智能安全管理具有重要意义。在传统的基础设施工程安全管控中，由于缺乏数据支撑、不同阶段彼此独立、管理者精力有限等难题，安全管理往往聚焦于风险更为集中的施工阶段，对于早期设计阶段和后期运维阶段缺乏关注。这种聚焦于某一特定阶段的管理模式可以解决短期内暴露的问题，但难以从源头理念和行动上消除安全隐患。此外，工程建设往往面对工程量大、工种多、设备交叉等挑战，现场的安全隐患具有发展快、范围广、发生频率高、后果严重等特点。构建贯穿工程全生命周期的智能安全管控体系将有效分散安全风险，在安全隐患的萌芽阶段进行整改，减轻快速发展期的安全管理压力。事实上，施工期的许多安全隐患往往是因为设计方案考虑不周、施工组织设计不合理和地质勘探不到位，运维期的安全隐患也与施工质量不达标和施工工艺不合理等有关系。

随着安全智能化管理和相应技术的发展，针对安全隐患的溯源分析将打破传统安全管理的局限，将工程全生命周期的各个阶段联系起来，综合分析安全隐患和事故的防治措施。从全生命周期的视角出发，综合分析人的不安全行为、物的不安全状态、环的不安全因素和管理漏洞等管理因素间的复杂关系，这将是未来安全智能化管控的常态。如在设计阶段，可借助 BIM、VR、AR 等技术，开展安全管理仿真模拟，提早发现设计方案的缺陷以及可能导致的安全隐患，避免安全隐患发展为安全事故。在施工阶段，既关注当下的安全管理，也借助强化学习、知识推理和知识图谱等技术，分析施工过程采用的标准和工艺参数对于后期运维阶段的影响，为运维阶段的安全管理设置相应的预警机制。

### 11.2.5　规范的安全管理数据隐私保护与治理是基石

安全管理过程中采集和加工形成的数据涉及企业、施工人员、建筑物、设备运行、工艺参数等信息，其中很多信息涉及个人和单位隐私，如何避免隐私泄露以及进行有效的数据治理是工程安全智能化发展进程中必须面对的问题。随着安全管理进入万物互联的智能化时代，各种类型的传感器和管理系统将会广泛应用于工程建造的各个环节，不同设备和系统间的交互频率将逐渐提高，彼此间的数据界限将越来越模糊，因此，需要新的机制来应对安全智能化管理可能导致的数据和隐私风险。隐私泄露风险涉及从信息采集、信息传输、信息存储、信息处理、信息使用到信息销毁的全生命周期。其中，信息采集和信息传输接口是信息平台的入口，其安全性直接关系到整个管控系统的运行安全。信息采集需要甄别所涉及的信息类型，保证工程及个人隐私不被泄露；在信息传输阶段，需要利用加密、签名等认证机制对传输信息进行安全管理；而采集到的信息在计算处理前，需要在信息平台进行存储，这对数据的存储环境、容灾备份能力、加密措施等方面提出了要求。信息处理和使用阶段需要保障全过程安全，防止数据被篡改和泄露。在生产环节的最后阶段，信息需要根据安全等级进行加密存储或销毁处理，保证重要敏感信息不被泄露。未来的智能安全发展过程中，达成数据确权、隐私保护规范和标准的共识是确保智能安全能持续创新和发展的基石。

# 参考文献

曹长琴，李冲，2020. 成都地铁 1 号线车辆无人驾驶改造可行性分析 [J]. 铁道机车车辆，40（6）：122-125.

陈国青，吴刚，顾远东，等，2018. 管理决策情境下大数据驱动的研究和应用挑战——范式转变与研究方向 [J]. 管理科学学报，21（7）：1-10.

陈浩，王玮，欧阳秋平，2019. 白鹤滩水电站建设中的几个重点难题 [J]. 中国水利，18：33-35.

陈佳瑞，2016. 基于扰动—轨迹交叉事故致因理论模型的城市交叉口安全分析 [J]. 物流科技，39（12）：95-99.

陈明仙. 基于能量意外释放理论的物流系统安全分析 [J]. 安全与健康，2009（15）：32-34.

陈学辉，李正贵，2017. 一种煤矿事故分析与预测的新方法——集对分析与事故树的融合 [J]. 价值工程，36（21）：178-180.

崔庆宏，陈雨田，李敏，2022. 智慧工地施工人员不安全行为及其致因分析 [J]. 河南科技大学学报（社会科学版），40（3）：55-61. DOI：10.15926/j. cnki. hkdsk. 2022. 03. 009.

崔永青，宋旭，2016. 安全管理系统在石化企业的应用初探 [J]. 石油化工自动化，52（2）：18-20，28.

樊春艳. 基于 VISSIM 的土石方调配运输系统仿真研究 [D]. 武汉：武汉大学，2019.

樊启祥，2018. 梯级水利枢纽多维安全管理框架与重大挑战 [J]. 科学通报，63（26）：2686-2697.

樊启祥，林鹏，蒋树，等，2020. 金沙江下游大型水电站岩石力学与工程综述 [J]. 清华大学学报（自然科学版），60（7）：537-556.

樊启祥，林鹏，魏鹏程，等，2019. 水电工程安全事故发生机制与管理对策 [J]. 中国安全科学学报，29（1）：144-149.

樊启祥，林鹏，魏鹏程，等，2021. 智能建造闭环控制理论 [J]. 清华大学学报（自然科学版），61（7），660-670.

樊启祥，林鹏，谢亮，等，2022. 水电工程复杂场景施工资源定位管理技术研究 [J]. 水力发电学报，41（2）：113-124.

樊启祥，陆佑楣，李果，等，2021. 金沙江下游大型水电工程智能建造管理创新与实践 [J]. 管理世界，37（11），206-226.

樊启祥，汪志林，林鹏，等，2019. 大型水电工程智能安全管控体系研究 [J]. 水力发电，45（3）：68-72，109.

樊启祥，王贤光，宋金洎，等．基于本质安全的工程建设安全管理人本模型 [J]. 中国水利，2019（4）：4-8.

樊启祥，张超然，洪文浩，等，2023. 金沙江下游梯级水电工程建设风险管理实践 [J/OL]. 水力发电学报，42（3）：118-131.

冯勤．基于回归数据挖掘预测系统的分析与研究 [D]. 天津：天津大学，2005.

傅韬，史赟，2009. 数据挖掘技术在水利信息化中的应用 [J]. 江西水利科技，35（1）：74-75.

高晶，赵良君，吕旭阳，2022. 基于数据挖掘的煤矿安全管理大数据平台 [J]. 煤矿安全，53（6）：121-125. DOI: 10.13347/j.cnki.mkaq.2022.06.019.

高景毅，陈全，孙旭红，2012. 论事故频发倾向理论的适用性 [J]. 中国安全生产科学技术，8（7）：51-55.

高静，2022. 水利水电工程安全管理中信息化技术的应用 [J]. 长江技术经济，6（S1）：251-253. DOI: 10.19679/j.cnki.cjjsjj.2022.0784.

关力．韦伯和他的行政组织理论 [J]. 管理现代化，1987（1）：45-46.

何晓东，梁元波，何健．探究水利水电工程管理问题 [J]. 绿色环保建材，2021（7）：173-174.

贺俊，赵春菊，周宜红，等，2018. 基于 GPS-UWB 组合定位技术的缆机施工防碰研究 [J]. 水力发电学报，37（3）：1-10.

胡斌，王莉丽．物联网环境下的企业组织结构变革 [J]. 管理世界，2020（8）：202-232.

胡鸿志．机动车驾驶疲劳识别系统研究 [D]. 武汉：武汉理工大学，2010.

胡水波，2022. 水利水电工程施工安全控制探究 [J]. 科技资讯，20（19）：121-124.

黄常坚，2008. 论建筑安全管理中的主要问题及措施 [J]. 四川建材，(1)：260-261.

黄春雨，苏李，2016. 基于图像识别的疲劳驾驶监测方法研究 [J]. 长春理工大学学报（自然科学版），39（6）：102-104，114.

贾东杰，2022. 水利工程施工中安全管理及探析 [J]. 内蒙古水利，(8)：72-73.

贾金有，2013. 桥、门式起重机不安全状态浅析 [J]. 黑龙江科技信息，(17)：104.

蒋迪，信永达，杨帆，2022. 水利工程安全生产风险管理体系建设 [J]. 东北水利水电，40（9）：56-57.

金元浦，2021. 大数据时代个人隐私数据泄露的调研与分析报告 [J]. 清华大学学报（哲学社会科学版），36（1）：191-201，206.

康业渊，张娜，狄文龙，2017. 基于模糊最优识别理论的水电工程泥石流危险性评价模型 [J]. 华北水利水电大学学报（自然科学版），38（2）：56-60.

蓝莎，王芮，2020. 泰勒科学管理理论在现代企业中的应用 [J]. 现代企业，(9)：10-11.

李大军，2020. 汽车运输的安全问题分析 [J]. 时代汽车，(22)：191-192.

李秋楠，2019. 基于改进的隐马尔科夫链的车辆行驶风险评估模型研究 [D]. 大连：东北财经大学.

李兴华，钟成，陈颖，等，2019. 车联网安全综述 [J]. 信息安全学报，4（3）：17-33.

李智录，李波，2006. 基于 PLSR 的静态灰色模型在大坝安全监控中的应用 [J]. 大坝与安全，(6)：48-51.

林鹏，安瑞楠，汪志林，2021. 智能建造安全文化内涵式发展——从理念到行动 [J]. 项目管理评论，(5)：46-50.

林鹏，王英龙，汪志林，等，2017. 基于微信的大型水电工程安全隐患排查治理系统研发与应用 [J]. 中国安全生产科学技术，13（7）：137-143.

林鹏，魏鹏程，樊启祥，等，2019. 基于 CNN 模型的施工现场典型安全隐患数据学习 [J]. 清华大学学报（自然科学版），59（8）：628-634.

林鹏，向云飞，安瑞楠，2021，水电智能化安全管理对加强高校实验室安全建设的启示 [J]. 实验室管理与技术，38（6），7-12，20.

刘峻宏，2022. 大型场馆 GPS-RTK 定位测量施工技术的研究与应用 [J]. 现代测绘工程，5（1）：7-9.

刘全，冯琛，宋子达，等，2021. 基于机器视觉的非接触式土石方运输车辆智能计量方法 [J]. 水电能源科学，39（11）：174-178.

刘彤彤，2020. 基于嵌入式 Linux 的车载智能终端的软件设计与开发 [D]. 西安：长安大学.

刘志涛，2019. 信息化在企业安全管理中的应用初探 [J]. 中国管理信息化，22（11）：75-76.

卢苇，2018. 基于事故因果连锁理论的房屋建筑工程施工安全管理改进研究 [D]. 杭州：浙江大学.

陆佑楣，樊启祥，2009. 金沙江下游水电梯级开发建设项目管理实践 [J]. 人民长江，40（22）：1-3，16，95.

罗龙海，樊义林，王玮，等，2019. 大型水电工程施工期环境监理模式探讨 [J]. 水电与新能源，33（6）：66-69，73.

马天驰，2020. 基于 HFACS 模型和灰色系统的地铁运营事故人因研究 [D]. 沈阳大学.

庞爱芬，2021. 水利水电工程施工安全控制策略探究 [J]. 南方农业，15（21）：204-205.

彭杨，2021. 基于机器学习算法的煤矿安全文本分析研究 [D]. 淮南：安徽理工大学. DOI: 10.26918/d.cnki.ghngc.2021.000260.

乔万冠，2019. 大数据背景下煤矿安全管理效率分析及提升仿真研究 [D]. 徐州：中国矿业大学.

孙迪，2022. 水利水电工程设计变更的应对措施研究与分析 [J]. 黑龙江水利科技，50（8）：85-88.

孙开畅，李昆，徐小峰，等，2013. 水电工程施工安全生产与应急决策信息系统研究与应用 [J]. 水力发电学报，32（5）：306-310.

孙塘根，2022. 水利水电工程施工安全监理工作的若干思考 [J]. 四川建材，48（9）：190-191.

孙烨垚，万文佳，朱辛格，等，2020. 高速公路交通事故成因分析及预防 [J]. 交通与运输，33（S2）：112-114，117.

孙逸林，李洪兵，刘险峰，等，2021. 基于 AcciMap 模型的化工事故致因定量分析方法研究 [J]. 安全与环境学报，21（4）：1670-1675.

谭章禄，陈孝慈，2020. 基于文本挖掘的煤矿安全隐患管理研究 [J]. 中国安全生产科学技术，16（2）：43-48.

田硕，2020. 基于瑟利模型的建筑工地火灾分析与预防 [J]. 建筑安全，35（1）：55-58.

田甜，2020. 基于区域自适应指纹分析的室内定位研究 [D]. 绵阳：西南科技大学.

万青，2020. 水利水电工程安全监测传感器评价关键技术 [J]. 水电站机电技术.

王金凤，秦颖，翟雪琪，2015. 基于主成分聚类分析的煤矿安全评价模型 [J]. 工矿自动化，41（6）：29-34.

王举，2020. 基于文本挖掘的建筑施工安全预警研究 [D]. 西安：西安建筑科技大学.

王克克，郭莉丽，郎静宏，2022. 基于 STAMP 模型的风险评估行为安全指标体系 [J]. 计算机工程与科学，44（8）：1372-1381.

王琳，2019. 车辆检测跟踪算法的研究与应用 [D]. 大连海事大学.

王倩琳，田文慧，张东胜，等，2022. 基于 FRAM 的化工装置事故情景推演研究 [J]. 过程工程学报，22（6）：782-791.

王万丰，2020. 我国道路交通安全事故统计分析 [J]. 中国安全生产，15（3）：52-53.

王永刚，任伟中，陈浩，等，2006. 一次二阶矩法及其在边坡可靠性分析中的应用 [J]. 中外公路，26（2）：42-46.

王志辉，舒服华，2007. 改进的支持向量机在煤矿安全评价系统中的应用 [J]. 矿业安全与环保（1）：

82-84，87.

韦刚，2015. 基于事故链模糊事故树分析法的瓦斯爆炸关键危险源辨识与评价 [D]. 太原：太原理工大学 .

文志诚，曹春丽，周浩，2015. 基于朴素贝叶斯分类器的网络安全态势评估方法 [J]. 计算机应用，35（8）：2164-2168.

吴大明，傅贵，2021. 基于事故致因"2-4"模型的新冠疫情事件分析及应用研究 [J/OL]. 安全与环境学报，23（10）：1-12.

吴冬升，王传奇，金伟，等，2020. 高速公路 5G 智能网联技术，方案和应用 [J]. 电信科学，36（4）：46-52.

吴依楚，2020. 水利水电工程施工现场安全管理分析与研究 [J]. 黑龙江水利科技，48（04）：171-174. DOI: 10.14122/j.cnki.hskj.2020.04.050.

夏景辉，秦义展，李昱见，2019. 用户统一管理在郑州轨道信息化建设中的研究与实现 [J]. 计算机应用与软件，36（6）：101-103，208.

向泓铭，2020. 基于视觉与惯性组合的管道定位技术研究 [D]. 深圳大学 .

徐航航，2021. 水利水电工程施工安全管理与安全控制 [J]. 工程管理与技术探讨，3（7）.

徐建江，陈文夫，谭尧升，等，2021. 特高拱坝混凝土运输智能化关键技术与应用 [J]. 清华大学学报（自然科学版），61（7）：768-776.

徐照，张路，索华，等，2019. 基于工业基础类的建筑物 3D Tiles 数据可视化 [J]. 浙江大学学报（工学版），53（6）：1047-1056.

严飚，丁妍，李晓棠，等，2020. 校园"智"安全 APP 应用价值及设计实现 [J]. 电脑与信息技术，28（6）：57-59.

姚添智，张建海，刘桂泽，等，2021. 地下厂房锚杆支护的反向传播神经网络智能化设计模型 [J]. 科学技术与工程，21：9983-9989.

叶豆豆，2022. 水利水电工程施工现场安全管理 [J]. 水利电力技术与应用，4（2）：107-109.

尹长青，谭天然，王建民，2022. 车载人因协同仿真系统研究及实现 [J]. 系统仿真学报，34（1）：134.

游凯何，张静，王海宾，等，2010. 基于 GIS 的煤与瓦斯突出预测专家系统的设计 [J]. 煤炭技术，29（8）：89-90.

余临颖，2022. 水利工程施工安全管理分析 [J]. 工程建设与设计，（18）：242-244.

余自业，张亚坤，吴泽昆，等，2022. 基于伙伴关系的水利工程建设管理模型——以宁夏水利工程为实证案例 [J]. 水力发电学报，41（1）：35-41.

袁安府，2008. 管理学理论范式探讨——基于现代管理学派与法约尔管理理论的比较 [J]. 郑州航空工业管理学院学报，26（6）：1-7.

曾勇，张执南，2019. 面向环境的设计——一个创新设计的理论与方法 [J]. 上海交通大学学报，53（7）：881-883.

张晓辉，2011. 云理论和数据挖掘在水上安全分析中的应用 [D]. 大连：大连海事大学 .

赵聚星，刘勋，2022. 水利水电工程施工安全管理和安全控制 [J]. 水利电力技术与应用，4（4）：114-116.

赵丽丽，2022. 基于知识图谱的煤矿建设安全管理知识问答研究 [D]. 北京：中国矿业大学 . DOI: 10.27623/d.cnki.gzkyu.2022.002043.

赵远，吉庆，王腾，2021. 煤矿智能无轨辅助运输技术现状与展望 [J]. 煤炭科学技术，49（12）：209-216. DOI: 10.13199/j.cnki.cst.2021.12.026.

郑琳，2014. 高坝大库水电站地震应急预案及亟待解决的问题 [J]. 水力发电，40（5）：73-76.

朱渊岳，付学华，李克荣，等，2009. 改进 LEC 法在水利水电工程建设期危险源评价中的应用. 中国安全生产科学技术，5（4）：51-54.

BING L, TIONG R L K 1999. Risk management model for international construc-tion joint ventures [J]. Journal of Construction Engineering and Management, ASCE, 125(5): 377-384.

BLAIR E H, 1996. Achieving a total safety paradigm through authentic caring and quality [J]. Professional Safety, 41(5): 24-27.

BODE L, VRAGA E, 2021. The Swiss cheese model for mitigating online misinformation [J]. Bulletin of the Atomic Scientists, 77(3): 129-133.

CHEN D, WANG X Y, ZENG Y, 2015. EBD extended analytic hierarchy process (AHP) approach to evaluating the effectiveness of engineering projects [J]. Transaction of the SDPS, 9(2): 49-70.

COOPER M D, 2000. Towards a model of safety culture [J]. Safety Science, (36): 111-136.

DHALMAHAPATRA K, SHINGADE R, MAHAJAN H, et al., 2019. Decision support system for safety improvement: An approach using multiple correspondence analysis, t-SNE algorithm and K-means clustering [J]. Computers & Industrial Engineering. 128: 277-289.

DOGAN A, BIRANT D, 2021. Machine learning and data mining in manufacturing [J]. Expert Systems with Applications, 166 (2): 114060.

HEINRICH H W, 2021. Industrial accident prevention: a scientific approach [J]. Industrial & labor relations review, 4 (4): 609.

HERRERO S G, SALDAÑA M A M, del CAMPO M A M, et al., 2002. From the traditional concept of safety management to safety integrated with quality [J]. Journal of Safety Research, 33(1): 1-20.

JIANG H, LIN P, QIANG M, et al., 2015. A labor consumption measurement system based on real-time tracking technology for dam construction site [J]. Automation in Construction, 52, 1-15.

JOHNSON S E, HALL A, 2005. The prediction of safe lifting behavior: an application of the theory of planned behavior [J]. Journal of Safety Research, 36(1): 63-73.

KANGARI R, RIGGS L S, 1989. Construction risk assessment by linguistics. IEEE Transactions on Engineering Management, 36(2): 126-131.

LI X C, ZHONG D H, REN B Y, et al., 2019. Prediction of curtain grouting efficiency based on ANFIS [J]. Bulletin of Engineering Geology and the Environment, 78(1): 281-309.

NICOLI M, MORELLI C, RAMPA V, et al., 2010. HMM-based tracking of moving terminals in dense multipath indoor environments [C] // European Signal Processing Conference. IEEE.

QIAO W, LIU Q, LI X, et al., 2018. Using data mining techniques to analyze the influencing factor of unsafe behaviors in Chinese underground coal mines [J]. Resources Policy, 59: 210-216.

SAATY T L, 1990. How to make a decision: the analytic hierarchy process [J]. European journal of operational research, 48(1): 9-26.

SMITH T A, 1996. Will safety be ready for workplace 2000? [J]. Professional Safety, 41(2): 37-39.

VARVASOVSZKY Z, BRUGHA R, 2000. A stakeholder analysis [J]. Health Policy and Planning, 15(3): 338-345.

VIOL N, LINK J, WIRTZ H, et al., 2012. Hidden Markov model-based 3D path-matching using raytracing-generated WiFi models [C] // International Conference on Indoor Positioning & Indoor Navigation. IEEE.

WILLAM G O. Theory Z [M]. New York: Avon, 1981.

ZENG Y, 2008. Recursive object model(ROM)—modelling of linguistic information in engineering design [J]. Computers in Industry, 59(6): 612-625.

ZHONG D H, DU R X, CUI B, et al., 2018. Real-time spreading thickness monitoring of high-core rock fill dam based on K-nearest neighbor algorithm [J]. Transactions of Tianjin University, 24(3): 282-289.

ZHOU Z H, 2021. Machine Learning [M]. Berlin: Springer.